세상의 모든 과학

빅뱅에서 미래까지, 천문학에서 생명공학까지 한 권으로 끝내기

세·상·의
모든 과학

이준호 지음

추수밭

우리의 과거, 현재, 미래에 가장 충실하게 답하는 책

미국 보스턴미술관에는 미술 작품 중 가장 철학적인 제목을 단 그림이 걸려 있습니다. 바로 폴 고갱의 〈우리는 어디서 왔는가, 우리는 무엇인가, 우리는 어디로 가는가〉이지요. 《세상의 모든 과학》은 고갱의 이 질문에 가장 충실하게 답한 책입니다. 그동안 우주와 지구, 인류의 역사를 꿰뚫는 《코스모스》, 《총, 균, 쇠》, 《사피엔스》 같은 훌륭한 책들이 많이 있었지만 이 책만큼 고갱의 세 질문에 하나하나 진지하게 답한 책은 없었던 것 같습니다.

'우리는 어디서 왔는가'에 답하기 위해 저자는 1m를 10^{27}등분한 작디작은 점에서 출발합니다. 그렇게 시작한 우주가 138억 년이 흐르며 1,000억 광년 크기로 팽창하기까지 무슨 일들이 벌어졌는지 이 책은 마치 할아버지가 옛날이야기를 들려주듯 조곤조곤 알려줍니다. 45억 년 전 지구가 탄생하고 40억 년 전 깊은 바다 밑바닥 '열수분출공'에서 태어난 최초의 생명체는 25억 년 전 어느 날 돌연 광합성 능력을 갖추더니 화려한 진화를 거듭해 200만 년 전에는 드디어 불을 다룰 줄 아는 '사람' 호모 에렉투스를 등장시킵니다.

그렇게 태어난 사람, 즉 '우리는 무엇인가'를 파악하기 위해 저자는 무기, 농업, 문자, 그리고 과학의 발달사를 꼼꼼히 섭렵합니다. 그리고 '우리가 어디로 가는지'에 대해 저자는 10억 년 후 지구의 미래를 가늠하면서도, 수십억 년 동안 출렁이던 생명의 바다가 불과 수십 년 만에 초토화되는 바람에 가게마다 해파리나 팔고 있는 2070년 노량진 수산시장의 모습도 보여줍니다.

　　개념과 실례를 두루 갖춘 이 책은 영원한 스테디셀러가 될 만한 책입니다. '생성형 AI'와 '유전자가위' 등 새로운 기술의 등장으로 컴퓨터과학과 생명공학 파트를 추가해 7년 만에 개정하여 선보인 이 책은 그 자체로 쉼 없이 발전하는 과학의 역사와 현재를 우리에게 생생하게 보여줍니다. 다만 저자의 삶은 좀 더 바빠질 것 같습니다. 과학의 발전은 점점 더 빨라질 것이고, 인간의 무지와 욕심으로 인한 기후위기와 환경 파괴는 더욱 심각해질 것이니, 다음 개정판은 7년이 아니라 훨씬 짧은 기간 내에 내야 할지 모를 일이지요. 물론 저자는 힘들겠지만, 더 나은 미래를 만들어가야 할 독자로서는 발전을 거듭하는 이 책에서 행복감을 느낄 것입니다.

최재천(이화여대 에코과학부 석좌교수·생명다양성재단 이사장)

'이해'를 넘어 '감동'으로, 세상을 움직이는 과학책

저자 이준호 선생님은 팟캐스트 〈과학이 빛나는 밤에〉를 통해 처음 알게 되었습니다. 저는 이 방송에서 과학 지식의 전체 맥락을 꿰어 설명하는 저자의 내공에 놀랐습니다. 이미 팟캐스트의 내용을 차분하게 정리한 동명의 책이 있지만 《세상의 모든 과학》은 '그림으로 누구나 쉽게 읽는' '빅 히스토리 여행서'를 표방하고 있다는 차별점이 있습니다.

빅 히스토리는 우주의 기원에서 지구가 탄생하기까지, 최초의 생명에서 인류가 문명을 건설하기까지 무려 138억 년의 역사를 천문학, 물리학, 생물학, 인류학 등의 과학 지식을 동원하여 설명하는 '융합학문'을 말합니다. 빅 히스토리는 우주 역사를 관통하는 한 지점에서 우리가 스스로 어떠한 위치에 서 있는지를 돌아보게 해줍니다.

과학자들의 활약으로 우리는 지구가 특별한 행성이 아니라는 것을 알게 되었습니다. 우리 은하는 현재까지 관측된 약 2조 개의 은하 중 하나일 뿐입니다. 인간 역시 특별한 생명체가 아닙니다. 우리는 인류 문명이 인간 지성의 필연적 결과물이라고 생각하지만, 지구 역사를 보면 이 역시 우연한 사건이었습니다. 저자는 살아남기 위해서는 변화할 수밖에 없으므로 진화의 도약은 대개 최강의 포식자가 아닌 '약자'에게서 일어났다고 이야기합니다. 다시 말하면 오늘날 인류는 처음부터 먹이사슬의 최강자가 아니라 '약자'였습니다.

이는 인류 문명이 걸어온 길과 미래의 과제에 대해 생각하게 합니다. 인류는 그동안 명멸했던 어느 생물종보다 지구 생태계에 큰 변화를 일으키며 최강의 포식자로 자리 잡았지만, 동시에 핵전쟁으로 동족을 말살하고 기후변화로 지구를 위협하는 등 스스로 위기를 자초하고 있습니다. 이 책은 전 지구적 시야에서 인류 문명이 안고 있는 문제를 진단하며 우리가 나아가야 할 방향에 대해 알려줍니다.

저자는 이 방대한 이야기를 놀랍도록 쉽게 풀어갑니다. 저자가 직접 공들여 그린 150여 가지 그림은 단순히 이해를 돕는 것을 넘어 '과학적 상상력'을 더욱 풍성하게 해줍니다. 일반인이 다가서기 힘든 빅뱅, 상대성이론, 중력파와 정보과학 등의 이론도 몇 가지 손그림과 함께 간단하게 설명해냅니다. 또한 우주 역사의 한 장면을 묘사하는 장엄하고도 거대한 풍경은 그저 '감탄'함으로 과학을 머릿속에 흡수하게 해줍니다.

그럼에도 저는 이 책을 빨리 넘기지 못했습니다. 저자의 따뜻한 시선이 담긴 이야기를 읽다 보면 마음에 담고 곱씹어볼 거리가 많았기 때문입니다. 학생뿐 아니라 과학을 좋아하고 좀 더 알고 싶은 분들께, 특히 과학책을 읽으며 '감동'을 느끼고 싶은 분들께 이 책은 아주 적절합니다.

조천호(대기과학자 · 전 국립기상과학원장)

들어가며

우주와 지구, 인류와 문명의 역사는 어떻게 시작되었고 어디로 흘러가는 것일까. 자연은 인간을 어떻게 길들여왔으며 인간은 자연을 어떻게 바꿔왔을까. 오늘날 인간은 자연과 동족에게 얼마나 막강한 힘을 발휘하고 있을까. AI와 생명공학 등 갈수록 발전하는 과학기술이 우리의 발목을 걸어 넘어뜨리진 않을까. 지구온난화와 세계 경제의 위기가 심각해지고 있는 요즘, 우리의 미래 세대는 안전할 수 있을까. 갈수록 악화하는 환경 문제를 해결하려면 어른들은 어떤 선택을 해야 할까. 이 책은 그런 고민들 속에서 만들어졌습니다.

워낙 방대하고 어려운 주제이기 때문에 중요한 부분들만 골라 최대한 쉽고 재미있게 이야기를 풀어내는 데 중점을 뒀습니다. 초등학교 6학년 아이가 책을 읽고 부모에게 달려가 심각한 표정으로 이야기하는 모습을 떠올리며 책을 썼습니다. 과학을 알고 싶지만 너무 어려워서 손도 못 대던 분들께 도움을 드리고자 했습니다.

특히 기후변화, 토양파괴, 해양오염 등의 환경 문제는 우리의 미래 세대가 겪어야 할 문제이기 때문에 관심 있게 봐주셨으면 합니다. 사실 먼 미래도 아닙니다. 불과 20~30년밖에 남지 않았습니다. 그 후엔 더 이상 손쓸 수 없게 될 수도 있어요. 아이들의 미래가, 우리의 노후가 지금 우리의 선택에 달려 있는 겁니다. 지금이라도 안절부절못하는 과학자들의 목소리에 귀를 기울여 주셨으면 합니다.

여행에 앞서

해 질 무렵 여러분은 저와 함께 도시를 내려다보고 있습니다. 오랜 옛날 세워진 성벽에 올라 도시의 건물들과 겹겹이 늘어선 산, 붉게 물든 노을을 바라보고 있죠. 우리가 이곳에서 여행을 시작하는 이유는 138억 년 우주의 역사가 얼마나 긴지 실감해보기 위해서입니다. 우리의 기나긴 시간여행에 대한 마음의 준비라고나 할까요.

먼저 가장 멀리 보이는 지평선 근처 산을 보세요. 거의 하늘과 맞닿아 있는 산꼭대기에서 하얀 불빛이 반짝이고 있죠. 지금 우리가 서 있는 곳으로부터 대략 15km쯤 떨어져 있습니다. 그 불빛에서 138억 년 전 우주가 시작됐다고 해봅시다. 그리고 풍경을 내다보고 있는 우리의 위치가 2024년 현재입니다. 그러면 지구는 45억 년 전 생겨났으니 3분의 1 정도 되는 지점일 겁니다. 10억 년을 1km라고 치고 간단히 계산해서 우리로부터 4.5km 떨어진 거리죠. 중간쯤 보

이는 산 위의 파란 불빛이 반짝이는 곳입니다. 최초의 생명체인 세균은 36억 년 전 탄생했으니 좀 더 가까운 어딘가에 있을 겁니다.

우리에게 친근한 생명체인 공룡은 언제 등장했을까요. 겨우 2억3,000만 년 전입니다. 녹색 불빛이 있는 곳으로 우리와 200m 정도밖에 안 떨어져 있습니다. 그리고 6,500만 년 전 소행성 충돌로 멸종했으니 그 위치는 65m, 주황색 행성이 떨어지는 곳으로 우리와 상당히 가까운 거리죠. 걸어서 30초밖에 안 걸리는 곳에서 공룡은 멸종한 겁니다(사실 일부 작은 공룡들은 살아남아 지금의 새가 되었으니 '공룡 멸종'이란 말이 정확한 것은 아닙니다).

인류의 조상으로 유명한 '오스트랄로피테쿠스'는 500만 년 전 등장했습니다. 5m밖에 안 되는 정말 짧은 거리죠. 그러나 극도로 가까워지는 건 이제부터입니다. 우리의 직접적인 조상 호모 사피엔스, 쉽게 말해 '최초의 인간'은 약 20만 년 전, 겨우 20cm 앞에서 탄생했습니다. 인류 최초의 문명은 5,000년 전으로 불과 5mm 앞입니다. 길게만 느껴지는 문명의 역사는 우주 역사에 비하면 손톱 위에 겨우 올려놓을 만큼 짧습니다. 단군왕검이 까마득한 옛날 고조선을 세운 것 같지만 그것도 5mm 앞일 뿐입니다.

다시 고개 들어 지평선을 보죠. 지금 지평선을 향해 출발한다면 인류 문명의 역사는 0.1초도 안 걸려 지나치게 됩니다. 하지만 지평선에 도달하려면 종일 걸릴 겁니다. 아마 중간에 다리 아파서 다시 돌아올지도 모르겠어요. 138억 년이라는 우주의 나이에 비하면 인류 문명의 역사는 그냥 눈 깜짝할 사이나 마찬가지인 겁니다. 이렇게 우주의 역사는 정말 깁니다. 게다가 우리는 미래까지 다녀올 예정입니다. 이 여행의 스케일은 지금껏 여러분이 해왔던 여행과는 차원이 다릅니다. 그만큼 색다르고 놀라운 풍경들로 가득하죠. 기대하셔도 좋습니다.

●

우주, 인류, 과학 역사의
결정적 순간

138억 년 전
점에서 시작된
우주

137억7,000만 년 전
별의 탄생

2억3,000만 년 전
공룡의 시대

2억5,000만 년 전
페름기 대멸종

2억6,000만 년 전
포유류의 특징 등장

3억8,000만 년 전
동식물의 상륙

**5,500만~
5,000만 년 전**
손과 눈의 진화

4,000만 년 전
추워지기 시작한
지구

500만 년 전
직립 유인원의 등장

4,100년 전
최초의 성문법
우르남무 탄생

5,500년 전
최초의 대도시 우루크,
최초의 문자 사용

1만 년 전
간단한 숫자를
나타내는
토큰 사용

12,000년 전
본격적인 농업과
도시의 출현

2,000년 전
책 발명(코덱스)

1346년
아쟁쿠르 전투에서
장궁의 활약

1347년
유럽에서
흑사병 대유행
시작

1400년대
유럽의 인구 감소로
인한 평민 소득 증가,
교육의 기회 확대,
독서 문화 확산

1869년
미셔의
DNA 발견

1856년
멘델의
유전자 연구

1828년
뵐러가 인간의 몸속
'요소'를 인공적으로
합성

1823년
올베르스의
'어두운 밤하늘 역설'
발견

1884년
허먼 홀러리스가
인구 조사에
컴퓨터 사용

1915년
아인슈타인의
일반상대성이론
발표

1924년
프리드만의
우주방정식 발표

1929년
허블의
우주 팽창 발견

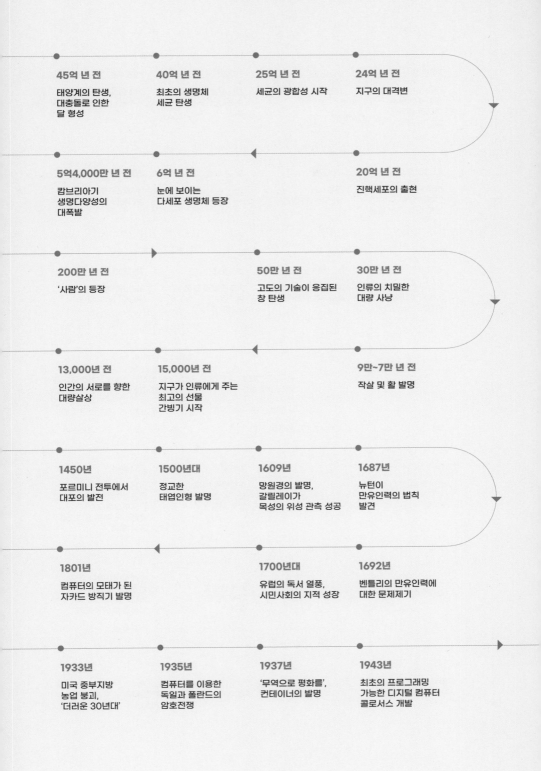

45억 년 전
태양계의 탄생,
대충돌로 인한
달 형성

40억 년 전
최초의 생명체
세균 탄생

25억 년 전
세균의 광합성 시작

24억 년 전
지구의 대격변

5억4,000만 년 전
캄브리아기
생명다양성의
대폭발

6억 년 전
눈에 보이는
다세포 생명체 등장

20억 년 전
진핵세포의 출현

200만 년 전
'사람'의 등장

50만 년 전
고도의 기술이 응집된
창 탄생

30만 년 전
인류의 치밀한
대량 사냥

13,000년 전
인간의 서로를 향한
대량살상

15,000년 전
지구가 인류에게 주는
최고의 선물
간빙기 시작

9만~7만 년 전
작살 및 활 발명

1450년
포르미니 전투에서
대포의 발전

1500년대
정교한
태엽인형 발명

1609년
망원경의 발명,
갈릴레이가
목성의 위성 관측 성공

1687년
뉴턴이
만유인력의 법칙
발견

1801년
컴퓨터의 모태가 된
자카드 방직기 발명

1700년대
유럽의 독서 열풍,
시민사회의 지적 성장

1692년
벤틀리의 만유인력에
대한 문제제기

1933년
미국 중부지방
농업 붕괴,
'더러운 30년대'

1935년
컴퓨터를 이용한
독일과 폴란드의
암호전쟁

1937년
'무역으로 평화를',
컨테이너의 발명

1943년
최초의 프로그래밍
가능한 디지털 컴퓨터
콜로서스 개발

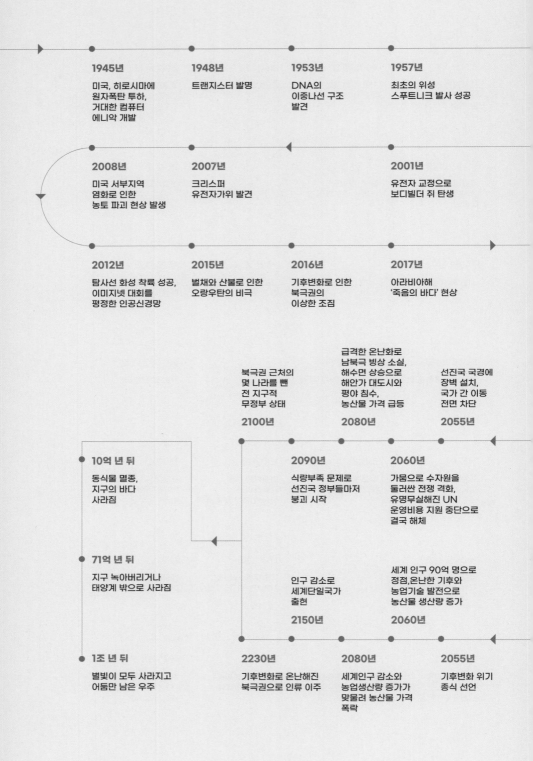

1945년
미국, 히로시마에
원자폭탄 투하,
거대한 컴퓨터
에니악 개발

1948년
트랜지스터 발명

1953년
DNA의
이중나선 구조
발견

1957년
최초의 위성
스푸트니크 발사 성공

2008년
미국 서부지역
염화로 인한
농토 파괴 현상 발생

2007년
크리스퍼
유전자가위 발견

2001년
유전자 교정으로
보디빌더 쥐 탄생

2012년
탐사선 화성 착륙 성공,
이미지넷 대회를
평정한 인공신경망

2015년
벌채와 산불로 인한
오랑우탄의 비극

2016년
기후변화로 인한
북극권의
이상한 조짐

2017년
아라비아해
'죽음의 바다' 현상

북극권 근처의
몇 나라를 뺀
전 지구적
무정부 상태

2100년

급격한 온난화로
남북극 빙상 소실,
해수면 상승으로
해안가 대도시와
평야 침수,
농산물 가격 급등

2080년

선진국 국경에
장벽 설치,
국가 간 이동
전면 차단

2055년

10억 년 뒤
동식물 멸종,
지구의 바다
사라짐

2090년
식량부족 문제로
선진국 정부들마저
붕괴 시작

2060년
가뭄으로 수자원을
둘러싼 전쟁 격화,
유명무실해진 UN
운영비용 지원 중단으로
결국 해체

71억 년 뒤
지구 녹아버리거나
태양계 밖으로 사라짐

인구 감소로
세계단일국가
출현

2150년

세계 인구 90억 명으로
정점,온난한 기후와
농업기술 발전으로
농산물 생산량 증가

2060년

1조 년 뒤
별빛이 모두 사라지고
어둠만 남은 우주

2230년
기후변화로 온난해진
북극권으로 인류 이주

2080년
세계인구 감소와
농업생산량 증가가
맞물려 농산물 가격
폭락

2055년
기후변화 위기
종식 선언

1958년
IC회로 발명,
퍼셉트론의
화려한 데뷔

1960년대
인터넷의 발명

1961년
소련,
수소폭탄 실험 성공

1964년
펜지어스와 윌슨,
빅뱅의 증거 발견

1986년
페트로프의
핵전쟁 방지

1975년
유전자를 이용하는
바이러스의 기능 발견

1969년
인류의 달 착륙
성공

2018년
유전자 교정으로
에이즈에 걸리지 않는
아기 출산

2022년
유전자 교정으로
메탄가스 배출을
줄이는 벼 종자
개발 성공

2023년
인공신경망을 이용한 ChatGPT 서비스 열풍,
호주·캐나다·유럽 등지에서 거대한 산불 발생,
아르헨티나 62년 만에 최악의 가뭄,
리비아에 강력한 지중해 폭풍 다니엘 북상

중동과 남아시아 지역
농업 붕괴,
대량 난민 발생

2040년

북극권에서 메탄가스
대량방출로 기후변화
속도 더 빨라짐

2035년

배터리 기술 발전 정체,
석유 추출 기술의 발전,
석유가격 지속적 하락

2027년

어두운 미래

2050년
물가 폭등으로 격렬한
시위와 폭동 발생,
수십여 개 국가 정부
붕괴, 난민들 선진국으
로 몰려들기 시작

2037년
초대형 허리케인과
가뭄으로 전 세계
농업 생산량
큰 폭 감소

2030년
화석연료 사용
지속적 증가

2023년 이후 분기

화성에서 생명 탄생
없었던 것으로 결론,
생명 탄생과 진화에
대한 미스터리 증폭

2050년

핵융합 에너지 상용화
성공, 청정에너지 혁명
및 전 세계 화석연료
발전소 대체

2045년

천연수소(백색수소)
상용화로 청정에너지
사용 확산

2030년

밝은 미래

2048년
값싼 청정에너지
대량생산으로 인해
에너지 비용 거의
무료에 가까워짐

2040년
빅뱅이론의 또 다른
강력한 근거인 중력파
발견 실패, 빅뱅이론
뒤집힐 가능성 커짐

2028년
배터리 기술 발전,
가솔린자동차보다
전기차 가격이 더 낮아짐,
온실가스 배출량 감소

차례

1부 | 생명을 탄생시킨 우주의 신비

1부

◆

생명을 탄생시킨
우주의 신비

1장

✦
⋮
✦

우주

✦

가장 보잘것없던 점이
광활한 천체를 이루기까지

보통 우리가 상상하는 우주는 수많은 은하와 별들이 반짝이고 혜성들이 날아다니는 아름다운 곳입니다. 그런데 언제까지나 그럴까요? 또 예전부터 항상 그래왔을까요? 아닙니다. 우주는 끊임없이 변합니다. 우주의 시작도 끝도 우리가 상상하는 모습과는 너무 다릅니다.

138억 년 전 어느 날

아주 작은 점 하나가 있습니다. 지구와 태양을 비롯한 수천억 개의 별들이 모인 은하, 그런 은하가 거의 2조 개나 모인 우주가 138억 년 전엔 하나의 점일 뿐이었죠. 우주는 우리의 손가락 마디 하나보다도 작았습니다.

그런데 이 점은 보통 작은 게 아니에요. 1mm, 2mm 이런 수준이 아닙니다. 그 크기가 1,000,000,000,000,000,000,000,000,000분의 1m밖에 안되죠. 0이 너무 많아서 도대체 얼마나 작은지 실감이 안 될 정도입니다. 하지만 비유를 사용하면 어느 정도 감은 잡아볼 수 있습니다.

마법의 계단이 하나 있다고 상상해보죠. 이 계단은 한 번 내려갈 때마다 이전에 비해 크기가 1,000분의 1로 줄어들죠. 편의상 여러분의 키를 1m라고 했을 때 계단을 한 번 내려가면 점 같은 크기인

1mm가 되는 겁니다. 한 계단 위의 나를 돌아본다면 지금의 나보다 1,000배 더 큰 거인, 63빌딩 높이의 약 4배에 달하는 거대한 거인을 보게 됩니다. 여기서 한 계단 더 내려가면 0.001mm가 되면서 1mm였던 나 역시 그렇게 커 보이게 되죠. 그러면 이런 식으로 몇 번을 내려가면 138억 년 전의 우주 크기와 같아질까요?

무려 9번입니다.

1,000분의 1을 9번 거듭해야 할 만큼, 우주는 정말 말로 형용할 수 없을 정도로 작았던 거죠. 그에 비하면 우리는 엄청나게 거대한 존재입니다. 만약 138억 년 전 우주만큼 작은 사람이 있다면 그 사람에겐 우리가 우주만큼 거대해 보일 겁니다. 과학자들의 추측에 따르면 지금 우주의 크기는 약 1,000억 광년 정도 되니까 우리가 마법의 계단을 9개 오르면 그 정도 크기가 될 수 있습니다. 인간은 결코 작은 존재가 아닌 겁니다. 어찌 보면 엄청나게 큰 존재죠.

자, 이제 잠시 자리를 피해 볼까요. 곧 엄청난 일이 생기거든요.

그 작던 우주가 순식간에, 1초도 지나기 전에 마법의 계단 9개를 뛰어넘어 팽창합니다. 무려 사과 하나 정도의 크기가 되죠. '에게, 뭐 사과 하나 정도 가지고 호들갑을 떠냐'고 하시겠지만 절대 별것 아닌 일이 아닙니다. 우리가 만약 그렇게 커진다면 한반도, 지구, 태양계, 은하를 뛰어넘어 거의 우주만큼 커질 정도로 엄청난 팽창입니다. 사실 우리는 지금 우주 역사를 통틀어 가장 큰 폭발을 목격한 것이죠.

그러나 이게 끝이 아닙니다. 이 우주 만물을 이루는 물질들이 모두 그때 한꺼번에 생겨났거든요. 그 이후로는 물질들이 발생하지 않았습니다. 이 물질들이 변하거나 합쳐지거나 나누어지기만 했을 뿐이

죠. 사과만 한 크기의 우주에 훗날 여러분과 내가 되고, 지구가 되고, 태양이 되고, 수천억 개의 별과 은하가 될 물질들이 다 들어 있던 겁니다. 정말 스펙타클한 사건들이 눈 깜짝할 사이에 벌어진 거죠. 시간을 거슬러 올라와 구경한 보람이 있죠?

이 이상하고 기묘한 우주 탄생 이야기는 아인슈타인Albert Einstein과 허블Edwin Hubble, 앨런 구스Alan Guth 같은 유명 과학자들에 의해 만들어진 빅뱅이론의 일부입니다. 작은 점이 폭발해 거대한 우주가 된 사건을 큰 폭발이라는 의미의 '빅뱅bigbang'이라고 부르는데, 이 빅뱅에 대한 과학적 설명이 빅뱅이론이죠. 그토록 작은 점이 왜 폭발했는지, 어떻게 그렇게 많은 물질이 한꺼번에 생겨났는지, 그렇게 좁은 공간에 많은 물질이 들어 있으면 강한 중력 때문에 오그라들어서 블랙홀이 되어야 하는 건 아닌지 등등 많은 의문이 들겠지만 다행히도 우리만 이상하게 느끼는 것은 아닙니다. 과학자들에게도 이상한 것은 마찬가지고 여전히 많은 부분이 미스터리죠. 우리가 아무 생각 없이 살아가고 숨 쉬는 이 모든 공간과 물질들은 138억 년이란 까마득히 긴 세월의 건너편에서 기묘하고도 설명하기 힘든 출생의 비밀을 간직하고 있는 겁니다.

그런데 이렇게 태어난 우주는 우리가 아는 별빛 가득한 아름다운 우주가 아닙니다. 우주는 빈틈 하나 없이 극도로 뜨거운 물질로 가득 채워져 있을 뿐입니다. 마치 뜨겁고 거대한 수프 덩어리 같다고나 할까요? 우리가 아는 우주가 되려면 훨씬 더 커져서 빈틈이 생겨야 합니다. 오랜 시간이 흐른 뒤 우주가 충분히 커지면 그 빈틈과 공간들 어딘가로 물질들이 모여들어 최초의 별을 만들어내게 되죠.

빅뱅 이후 3,000만 년이 지난 어느 날

푸른 빛의 거대한 별이 눈부시게 빛나고 있습니다. 태양보다 100배는 더 무겁고 그만큼 위험한 별이죠. 살갗을 태우는 자외선이 태양보다 훨씬 강하기 때문에 보호막 없이 그 빛을 쬐었다간 단순한 화상으로 끝나지 않을 겁니다. 그냥 멀리서 그 푸르스름하고 보라색도 좀 섞여 있는 듯한 오묘한 별빛을 감상하는 게 좋죠.

그런데 물질들은 왜 모여들어 별이 됐을까요? 그 비결은 바로 중력입니다. 중력은 물질들끼리 끌어당기는 힘인데, 질량을 조금이라도 가진 물질이면 무조건 중력이 작용하여 서로 끌어당기게 되어 있죠. 마치 자석과 자석이 서로 끌어당기는 것처럼 말이죠. 물론 중력의

힘은 자석이 끌어당기는 힘에 비해 워낙 약합니다. 정확히 계산해보면 10^{36}분의 1밖에 안 되는 크기죠.

공중에 떠다니는 먼지도, 눈에 보이지 않는 가스조차도 질량이 있기 때문에 미세하게나마 중력을 가지고 있습니다. 대신 물질들이 많이 모이면 힘이 합쳐지면서 눈에 보일 정도로 중력이 강해집니다. 우리가 지구 위에 딱 붙어 살아가는 이유도 바로 지구의 모든 물질이 힘을 합쳐 그 중력으로 우리를 끌어당기고 있기 때문이죠.

바로 그런 중력에 의해서 물질들이 서서히 모여들며 거대한 덩어리가 됐고 빛을 만들어냈는데, 그것이 별들입니다. 그런데 별들도 영원히 빛나진 못합니다. 빛을 내는 데는 에너지가 필요하고 에너지는 언젠가 다 떨어질 수밖에 없기 때문이죠. 하지만 별은 모닥불 꺼지듯 얌전히 사라지진 않습니다. 그 이유는 별이 가진 거대하고 무거운 몸뚱이 때문인데요. 예를 들어 지구를 비춰주는 태양이란 별은 지구에 비해 332,950배나 무겁습니다. 지구는 태양에 비하면 볼링공 옆의 모래알이나 마찬가지죠. 우주에는 태양보다 수천에서 수억 배씩 큰 별들도 많습니다. 그리고 그렇게 엄청난 덩치의 별들은 나중에 문제가 생기게 되죠.

젊은 시절, 별은 끓어오르는 에너지로 몸뚱이를 지탱합니다. 그땐 별 문제가 없죠. 하지만 나이가 들고 에너지가 떨어지면 문제가 생깁니다. 어르신들이 허리나 무릎이 아프다며 잘 못 걸어 다니시고 자꾸 주저앉는 것처럼 별도 몸뚱이를 지탱하기 힘들어지게 됩니다. 그리고 무너져 내리죠. 그다음엔 거기서 생겨난 충격파 때문에 폭발이 일어나게 됩니다. 사람의 가냘프고 작은 몸은 쿵 주저앉는 것으로 끝나지만 별은 그렇지 않은 것이죠. 이처럼 거대한 별의 폭발을 '초신성 폭발'이라 부릅니다.

어떤 별은 겉으로는 괜찮아 보이지만 속에서부터 무너져 내리기도 합니다. 이 경우 충격파가 표면을 향해 솟구쳐 오르면서 별은 거품이 부글거리듯 요동치게 되죠. 그 순간 엄청난 에너지로 만들어진 빛이 사방을 뒤덮고 눈앞의 모든 것이 하얘집니다.

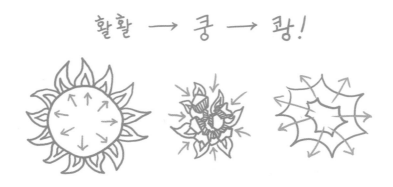

잠시 뒤 다시 나타난 별은 푸른빛을 띠며 거침없이 부풀어오릅니다. 별은 마치 죽어가는 사람이 죽기 전 온 힘을 모아 거친 숨을 몰아쉬며 작별 인사를 하듯, 온 에너지를 끌어 모아 우주 전역으로 빛을 뿌리고 생을 마감하게 되죠. 그리고 우리를 눈부시게 만들었던 빛은 태양빛보다 1,000억 배나 밝은 빛이었으니 우주 저 끝까지 수십수백억 년이라도 날아가 별의 작별 인사를 전할 수 있을 겁니다. 사실 가까이에서 그 빛을 본다면 눈이 멀 뿐만 아니라 온몸이 다 타서 재가 되어 버릴 거예요.

얼마 전 과학자들은 110억 년을 날아온 별의 작별 인사를 망원경을 통해 발견하기도 했습니다. 하지만 모든 별이 그렇게 화끈한 작별 인사를 남기는 것은 아닙니다. 대개 작은 별은 조용히 삶을 마감하며 아주 큰 별은 빛조차도 빨아들이는 시커먼 블랙홀로 부활해 악명을 떨치기도 하죠. 그러나 어느 별이든 빛을 잃게 될 운명을 피할 순 없습니다.

현재의 우주

지금도 우주는 계속 커지고 있습니다. 밤하늘을 보면 아무런 변화도 없는 것 같지만 사실은 전혀 그렇지 않죠. 예를 들어 100만 광년 정도 떨어진 곳에 별이 있다고 해보죠. 여기서 광년光年은 우주에서 거리를 나타낼 때 쓰는 단위로 1광년은 빛이 1년 동안 가야 도착할 수 있는 거리입니다. 빛은 1초에 지구를 7바퀴 반 돌 수 있을 정도로 빠르니까 그렇게 빠른 빛이 100만 년이나 가야 한다면 엄청나게 먼 거리 겠죠? 그런데 그 먼 곳의 별이 시간이 흐를수록 더 멀어집니다. 1초마다 약 25km씩 멀어지고 있죠. 지구와 그 별이 움직이지 않고 가만히 있어도 25km씩 멀어집니다. 바로 우주 전체의 공간이 점점 넓어지고 있기 때문이죠. 별과 지구 사이에 빈 공간이 쉴 새 없이 늘어나고 있는 겁니다.

　　예를 들어 지구가 갑자기 부풀어 올랐다고 생각해보세요. 한국의 서울과 미국의 뉴욕 사이의 거리가 그만큼 멀어지겠죠?

　　우주도 마찬가지입니다. 공간이 커지면 별과 별 사이의 거리는 그만큼 멀어지는 거예요. 지금 여러분이 책을 읽고 있는 순간에도 계속 멀어지고 있습니다. 만약 멀어지기 싫다면 그 별을 향해 초속 25km로 계속 달려가야 하죠. 초속 25km면 총알보다 25배 더 빠른 속도입니다. 그래봤자 가까워지기는커녕 간신히 멀어지지만 않을 뿐이지만요.

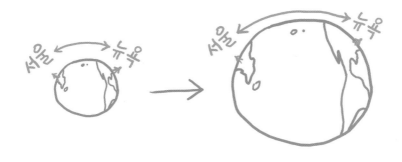

다만 가까이 있어서 강한 중력으로 서로 끌어당기고 있는 별들은 쉽게 멀어지지 않습니다. 우리 은하에 속해 있는 별들은 끼리끼리 중력으로 잘 붙잡아주고 있기 때문에 멀어지지 않죠. 그래서 우리가 보기에 이 우주는 별 변화가 없어 보이는 겁니다. 그러나 지금 이 순간에도 새로운 공간은 끊임없이 생겨나고 있고 저 멀리 다른 은하의 빛나는 별과 우리는 점점 멀어지고 있죠.

지금으로부터 1조 년 후

반짝이던 별들은 모두 사라졌습니다. 이제 우주는 컴컴하고 어두운 빈 공간일 뿐이죠. 이 거대한 우주 전체에 촛불 하나만큼의 빛도 존재하지 않습니다. 미세한 빛뿐만 아니라 그 어떤 소리나 움직임도 없죠. 한 치 앞도 볼 수 없는 암흑과 완벽한 정적만이 우주를 가득 채우고 있습니다.

우주를 이렇게 만든 범인은 점점 늘어나는 빈 공간입니다. 물질은 한정되어 있는데 빈 공간은 계속 늘어나니 모여 있던 물질은 점점 흩어질 수밖에 없고, 새로운 별은 갈수록 생겨나기 힘들겠죠. 중력으로 아무리 물질을 끌어모아 보려 해도 쉴 새 없이 늘어나는 빈 공간 앞에서는 역부족이었습니다. 그 많던 별들은 하나둘씩 죽어갔고, 새롭게 태어나는 별들도 점점 줄어들다 보니 마지막엔 이 거대한 우주에 살아 있는 별이 하나도 없는 상황까지 오고 만 것이죠.

그런데 그게 끝이 아닙니다. 별들을 이루고 있던 물질들도 결국엔 사라지게 되죠. 우리가 생각하기에 돌멩이 같은 단단한 물질은 영원히 그 모습 그대로일 것 같은데 절대 그렇지 않습니다. 매서운 비바람이 없어도, 누가 건드리지 않아도 돌을 이루고 있는 작은 물질들은 아주 조금씩 부스러져 흩어져가죠. 기나긴 시간이 지나면 먼지보다도 훨씬 작은 원자까지 부서져 더는 물질이라고 부를 수 없는 상태가 되어 버립니다. 셀 수 없이 많았던 거대한 별과 행성들, 우리와 같은 생명체를 이루고 있던 그 많은 물질이 흔적도 없이 아주 깨끗하게 사라져 버리는 거죠.

결국 우주는 무에서 태어나 무가 되어 버렸습니다. 눈에 보이지도 않던 작은 점에서 생겨난 우주는 결국 아무것도 보이지 않는 텅 빈 공간이 되었죠. 고요한 암흑 속에서도 시간은 계속 흐를 테고 빛으로 가득했던 우주의 역사도 인류의 역사처럼 눈 깜짝할 만큼 짧은 순간으로 기억될 겁니다. '아니, 언제 그런 적이 있었나' 하며 아예 잊히고 우주의 의미도 다른 것이 되어 있을 가능성이 높죠. 누군가 사전에 이렇게 써도 아무 문제 없을 겁니다.

우주 : 캄캄한 어둠으로 가득한 텅 빈 공간

좀 허무하죠? 하지만 그만큼 지금 이 순간이 더 소중한 겁니다.
짧은 삶을 살다 가는 인간에게뿐만 아니라 우주에게도 지금은 가장
빛나는 순간이니까요. 우주와 우리는 영광의 순간을 함께하는 동지일
지도 모릅니다. 마지막으로 제가 어린 시절 좋아했던《슬램덩크》라는
만화의 한 구절을 들려드리고 싶네요. 매우 중요한 경기에서 치열한
승부를 벌이고 있는 와중에 한 괴짜 선수가 땀을 뻘뻘 흘리며 감독님
에게 묻습니다.

"영감님의 영광의 시대는 언제였죠?"
"난…. 지금입니다."

●

2장

$\vdots$

지구

용암으로 들끓던 지옥이
최초의 생명을 품기까지

눈부신 태양과 푸른 행성 지구는 어떻게 생겨났을까요? 사람이 태어나서 자라는 것도 쉬운 일이 아닌데 그 큰 별과 행성이 갑작스레 불쑥 튀어나오지는 않았을 겁니다. 그 놀라운 탄생의 순간을 향해 여행을 떠나보죠.

지금으로부터 45억 년 전

은하의 변두리 어둡고 차가운 우주 공간, 아무 특별할 것 없는 그곳엔 수소와 헬륨으로 이루어진 가스 구름이 조용히 떠다니고 있습니다. 그런데 갑자기 눈이 타들어 갈 만큼 밝은 빛이 우주 공간을 가득 채우더니 엄청난 충격파가 가스 구름을 향해 몰려옵니다. 무시무시한 속도로 질주해온 충격파는 마치 거대한 쓰나미가 마을을 휩쓸어가듯 가스 구름을 강타합니다. 앞에서 살펴봤던 초신성 폭발이 근처에서 일어나면서 가스 구름을 휩쓴 거죠.

그런데 밀려 나가던 가스 구름들이 서로 부딪히고 뭉치면서 회전하는 거대한 덩어리가 됩니다. 물질들끼리 끌어당기는 중력의 힘과 충격파가 만나 소용돌이를 일으킨 것인데, 마치 튕겨 나가는 사람의 손을 누군가 잡아당기자 둘이 그 힘에 못 이겨 왈츠라도 추듯 뱅글뱅글 도는 모습 같아 보입니다.

지금 우리는 태양이 생겨나는 역사적 순간을 목격하고 있습니

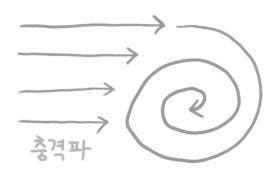

다. 저 거대한 소용돌이 속에 가스들이 모여들면서 구심점이 생기고, 구심점이 1,000만 년 동안 빙글빙글 돌며 주변의 가스를 계속 빨아들여 둥글게 빛나는 별이 되는데 이 별이 바로 태양이죠. 초신성이 만들어낸 거대한 우주 쓰나미가 마치 팽이를 돌게 하는 채찍 같은 역할을 해서 조용히 떠다니던 가스 덩어리를 태양이라는 행성으로 새롭게 만들어낸 것이죠. 그러나 태양뿐만이 아니었습니다. 초신성에서 뿜어 나온 각종 부스러기가 소용돌이 속에서 뭉치면서 수성, 금성, 지구 같은 행성들 역시 탄생합니다. 태양계의 가족들은 초신성 폭발의 결과물인 것이죠.

　　그런데 이 우주 쓰나미의 세기가 달랐다면 어땠을까요? 너무 강해서 가스 구름이 뭉치고 뭐고 할 것 없이 다 날아가버렸다면 태양이 만들어졌어도 너무 작아서 태양계는 지금보다 상당히 추워졌을 겁니다. 반대로 너무 약해서 가스 구름이 날아가지 않고 더 많이 모여들었다면 태양이 너무 커서 굉장히 뜨거운 태양계가 됐을 수도 있죠. 게다가 뜨거운 태양은 그만큼 에너지를 빨리 내뿜고 폭발할 가능성이

높기 때문에 지금쯤 태양계는 산산이 조각났을 수도 있습니다.

또한 충격파 때문에 가스 구름이 너무 심하게 요동쳤다면 구심점이 두 개가 되면서 태양이 두 개 이상 생겼을 수도 있죠. 그랬다면 지구는 좀 더 따뜻해졌겠지만 두 개의 태양이 끌어당기는 통에 이리저리 불안하게 공전하면서 지구 환경이 불안정해지고 생명이 생존하고 진화하는 데 어려움을 겪었을 겁니다.

사실 이렇게 태양이 두 개 또는 세 개인 경우는 상당히 많습니다. 오히려 하나인 경우가 드물죠. 당시에 우주 쓰나미가 막무가내로 가스 구름을 덮친 게 아니라 아주 '적절하게' 덮쳐준 덕에 지금 우리가 하나의 태양이 만들어주는 적당한 따뜻함을 누리며 살고 있는 것입니다. 까마득한 옛날 우주를 휩쓴 쓰나미조차도 우리와 이런 식으로 관계를 맺고 있다니 참 우주란 알면 알수록 재밌는 곳이죠.

45억 년 전, 지구의 탄생

이제 우리의 고향, 갓 태어난 지구를 구경해보죠. 인간은 태어나자마자 부모의 따뜻한 보살핌을 받으며 행복한 시절을 보내지만 지구의 탄생기는 전혀 그렇지 않았습니다. 오죽하면 지구의 유아기 시절(45억 년 전에서 38억 년 전까지)을 부르는 이름이 '하데스 이언Hadean Eon'일 정도죠. 참고로 하데스는 그리스 신화에서 지옥의 신을 일컫는 말입니다. 행복하고 평안한 것과는 거리가 먼 것이 확실하죠. 자, 그러면 마음의 준비를 하고 무시무시한 아기 지구를 만나보겠습니다.

아기 지구의 하늘에 거대한 그림자가 드리워지기 시작합니다. 그림자의 주인공은 또 다른 태양계의 행성 테이아Theia입니다. 테이아는 마치 앞뒤로 서서 나란히 달리는 자동차처럼 지구와 같은 궤도를 같은 방향으로 돌고 있는 행성이었습니다. 같은 속도로 먼 거리에서 공전했기 때문에 당장은 충돌하지 않았지만 안정 상태는 오래 갈 수 없었죠. 테이아와 지구가 주변의 부스러기들을 흡수하면서 몸집을 불려나가자 중력도 같이 커지면서 둘 사이의 거리는 가까워질 수밖에 없었습니다.

테이아는 지금의 달보다 8배 정도 더 크게 성장했을 때부터 점점 지구를 따라잡기 시작했습니다. 그리고 어느 시점부터는 가까워졌다 멀어졌다를 불안정하게 반복하더니 갑자기 지구를 향해 돌진하기 시작했죠.

이제 지구의 하늘은 테이아에 의해 거의 다 뒤덮였습니다. 태양마저 테이아의 등 뒤로 사라져 지구는 짙은 어둠에 휩싸였네요. 테이아와 지구의 화산들은 마치 충돌에 환호하듯 격렬하게 폭발하고 용암은 강이 되어 사방으로 흘러내리고 있습니다.

이윽고 충돌이 시작됩니다. 거대한 굉음이 온 사방에 울려
퍼지며 테이아와 지구 사이의 모든 것이 뜨거운 열기 속에 찢어 발
겨지고 있습니다. 지구의 땅덩어리들은 분해되어 하늘로 솟구쳐
올라가고 뒤따라 올라가는 용암의 물결은 용의 승천을 연상시킵
니다.

테이아와의 충돌은 지구가 겪은 충돌 중에서 가장 큰 충돌이었습니다. 30분 만에 테이아는 지구와 합쳐지며 완전히 사라졌죠. 지금 태양계의 행성 중 테이아가 없는 이유입니다. 지구는 충격으로 모양이 일그러졌고 지상은 온통 붉은 용암 바다로 변했습니다. 하늘엔 수만 도에 달하는 뜨거운 암석 구름이 새하얀 빛을 내며 떠 있었고 그중 일부는 방울로 뭉쳐 용암 바다 위로 비처럼 쏟아져 내렸죠.

그런데 이제 밖으로 나가 지구를 보면 꽤 귀여운 모습입니다. 우주 공간으로 솟구쳐 올라간 용암 덩어리들은 붉게 빛나는 고리를 만들어 지구를 예쁘게 둘러쌌고 지구는 하얗게 빛나고 있거든요. 얼핏 보면 붉은 고리를 가진 귀여운 전등 같다는 생각이 들 정도입니다.

그러나 그런 귀여운 조화는 오래가지 않았습니다. 지구 주
위의 우주 공간을 떠돌던 용암 덩어리들은 서로 들러붙으며 점점
커져갔고, 지름 3,400km짜리 거대 위성, 달이 됩니다. 테이아와
의 충돌이 달을 만들어낸 것이죠. 그러나 문제는 당시 달이 지금에
비해 16배나 가까웠다는 겁니다. 지구의 한 바퀴도 안 되는 거리
인 24,000km, 비행기로 13시간만 날아가면 닿는 거리였죠. 지구
의 바로 코앞이나 마찬가지였습니다. 그러다 보니 달은 지금보다
250배는 더 커 보였죠. 지금 만약 그렇게 거대한 달이 뜬다면 어떨
까요? 좀 무섭긴 하겠지만 꽤 볼만한 풍경이지 않을까요?

그런데 당시에는 달이 크기만 큰 것이 아니었습니다. 달빛 역시 어마어마하게 강했죠. 달빛은 지금에 비해 수백 배나 강했고 달빛에 가려 다른 별들은 보이지도 않았습니다. 은은한 달빛은 먼 훗날의 얘기였죠.

그렇다고 밤이 아예 없는 것은 아니었습니다. 달이 그 큰 덩치로 태양을 가려버리면 얼마든지 밤을 만들 수 있었죠. 지금은 달이 태양을 가리기가 쉽지 않지만 그땐 워낙 크다 보니 태양은 쉽게 가려졌습니다. 태양이 달 뒤로 들어가면 그제서야 밤이 찾아오고 달이 가린 하늘의 나머지 공간에 별들이 떴죠.

하지만 그렇게 찾아온 밤도 지금처럼 낭만적이진 않았습니다. 달의 시커먼 표면은 마른 논바닥처럼 쩍쩍 갈라져 있었고 그 사이로

는 폭발하는 화산과 이글거리며 흘러내리는 용암이 가득했기 때문입니다. 마치 복수에 불타는 거대한 눈동자가 지구를 노려보는 듯한 느낌이었을 겁니다.

그러나 겉보기보다 더 무서운 것이 있었으니 바로 달의 중력이었죠. 중력은 거리가 가까워지면 그의 제곱만큼 커집니다. 당시 달은 지금보다 16배 가까웠으므로 중력은 256배 더 강해지는 것이죠. 지금도 달 때문에 바닷물이 10m씩 높아졌다 낮아졌다 하는데 당시엔 수백 배 더 강한 효과가 나타났을 겁니다. 그때는 바다가 충돌로 모두 증발했기 때문에 대신 용암이 그 역할을 맡았죠. 용암의 바다는 높이 1,000m에 달하는 용암 쓰나미를 만들며 달을 따라 지구를 휩쓸고 다녔습니다.

전 가끔 집 근처를 산책하다가 산이 저 멀리 보이면 용암 쓰나미가 몰려오는 장면을 상상하곤 합니다. '1,000m면 저 산보다 훨씬 높을 텐데…' 하면서 그 높이를 가늠해보면 그 엄청난 크기에 매번 감탄하게 되죠.

용암 쓰나미가 휩쓸고 다니는 뜨거운 지구에는 지금과는 비교할 수 없을 만큼 엄청난 양의 수증기가 대기에 가득했죠. 어찌 보면 바다가 공중에 떠 있는 것이나 마찬가지였고 지구는 찜통 사우나 같은 곳이었습니다.

그러다가 찜통 같던 지구의 기온도 서서히 내려가기 시작했고, 어느 시점이 지나자 엄청난 양의 수증기는 비가 되어 땅을 향해 일제히 쏟아져 내렸습니다. 마치 댐의 수문이 열리고 물이 쏟아지듯, 막대한 양의 물이 하늘에서 땅으로 퍼부어 내렸죠.

오랜 시간이 흐른 뒤 지상엔 드디어 바다가 생겼습니다. 태양계 그 어느 행성에서도 찾아볼 수 없는, 푸른 행성 지구라는 캐릭터를 만들어준 바다는 이런 대홍수에 의해 탄생한 것입니다. 그리고 바다는 이제 최초의 생명체를 잉태합니다.

우리가 살아가는 지구는 생명의 행성이라고 불러도 손색이 없을 만큼 생명으로 가득합니다. 흙 한 줌 속에 존재하는 세균만 수백억 마리이고 각종 벌레와 생명체들 역시 그만큼 우글거리며 살아가고 있죠. 우리가 보지 못해 모를 뿐, 물속이며 공기 중까지 지구는 그야말로 생명체 덩어리라 할 수 있는 행성입니다.

그에 비하면 태양계의 다른 행성들은 멸균 상태에 가깝습니다. 현재까지 알려진 바로는 벌레는커녕 세균 한 마리도 찾기가 힘들죠. 생명체가 존재할 가능성이 그나마 가장 높다는 화성에서조차 탐사가 시작된 지 60년이 지나도록 세균 한 마리 발견하지 못한 상황입니다.

그러면 이 모든 생명체는 지구에서 생겨났다는 이야기인데 도대체 언제, 어디서, 어떻게 생겨난 것일까요?

40억 년 전, 지구의 바다

깊은 바다 밑바닥, 단 한 줌의 햇빛도 없는 곳에서 30층 아파트만 한 거대한 기둥이 모습을 드러냅니다. 그 뒤로도 수많은 기둥들이 희미하게 빛나죠. 마치 거인들이 살았던, 잊힌 도시의 폐허를 보는 느낌입니다. 바로 이곳이 최초의 생명체가 생겨난 곳으로 알려진 '열수분출공'입니다.

열수분출공은 말 그대로 뜨거운 물이 뿜어 나오는 굴뚝 형태의 지형으로, 땅 밑에서 끓어오른 물이 솟구쳐 올라올 때 그 속에 섞여 있던 각종 물질들이 주변에 쌓이면서 굴뚝 형태를 띠게 된 것입니다. 높이가 최대 60m까지 자라니 웬만한 20~30층 빌딩이랑 비슷한 크기죠. 과학자들은 바로 이 뜨거운 굴뚝에서 생명체가 발생했을 가능성이 높다고 추측하고 있습니다.

무언가를 만들어내려면, 그것이 생명체든 물건이든 간에 꼭 필요한 것이 바로 재료와 에너지입니다. 재료가 없으면 만들기를 시작할 수 없고, 에너지가 없으면 물건을 조립할 수 없기 때문이죠. 열수분출공에는 그 두 가지가 모두 풍부합니다. 뜨거운 물 속에 포함되어 있는 다양한 물질들은 재료로서 아주 유용하고 그 물질들 중 하나인 수소는 에너지원으로 쓰일 수 있죠. 수소는 천연가스의 2배, 휘발유의 3배, 석탄보다는 무려 5배나 많은 열을 내는 고효율의 에너지로 수소자동차의 연료로도 쓰입니다.

여기서 또 한 가지 중요한 것은 생명체가 자신을 유지·존속하기 위한 안정적인 조건입니다. 생명체는 아주 많은 물질들이 정밀하게 결합된 결과물이기 때문에 만들어지는 데 시간이 오래 걸립니다. 누가

재료　　　에너지　　　제품

설계도를 보고 조립해주는 것도 아니고 물질들이 자연적으로 이리저리 부딪히다가 우연히 잘 맞아들어가서 결합에 성공해야 하는 것이다 보니 오랜 시간 동안 안정적인 상태가 유지되어야 하죠.

만약 해변의 웅덩이나 돌 틈에서 생명체가 탄생해야 했다면 수없이 밀려드는 밀물과 썰물의 등쌀에 애써 생겨난 물질들이 순식간에 휩쓸려 가버리는 일이 자주 일어났을 겁니다. 더군다나 당시엔 달이 훨씬 가깝다 보니 물을 끌어당기는 힘이 몇십, 몇백 배는 커서 밀물과 썰물이 초대형 쓰나미 수준이었죠. 게다가 바다가 물러가면 태양의 강력한 자외선이 물질들을 파괴합니다. 자외선을 막아주는 오존층이 두꺼운 지금도 해변에 나가면 살갗이 타는데, 오존층도 없었던 당시엔 말할 것도 없이 더 강력한 파괴가 일어났을 겁니다.

그런데 열수분출공에는 딱 좋은 공간이 있었습니다. 뿜어 나오는 물의 흐름에 따라 물질들이 여기저기 쌓이면서 만들어진, 10분의 1mm밖에 안 되는 미세한 미로들이죠. 바로 이 곳에서 수많은 화학물질들이 결합과 분해를 거듭하며 다양한 형태로 만들어지고 미로들 속

열수분출공 미로

에 쌓여갈 수 있었습니다. 열수분출공은 화학 실험실이면서 공장이며 동시에 창고이기도 했던 겁니다. 그러니 바로 이곳에서 40억 년 전 뭔가가 만들어졌을 가능성이 높은 거죠.

40억 년 전 어느 날, 열수분출공 속 미로

캄캄한 미로 속 어디선가 화학물질들이 이리저리 조립되다가 우연히도 아주 특이한 물질 덩어리가 만들어졌습니다. 그것은 눈에도 보이지 않는 작디작은 티끌이었지만 보통 티끌이 아니었죠. 놀랍게도 그 티끌은 스스로를 똑같이 복제해낼 수 있었고 그에 필요한 에너지와 물질을 자신의 능력으로 마련할 수 있었습니다.

아직 확실한 것은 아니지만 그 특이한 티끌이 바로 먹고 자고 생존하고 자손을 낳아 번식하는 최초의 생명체, 여러분과 나의 최종적 직계조상인 세균이었을 가능성이 있습니다.

세균은 참 특이한 존재입니다. 세균과는 비교도 할 수 없을 만큼 거대한 지구도, 훨씬 더 거대한 태양도 그저 물리적으로 정해진 운명에 따라 에너지를 발산하며 타오르다가 차갑게 식어 사라지지만 세균은 그렇지 않습니다. 세균은 꺼지길 거부하는 불꽃이나 마찬가지죠. 스스로 에너지를 끌어 모으고 활용해서 생명을 유지하고 자신을 복제해냅니다. 마치 불꽃이 스스로 태울 것을 여기저기서 끌어 모으고 심지어 자신과 닮은 불꽃을 또 만들어내는 것 같다고나 할까요?

38억 년 전 지구

파도가 넘실대던 바다는 흔적도 없이 사라졌고 세상은 온통 찜통 같은 열기로 가득합니다. 지구 전체 어디를 둘러봐도 물 한 방울 찾을 수 없을 정도로 완벽하게 말라붙었죠. 그 많던 물은 다 어디로 간 걸까요? 힘들게 탄생한 우리 조상들은 어떻게 됐을까요?

아기 지구는 여전히 위험한 곳이었습니다. 테이아보다 규모는 작지만, 매우 많은 수의 소행성들이 떠돌아다니는 상황이었고 덩치 큰

지구는 맞추기 좋은 과녁이었죠. 지름이 약 500km나 되는 소행성과의 충돌도 6~7번 정도 있었습니다. 서울에서 부산까지의 거리보다 더 큰 지름을 가지고 있는 거대한 바윗덩어리가 시속 25,000km, 총알보다도 두 배 빠른 속도로 지구에 부딪힌 겁니다.

그 충돌 에너지는 테이아와의 충돌 때와 마찬가지로 순식간에 지구를 불바다로 만들고 바다는 물론 소금까지도 증발시켜버릴 만큼 뜨거웠죠. 지구는 태양 표면과 비슷한 수천 도의 열기로 타올랐고 이런 상황에서는 세균도 대부분 타서 재가 될 수밖에 없었습니다. 하데스란 이름값 하나는 톡톡히 하던 시기였죠.

하지만 아기 지구는 자신이 낳은 세균을 그냥 완전히 몰살시키지는 않았습니다. 세균 중 일부는 아기 지구의 땅속 깊은 곳, 수천 미터 지하의 암반 틈까지 파고 들어가 열기를 피해 살아남을 수 있었죠. 세균은 암석에 들어 있는 금속 성분을 분해해 얻는 영양분으로 살아남을 수 있었고, 지금도 그곳에는 지상의 모든 생명체를 다 합친 것보다 두 배나 되는 막대한 양의 세균이 살아가고 있습니다.

얼마 전 남아프리카의 금광 깊은 곳에서 발견된 데술포루디스 아우닥스비아토르Desulforudis audaxviator라는 막대기 모양의 세균은 지하 2.8km 되는 곳에서 살아가는데, 빛도 산소도 없는 이곳에서 놀랍게도 이 세균들은 방사선을 먹고 산다고 합니다. 핵발전소의 우라늄에서 나오는 바로 그 방사선 말이죠. 인간은 방사선을 맞게 되면 암 같은 치명적인 병에 걸려 죽게 되므로 우주인들이나 입을 보호복을 착용해야 하는데, 이 세균들은 그 무시무시한 방사선을 이용해 죽기는커녕 잘만 살아가고 있는 것입니다.

빛 한 줄기 들어오지 않는 캄캄한 어둠 속에서 우리의 조상 세균님들이 불지옥을 피해 살아남은 덕분에 지금의 우리도 존재할 수 있는 거죠. 생각해보면 우리의 아기 지구는 참 기특합니다. 그 어려운 시절 속에서도 달이란 소중한 친구도 얻고 심지어 생명체라는 희한한 자손까지 만들어 지켜냈으니 말입니다. 우리 인류 전체, 그리고 생명체 모두가 감사해야 할 일인 것 같습니다.

10억 년 후 지구의 미래

지구의 유아기는 질풍노도의 시기이면서도 꽤 실속 있는 기간이었음을 알 수 있습니다. 먼 훗날 노년기는 어떨까요? 어렸을 적에 고생을 많이 했으니 좀 편안하게 보낼 수 있을까요?

하늘엔 짙은 구름이 가득하고 어두컴컴한 세상은 뜨거운 열기로 가득합니다. 마치 유아기의 지구처럼 바다는 바짝 말라붙어 사라졌고, 한때 바다 밑바닥이었던 황무지에 물고기들의 뼈다귀와 조개껍데기들만 나뒹굴고 있을 뿐입니다. 어렸을 적 지구처럼 큰 소행성과 부딪히기라도 한 걸까요?

불행의 원인은 소행성이 아닌 태양 때문입니다. 태양도 지구처럼 나이를 먹고 있고 지금도 날이 갈수록 성숙해지고 있죠. 그런데 문제는 성숙해질수록 더 뜨거워진다는 겁니다. 지금도 초기 태양에 비하면 3배 이상 뜨거워진 것이고 앞으로 10억 년 후엔 지금보다 11% 더 뜨거워지게 됩니다. 별것 아닌 것 같지만 이 정도만 돼도 그 뜨거운 열기에 육상의 생명체는 모두 멸종할 수밖에 없고, 바다 역시 증발하면서 물속 생물도 사라지게 됩니다. 유아기 지구처럼 다시 땅속 깊은 곳으로 피한 세균들만이 살아남는 것이죠.

인류의 경우 그때까지 존재하고 있다면 화성으로 대피하는 게 괜찮은 방법입니다. 화성은 현재로서는 너무 추워서(평균기온 영하 63도) 문제이지만, 그때쯤 되면 태양의 열기 덕분에 지구처럼 따뜻해질 것이기 때문이죠. 그러나 그것도 영원할 수는 없습니다. 역시 시간이 지나면 태양의 열기를 피해 인류는 또 더 먼 곳으로 피해야 하죠. 부디 과학기술이 많이 발달해서 잘 도망 다닐 수 있기를 바랄 뿐입니다.

불행은 여기서 끝이 아닙니다. 태양은 에너지가 고갈되기 시작하면 마치 생의 마지막 순간에 이렇게 쉽게 죽을 수는 없다며 발악하는 사람처럼 남은 에너지를 끌어 모아 몸을 부풀립니다. 거대해지는 태양에 수성과 화성이 잡아먹히고 지구도 잡아먹히게 되죠. 설사 운

좋게 살아남는다 해도 지구는 시커먼 숯덩이가 될 테고 이 정도면 땅 속 깊이 숨은 세균들도 살아남지 못하죠. 자신이 낳은 자식인 생명체도 잃고 다 타서 반 죽은 거나 마찬가지인 상태가 되는 것이 지구의 운명인 겁니다.

그런데 그게 또 끝이 아닙니다. 태양은 덩치가 작은 별에 속하기 때문에 앞에서 봤던 별처럼 거대한 폭발을 일으키며 온 우주를 향해 작별 인사를 날리진 못합니다. 대신 죽어갈 때 물질들을 우주 사방으로 서서히 흩뿌리면서 생의 마지막을 준비하는데, 문제는 이 과정에서 태양이 가벼워진다는 것이죠.

이렇게 되면 태양 주위를 도는 행성들은 혼란에 빠지게 됩니다. 지금까지는 무거운 태양의 강력한 중력에 붙잡혀 질서정연한 궤도를 유지하고 있었지만, 태양이 가벼워지면 중력이 약해지면서 행성들을 붙잡아줄 힘도 약해지죠. 그러면 태양 대신 목성이라든가 토성 같은 큰 행성들의 중력이 힘을 발휘하면서 행성들은 궤도를 이탈할 수도

있고 서로 끌어당기다가 충돌할 수도 있습니다. 지구는 가까운 화성이나 금성과 충돌할 가능성이 있죠. 그렇게 된다면 테이아 때 이상으로 훨씬 큰 충격과 함께 지구 자체가 아예 부서져 버릴지도 모릅니다.

　　사실 인류가 그때까지 살아 있으리란 보장도 없으니 그렇게 깨끗이 사라져버리는 것도 나쁘지 않은 결말일지 모르겠습니다. 좀 허무하고 슬프게 느껴지긴 하지만, 그만큼 지금 이 순간이 또 소중한 순간인 것이죠. 지구와 우리 역시 영광의 순간을 함께 하고 있는 동지인 겁니다. 아직 수억 년이 남아 있으니 너무 슬퍼할 필요도 없고요. 힘을 내서 여행을 계속하죠.

●

3장

바다

고요한 침묵의 세계에서
역동적 약육강식의 세계로

끝없이 펼쳐진 바다가 지구촌 전역을 덮었고 대륙은 간간이 보일 뿐입니다. 이 넓은 바다에서 우리 눈으로는 생명의 흔적을 찾아볼 수 없습니다. 25억 년 전 이 침묵의 바다가 어떻게 최초의 생명을 잉태하고 지금의 역동적인 생태계를 일구어낸 것일까요? 앞으로도 우리는 지금의 바다 생태계를 지켜낼 수 있을까요?

25억 년 전, 지구의 바다

세균은 불지옥이 사라진 뒤 한동안 평화를 누립니다. 태양은 지금보다 희미했고 대륙에선 빙하가 확장하고 있었죠. 빙하는 거대한 두께의 무거운 얼음으로 대지를 갈아냈는데, 마치 철판에 양파가 갈리듯 빙하에 눌린 암석들이 사정없이 깎여나갔고, 덕분에 암석에 들어 있던 막대한 양의 무기질 영양분이 바다로 흘러 들어갔습니다.

여기까진 그다지 특별한 일이 아니었습니다. 평범한 일상처럼 이전에도 반복됐던 일이죠. 그러나 이 무렵 세균에게서는 특별한 돌연변이가 일어납니다. 돌연변이가 세균에게 가져온 변화는 바로 광합성 능력이었죠. 이제 물과 이산화탄소만 있으면 햇빛을 이용해 얼마든지 영양분을 스스로 만들어낼 수 있게 된 것입니다.

기존의 세균들은 그저 운 좋게 영양분을 만나서 먹을 수 있기를 바라며 돌아다녀야 했지만 새로운 돌연변이 세균들은 앉은 자리에

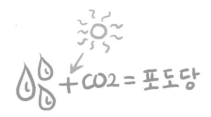

서 햇빛과 물, 이산화탄소로 영양분을 만들어낼 수 있었죠. 새로운 세균은 마술 같은 초능력을 가진 것이나 마찬가지였습니다. 물과 공기로 떡을 만들어내는 것과 별반 다를 게 없었던 거죠.

이런 무시무시한 능력을 가진 초능력 세균들은 거칠 것이 없었습니다. 물과 공기, 햇빛이 있는 곳이면 어디나 초능력 세균들의 차지였고, 빙하가 흘려보낸 무기질 영양분을 이용해 더 빠르고 쉽게 번식할 수 있었기에 지구는 삽시간에 이들에게 점령당합니다. 이렇게 돌풍을 일으키며 생명 역사에 한 획을 그은 초능력 세균들은 훗날 '남세균'이라 불리게 되죠.

이후로 광합성이 만들어낸 영양분은 지구의 생태계를 떠받치는 기반이 됩니다. 지금 이 순간에도 수많은 동물과 우리 인류는 식물이 만들어내는 영양분에 의존해서 살아가고 있죠. 광합성이 중지된다면 지구는 당장에 먹을 것 없는 허허벌판이 될 운명입니다.

그러나 역설적이게도 당시엔 광합성 능력이 생태계의 대참사를 불러오게 됩니다.

24억 년 전, 지구의 대격변

어딜 가도 온통 하얀 눈밭뿐입니다. 지구의 기온은 평균 영하 50도까지 급강하했고 추워진 날씨에 확장에 확장을 거듭하던 빙하는 급기야 적도까지 완전히 뒤덮었죠. 1,000m가 넘는 두께의 빙하가 지구를 완전히 둘러싸게 되면서 지구는 그야말로 하얀 탁구공처럼 변했습니다.

대참사의 원인은 광합성이 일어나면서 줄어든 이산화탄소였죠. 남세균이 사방으로 뻗어 나가면서 지구를 덮혀주는 온실가스인 이산화탄소를 줄어들게 한 덕분에 바닷속 1,000m까지 빙하로 가득 찼고, 바다는 칠흑 같은 어둠으로 휩싸였습니다. 세균들은 몰살당했고 다시 열수분출공이나 땅속 바위틈으로 후퇴해야만 했죠.

빙하는 자신을 만들어낸 남세균에게도 칼날을 들이댑니다. 어둠 때문에 광합성을 못하게 된 남세균 역시 몰살당했고 빙하가 없는

화산 주변에서 간신히 살아남을 수 있었죠. 한때 거침없이 지구의 바다를 휘몰아쳤던 남세균은 이제 높디높은 빙하의 포위 벽에 갇혀 화산이나 온천 언저리에서 목숨만 부지하는 신세였습니다.

그러나 상황은 또 급변합니다. 화산은 여전히 폭발하며 이산화탄소를 내뿜고 있는데 그걸 흡수할 세균도, 바다도 없었거든요. 사실 이산화탄소는 지금도 바다에 상당량 흡수됩니다. 이산화탄소 외에도 일반적으로 기체는 액체에 흡수되고 녹아들 수 있습니다. 덕분에 우리는 사이다나 콜라 같은 탄산음료에 녹아 있다 뿜어 나오는 이산화탄소에서 시원함을 느끼고, 물고기는 바닷속 산소를 흡수해 호흡을 할 수 있는 것이죠.

그런데 빙하로 바다가 뒤덮이니 화산이 내뿜는 이산화탄소는 그대로 쌓일 수밖에 없었습니다. 이산화탄소는 폭발적으로 증가했고 기온은 영하 50도에서 영상 50도로 100도나 치솟게 됩니다. 극도로 추웠던 겨울이 순식간에 극도로 더운 여름이 된 거죠.

지구 전역에서 일제히 빙하가 무너져 내렸고, 굉음이 지구를 가득 채웠습니다. 붕괴 현장에는 그랜드 캐니언과 맞먹는 푸른빛 빙하 협곡들이 마술처럼 갑자기 등장하고, 협곡에는 주체할 수 없을 만큼 많은 물이 맹렬한 속도로 쏟아져 내렸죠. 눈부시게 하얗고 단단하며 조용했던 빙하의 세상이 순식간에 와르르 무너지며 거대한 아수라장으로 변한 겁니다.

그러나 그 끝없는 붕괴의 행렬 속에서도 평화는 쉽게 찾아오지 않았습니다. 빙하가 물러가고 밝은 세상이 돌아오자 남세균은 다시 지구를 녹색으로 물들였고 똑같은 상황이 반복됐죠. 이런 식으로 아마

24~22억 년 전까지 최소 두 번 대격변이 있었을 것으로 추정됩니다.

　　만약 우주에서 지구를 지켜보는 외계인이 있었다면 꽤 재미있지 않았을까요? 소행성 대충돌 같은 눈에 띄는 외부 충격도 없이 순식간에 지구 전체의 기후가 뒤집히기를 반복했고 색깔도 그에 따라 극적으로 변했기 때문이죠. 초록색이 확 번지더니 갑자기 흰색이 됐다가 다시 파란색이 되고 다시 초록색이 확 번지고.

　　이런 변화는 전에 없던 새로운 현상이었습니다. 생명체들은 이미 그 옛날부터 주위 환경에 맞춰 살아가는 것을 넘어 지구에 적극적으로 영향을 주기 시작했던 겁니다. 손바닥 뒤집듯 지구 전체를 뒤집어엎은 그 영향력은 지금의 인류도 감히 흉내 내기 힘들 정도죠. 그런데 격변은 지구뿐만 아니라 세균에게도 큰 변화를 가져왔습니다. 세균 조상님이 먼 훗날 사람이라는 후손을 낳기 위한 매우 중요한 변화가 바로 그때 이루어졌죠.

20억 년 전, 대격변에서 차츰 벗어난 지구

세균과는 전혀 다른 모습의 생명체가 지구에 그 모습을 드러냅니다. 세균에 비해 1,000배 큰, 당시로서는 초거대 생명체인 '진핵세포'의 출현이었죠. 크기뿐만 아니라 그 속의 구조도 완전히 달랐습니다. 세균 속에서는 별다른 구별된 영역 없이 생존과 번식에 필요한 모든 일들이 뒤섞여 한 곳에서 진행됐지만 새로운 생명체 속에서는 철저히 나누어진 구역에 따라 각기 다른 일들이 체계적 시스템 아래 진행됐죠. 세균이 '조그마한 작업실'이라면 새로운 생명체는 다양한 시설과 기계들이 가득한 '큰 공장'이었습니다.

먼저 눈에 잘 띄는 것은 핵입니다. 핵은 공장으로 치면 설계도 보관소죠. 제품 완성에 필요한 모든 정보와 조립 방법이 설계도에 들어 있는 것처럼, 핵 안에는 다양한 물질을 만들어내는 데 필요한 정보

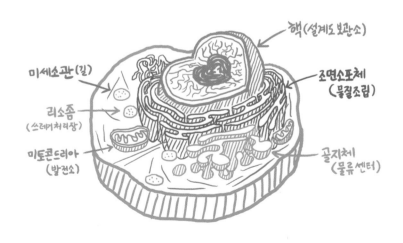

와 자료가 망라돼 있고 이것이 바로 그 유명한 DNA입니다. 세균도 DNA가 있지만 풀어진 상태로 세포 안에 흩어져 있는 반면 새로운 생명체는 DNA가 똘똘 감긴 채 핵 속에 정리·보관되어 있는 점이 달랐습니다. 그런 전문적인 보관 장소를 가지고 있어서인지 새로운 생명체는 DNA의 양도 1,000배 이상 많았죠. 그래서 과학자들은 이 새로운 생명체를 '진짜 핵'이 있다는 의미에서 '진핵세포'라고 부르게 됩니다.

핵 옆에 붙어 있는 '조면소포체'는 설계도 보관소에서 가져온 자료로 다양한 물질을 만들어내는 곳입니다. 조면소포체에는 '리보솜'이라는 공작기계들이 설치되어 있어서 설계도에 따라 다양한 물질을 조립해내죠. 조면소포체 옆에는 '골지체'라는 마치 물류센터 같은 곳이 있는데 조면소포체에서 만들어낸 물질을 '수송소포'라는 일종의 상자에 담아 목적지를 향해 배송합니다. 그리고 수송소포는 택배 배달기사 역할을 하는 모터단백질에 의해 '미세소관'이라는 세포 속 길을 따라 필요한 곳에 정확히 배달되죠.

'리소좀'이란 곳은 세포 속 쓰레기 처리장으로 쓸모없어진 단백질이나 외부물질들을 조각조각 분해해 재활용합니다. 재활용센터 같은 곳이죠. 그리고 이 모든 것이 돌아가는 데 필요한 에너지를 공급해주는 발전기 역할을 하는 '미토콘드리아'라는 기관도 있습니다. 진짜 공장 같다는 느낌이 확 들죠? 그러나 이건 빙산의 일각입니다. 자세히 들어가면 훨씬 복잡하고 방대한 시스템이 돌아가죠.

왜 갑자기 이렇게 전혀 다른 모습의, 마치 외계생명체 같은 진핵세포가 나타난 걸까요? 확실한 이유는 아직 밝혀지지 않았습니다.

그러나 아마도 대격변이 가져온 시련이 원인일 것이라 추측됩니다. 시련 속에서 살아남기 위해서는 다양한 능력이 필요했고 서로 다른 능력을 갖춘 세균들이 힘을 합치면서 진핵세포라는 거대한 연합체가 생겨났을 수 있거든요. 작은 기업들이 큰 그룹에 흡수합병되듯 말입니다. 실제 미토콘드리아는 자신만의 고유한 DNA를 따로 가지고 있으므로 한때는 독립된 세균이었다가 흡수합병되어 진핵세포 안에 눌러살게 되었을 가능성이 매우 높기도 합니다. 그러나 어떤 과정에 의해 진핵세포 전체를 아우르는 체계적 시스템이 생길 수 있었는지는 여전히 의문입니다. 진핵세포의 등장은 지금도 과학자들에게 풀리지 않는 미스터리한 문제죠.

그러나 놀라운 일은 거기서 끝나지 않습니다. 진핵세포는 전에 없던 전혀 다른 형태의 생명체를 만들어냅니다.

6억 년 전, 지구의 바다

지구 역사상 처음으로 눈으로 볼 수 있을 만큼의 크기와 일정한 형태를 가진 생명체가 나타났습니다. 그러나 아직 처음이라 그런지 대부분 흐물거리는 젤리 같은 부드러운 조직을 가지고 있으며 형태도 단순해서 눈이나 입, 지느러미, 다리 같은 기관들은 찾아볼 수 없죠. 나뭇잎처럼 생겨 물결에 따라 출렁거리는 샤르니아Charnia, 납작하고 널찍한 둥근 매트 모양의 디킨소니아Dickinsonia, 짚신 발자국처럼 생긴 스프리기나Spriggina는 움직임이 매우 느려서 물결에 몸을 맡겨 떠다닌다든지 간

신히 몇 밀리미터씩 스르르 미끄러져 가는 것이 다입니다. 지금 생물에 비하면 좀 심심하긴 하지만 나름대로 마음을 편안하게 해주는 '느림의 미학' 같은 매력이 있는 풍경입니다. 잔잔한 클래식 음악과 잘 어울린달까요?

진핵세포들이 만들어낸 새로운 형태의 생물은 세포들이 집단으로 똘똘 뭉친 다세포 생물이었습니다. 이전까지 세포 하나하나는 대부분 따로 떨어져 독립적으로 살아갔죠. 어쩌다 세포들이 모여 군집을 이루더라도 끈끈한 결합은 없었습니다. 마치 콘서트장에 모인 사람들이 볼 일 다 보면 흩어지듯 결속력 있고 체계적인 집단이 아니었죠.

그러나 진핵세포에 의해 새롭게 탄생한 다세포 생물은 마치 군대 같은 존재였습니다. 세포들은 단단히 결합해 있었고 세포 별로 다른 임무가 있었으며 신호에 따라 일사불란하게 움직일 수도 있었죠. 마치 군대에서 총을 쏘는 군인, 대포를 쏘는 군인, 치료를 해주는 군인들이 따로 있는 것처럼 세포들의 역할이 다양했고, 군인들이 행진을 하듯 수많은 세포들은 질서정연하게 움직이며 협동하는 능력도 갖추고 있었습니다.

사람에게 근육세포, 피부세포, 신경세포 등 다양한 세포가 따로 있고 생각하는 대로 몸을 움직일 수 있는 것은 사람 역시 다세포 생물이기 때문이고 먼 옛날 탄생하신 최초의 다세포 생물 조상이 그것을 해냈기 때문이기도 하죠. 다세포 생물이 출현한 이유 역시 많은 부분이 밝혀져 있지 않습니다. 하지만 진핵세포 시스템이 그 기반인 것만은 확실하죠.

예를 들어 세포들끼리 단단히 결합하는 데는 접착제 역할을 하는 '콜라겐'이라는 물질이 필요한데, 진핵세포는 그 중요한 콜라겐을 조면소포체에서 생산하고 수송소포로 포장해 미세소관으로 필요한 곳에 정확히 운반할 수 있습니다. 운반된 콜라겐은 세포 밖으로 배출되어 다른 세포와 결합하는 데 이용되죠. 이런 식으로 세포들이 결합해 다세포 생물이 될 수 있는 겁니다.

5억 4,000만 년 전, 지구의 바다

갑자기 평화롭던 바닷속 분위기가 바뀌었습니다. 딱딱한 껍질로 만들어진 별별 희한한 모습의 생물들이 눈으로 세상을 바라보고, 목표 지점을 향해 빠른 속도로 움직이고, 집게발로 먹이를 휘감아 사냥하고, 단단한 이빨로 먹이를 으깨고, 잡아먹히지 않기 위해 도망가고, 땅을 파고 숨고, 빠르게 움직이는 다리로 모랫바닥을 기어 다니고 있습니

다. 이제 바다는 잔잔한 클래식 음악이 아니라 격렬한 록음악이 어울리는 세상이 되었습니다.

당시 바다를 제패했던 포식자 아노말로카리스Anomalocaris는 그 놀라운 진화의 정수입니다. 두 개의 눈은 각각 16,000개의 낱눈이 모여 만들어진 겹눈으로 지금까지 발견된 겹눈 중 가장 큰 데다 최고의 성능을 발휘했죠. 이 눈으로 사냥감을 발견하면 몸 옆에 돋아난 날개 같은 부분을 리드미컬하게 움직이며 먹이를 향해 빠르게 돌진했고, 큰 가시가 돋아 있는 두 개의 집게발로 먹이를 낚아챘습니다. 잡힌 먹이는 동그랗게 생긴 입으로 옮겨져 촘촘히 돋아난 이빨에 산산조각이 나며 먹혔습니다. 크기가 최대 2m까지 자라나니 만약 우리가 바다에서 아노말로카리스를 만난다면 재빨리 도망가는 게 상책일 겁니다.

조용하고 느릿느릿하던 바닷속 생태계는 5,000만 년 만에 지

아노말로카리스

금처럼 역동성이 넘치는 바다다운 바다가 되어 있었습니다. 그런데 왜 갑자기 바다는 변한 것일까요?

5억 4,000만 년 전, 북아메리카 대륙의 한 해변

넓고 편평한 바위들 위로 파도가 넘실대며 물거품을 만들어내고 있습니다. 저 수평선 끝까지 비슷한 모습이 계속됩니다. 육지에 생물이 살던 때가 아니기에 풀 한 포기나 나무 한 그루, 물 위를 첨벙거리며 뛰어다니는 동물 한 마리 없이 너무나도 조용하고 적막한 풍경입니다. 과도할 정도로 평화로워서 바닷속 생태계 변화와는 아무 관련도 없을 것 같은 풍경이죠.

당시 북아메리카 대륙은 매우 얕은 바다에 뒤덮여 있었고 출렁이는 바다는 끊임없이 대륙의 바위들을 깎아냈습니다. 그런데 문제는 바위 속에 들어있던 칼슘과 같은 무기질 영양분이었죠. 바위가 침식되면서 엄청난 양의 무기질 영양분이 바닷속으로 녹아들었고 바닷속 생물들은 이를 이용해 몸속에 뼈를 만들고 이빨을 솟아나게 하며 몸 바

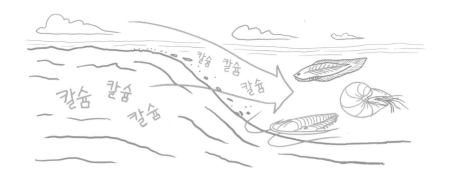

같에 껍질을 만드는 방식으로 진화해 나갔습니다. 흐물흐물하던 몸에 단단한 뼈와 딱딱한 갑옷, 날카로운 이빨이 생겼으니 마치 맨손으로 싸우던 전쟁터에 칼과 창, 갑옷이 등장한 것이나 마찬가지였죠. 역동적인 바다는 갑작스럽게 쏟아져 들어온 영양분 덕분에 만들어졌던 겁니다.

이렇게 바닷속 생태계는 기나긴 세월 동안 환경의 변화, 생명체들의 진화를 통해 '생명의 바다'라는 별명에 걸맞게 변해왔습니다. 세균이 생겨난 뒤 23억 년 만에 조용한 침묵의 세계는 이제 전쟁터를 방불케 하는 역동적인 약육강식의 세계로 바뀐 것이죠.

그러나 미래의 바다는 어찌 될지 모릅니다. 어쩌면 다시 조용한 침묵의 세계가 돌아올지도 모르죠.

2017년 3월, 아라비아해

가끔 파도의 하얀 물보라가 튀어 오르기도 하고 바다의 짠내가 섞인 바람도 스쳐 지나갑니다. 그런데 갑자기 바다의 색깔이 변합니다. 하얀색 물보라는 녹색으로 바뀌고 달걀 썩는 듯한 악취가 코를 찌르죠. 가도 가도 이 이상한 바다에서 벗어날 수가 없습니다. 그런데 바닷속은 아무 일 없다는 듯 너무 조용합니다. 바닷속을 들여다보니 정말 아무것도 없습니다. 물고기 한 마리 만날 수가 없죠. 바닷속은 세균들만 살았던 원시의 바다처럼 고요한 침묵의 세계입니다.

이곳은 현재 전 세계에 400여 곳 정도 있는 것으로 알려진 '죽음의 바다' 중 한 곳입니다. 죽음의 바다는 물속에 산소가 없어서 물고기를 비롯한 다양한 수중 생물들이 살지 못하는 바다로 1960년 무렵

부터 10년마다 2배씩 늘어나고 있습니다. 산소가 없어진 가장 큰 이유는 사람 때문입니다.

먼저 농사를 짓기 위해 뿌리는 비료가 문제인데 이 비료들은 비에 씻겨 바다로 흘러듭니다. 그러면 비료에 들어 있는 영양분을 좋아하는 플랑크톤 같은 작은 생물들의 수가 확 늘어나죠. 먹을 게 많아졌으니 폭발적으로 번식하는 겁니다. 그런데 이 생물들이 죽으면서 가라앉으면 썩기 시작합니다. 그리고 썩는 과정에서 산소가 사라지죠. 죽은 생물들을 썩게 하는 분해자인 미생물들이 산소를 이용하기 때문입니다. 비료 외에 생활하수도 많은 영양분이 들어 있어 비슷한 문제가 일어날 수 있고, 숲의 나무를 베어버리는 경우 비가 올 때 흙이 쓸려가면서 흙 속에 있던 영양분이 바다로 흘러들어 역시 비슷한 문제를 일으킬 수 있습니다. 결국 인간들로 인해 죽음의 바다가 생겨나는 것이죠.

그런데 영양분이 흘러들지 않았는데 산소가 줄어드는 경우도 있습니다. 바로 그 유명한 온난화 때문이죠. 지금 이 순간에도 사람들은 수많은 자동차와 공장, 집에서 엄청나게 많은 양의 에너지를 쓰고

있고 이는 눈에 보이지 않게 흘러나가 지구를 따뜻하게 만들고 있습니다. 과학자들의 계산에 따르면 1초 동안 인간들이 지구에 쏟아내는 에너지가 히로시마에 떨어졌던 원자폭탄의 4배라고 합니다. 우리가 눈 깜짝하는 사이 지구에는 핵폭탄이 4개나 터진 것이나 마찬가지인 셈이죠.

이렇게 엄청난 일이 벌어지고 있는데도 우리가 별문제를 못 느끼고 살아가는 것은 바로 바다 덕분이죠. 고맙게도 그 에너지의 95%를 바다가 흡수해줍니다. 대신 바다의 온도가 서서히 올라가는데 문제는 따뜻한 물엔 산소가 많이 녹아 있을 수 없다는 겁니다. 마치 사이다를 냄비에 넣고 끓이면 그 안에 있던 톡 쏘는 기체들이 전부 날아가 버려서 김빠진 사이다가 되는 것처럼 바다 역시 따뜻해지면 물속에 녹아있던 산소가 공기 중으로 빠져나가게 되죠. 죽음의 바다처럼 무산소 상태까진 안 되더라도 점점 산소가 부족해지면서 물고기들이 살기 힘든 환경이 되는 겁니다.

또한 이렇게 따뜻한 바다에서는 적조나 녹조가 바다를 뒤덮으며 물고기들을 죽음에 몰아넣기도 합니다. 적조나 녹조는 '조류'라는 매우 작은 생물들이 만들어내는 것인데, 이 생물들은 바닷물이 따뜻하고 영양분이 많을 때 대량으로 번식합니다. 2016년 칠레의 바닷가에서는 적조 때문에 끔찍한 광경이 펼쳐지기도 했죠. 수백만 마리는 될 듯한 정어리들이 적조가 내뿜는 독소에 희생당해서 바닷가에 떠밀려와 산더미처럼 쌓였고 생선 썩는 냄새가 진동했습니다. 어부들은 잡아서 팔아야 할 물고기가 썩어가는 모습을 보며 망연자실할 수밖에 없었죠.

그러나 비료와 온난화 문제가 아니더라도 이미 바닷속 생물들은 예전부터 사라질 위기에 처해 있었으니 바로 사람들의 식욕 때문입니다. 각종 물고기와 게, 바닷가재 등의 해산물은 인기가 많은 식재료죠. 더군다나 지구촌의 인구는 80억을 넘어가고 있으니 얼마나 많은 해산물이 필요하겠습니까. 어부들은 가면 갈수록 더 많이, 더 열심히 잡아들이고 있고 바닷속 생물들은 줄어들고 있습니다. 우리나라의 경우 1960~1970년대 동해에서 수백만 마리씩 잡히던 명태가 이젠 단 한 마리도 잡히지 않습니다.

2070년, 노량진 수산시장의 모습

"내 어렸을 때만 해도 여기에 물고기들이 가득했는데, 참….”
"할머니, 물고기가 뭐야?”

온갖 생선과 건어물, 젓갈들로 가득했던 수산시장은 이제 각종 해파리만 즐비합니다. 물고기는 수산시장 한쪽에서 하루에 몇 마리 정도만 판매하는데 그 가격이 상상을 뛰어넘는 수준이죠. 가장 흔한 반찬이었던 고등어 한 마리가 수백만 원, 조려서도 튀겨서도 맛있게 먹었던 갈치는 천만 원을 넘습니다. 이 모든 게 바다 생태계를 끈질기고 철저히 파괴해온 사람들 덕분입니다. 과학자들은 다음과 같은 비극적인 예언을 아끼지 않고 있습니다.

"수십 년 뒤에 우리의 식탁에 올라오는 해산물이라고는 해파리와 플랑크톤밖에 없을 겁니다."

물컹물컹한 해파리가 해산물 요리의 전부인 세상도 문제지만 더 큰 문제는 수십억 년에 걸쳐 만들어진 역동적인 바다가 인류에 의해 불과 수십 년 만에 파괴된다는 것입니다. 인류의 욕심과 무관심 때문에 바다가 다시 침묵의 세계로 돌아가는 비극적인 사태가 벌어지지 않길 간절히 바랍니다.

•

4장

대륙

지상을 정복한 히어로들의
파란만장한 진화 활극

바닷속은 역동성과 다양성으로 가득했지만 육지는 적막했습니다. 풀 한 포기, 벌레 한 마리, 나무 그늘 한 점 없는 순수하고 완벽한 황무지 그 자체였죠. 아마 동물이건 식물이건 땅 위에 올라올 엄두도 내지 못했을 겁니다. 땅은 너무 메마르고 건조했기 때문에 잘못 올라왔다가는 말라 죽기 딱 좋았죠. 그러면 어떻게 동식물들은 지금처럼 땅 위에 번성하며 살게 됐을까요?

4억 3,000만 년 전, 이아페투스해

생물들이 육지로 상륙하게 된 시발점은 대륙 충돌이었습니다. 당시 로렌시아Laurentia 대륙과 발티카Baltica 대륙 사이엔 넓고 얕은 바다였던 이아페투스Iapetus해가 펼쳐져 있었는데 햇빛이 잘 들고 따뜻해서 생물들의 낙원이었죠.

　　그러나 대륙들이 서로 가까이 모여들면서 이아페투스해는 점점 작아졌고 대륙이 완전히 합쳐지자 결국 사라지게 됩니다. 수많은 생물이 건조한 공기 중으로 내몰려 몰살당했고, 운 좋게 이아페투스해를 빠져나왔다 하더라도 극한 경쟁에 휩쓸려야 했죠. 생물들이 좋아하는 햇빛 잘 비치는 얕은 바다는 이제 합쳐진 대륙의 주변부에나 조금 있을 뿐이었습니다. 치열한 생존 경쟁 속에 바다는 전쟁터가 되었고 생명체들은 살아남기 위해 가시를 만들거나 갑옷을 입거나 크기를 키우는 등 다양한 방식으로 변화를 모색했죠.

둔클레오스테우스Dunkleosteus는 그중에서도 최고였습니다. 머리 길이만 2m, 몸길이는 약 10m, 몸무게는 약 4톤이나 되는 거의 버스만 한 크기의 물고기였죠. 게다가 머리 쪽은 마치 투구처럼 5cm의 두꺼운 골판으로 뒤덮여 있고 턱은 회전하는 네 개의 관절로 이루어져 있어 0.02초 만에 입을 벌릴 수 있었습니다. 게다가 물어뜯는 힘은 5,000kg에 달해서 티라노사우루스의 4배에 달했죠. 둔클레오스테우스가 순간적으로 입을 벌리면 불쌍한 사냥감은 입속으로 빨려 들어가 날카로운 이빨에 갈기갈기 찢어졌습니다. 둔클레오스테우스는 생명체라기보단 싸움을 위해 만들어진 병기나 마찬가지였죠.

이렇게 무시무시한 전장에 내몰린 생물들은 피난처를 찾았고 그 유력한 후보지는 강이었습니다. 대륙이 충돌하면서 만들어진 산맥에 수증기를 가진 공기가 부딪치면서 비가 내렸고 빗방울은 강물을 만들어냈죠. 아마도 지구상 최초의 산맥, 최초의 강이었을 가능성이 높습니다.

그러나 강은 불안정한 피난처였죠. 바다와 달리 변덕이 심했습니다. 비가 안 오면 강물이 마르기도 했고, 지형이 변하면 강물의 흐름이 바뀌기도 했죠. 더군다나 당시엔 물을 가둬두고 흙을 붙잡아주는 역할을 할 식물의 뿌리도 없었습니다. 비는 그대로 급류로 변해 강을 휩쓸고, 걸핏하면 산사태가 일어나 흙이 무너져 내리면서 물의 흐름을 방해했죠. 침식과 퇴적의 속도가 걷잡을 수 없이 빨라지며 물도 탁해졌습니다. 잔잔한 물결과 함께 도도하게 흐르는 강보단 사납고 거칠며 종잡을 수 없는 흙탕물 급류가 강의 주된 모습이었을 겁니다.

이처럼 바다와는 비교할 수 없이 거친 환경 속에서 동식물들은 적응해야 했습니다. 강은 피난처임과 동시에 전쟁터였습니다. 오랜 시간 동안 수많은 생물이 생존을 위한 사투를 벌이며 죽거나 떠나갔죠. 그러나 극소수는 운이 좋았습니다. 강을 발판 삼아 상륙에 성공한 것이죠.

먼저 뭍에 오른 것은 식물이었습니다. 사실 동물은 황무지에 상륙해봐야 굶어 죽을 테니 시도할 이유도 없었죠. 하지만 식물은 달랐습니다. 건조함이란 문제만 해결하면 식물에게는 육상 세계가 기회의 땅이었죠. 광합성에 필요한 강렬한 햇빛과 이산화탄소가 가득했기에 말라죽지 않고 물을 구할 방법만 찾아내면 성공이었습니다. 식물들은 조금씩 진화하면서 문제를 해결했는데 그 대표적 성공 사례가 쿡소니아Cooksonia였죠. 쿡소니아는 뿌리도 잎도 없이 그저 작고 가느다란 줄기를 가진 매우 단순한 식물이었습니다. 잎이 없다 보니 줄기에 있는

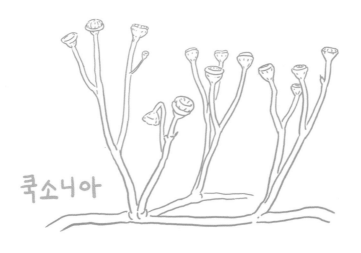

쿡소니아

엽록소로 광합성을 해야 했고 줄기로 물까지 흡수하다 보니 물가 근처에서만 살 수 있었죠. 크기도 몇 센티미터에 불과했습니다. 뿌리도 없이 어떻게 흙 위에 단단히 자리 잡을 수 있었는지는 여전히 수수께끼죠. 하지만 줄기 속엔 중요한 혁신이 숨어 있었습니다. 바로 물을 끌어올릴 수 있는 파이프인 '관다발'이었죠.

바다 식물에게는 없는 관다발이 생겨나면서 아래쪽 축축한 흙에 있는 물을 끌어올려 공급할 수 있었고, 덕분에 몇 센티미터나마 솟아오를 수 있었습니다. 그런 혁신이 없었다면 지금도 땅 위엔 기껏해야 이끼류 정도의 식물들만 살고 있었을 겁니다. 마치 1800년대 중반 엘리베이터가 발명되면서 고층 빌딩이라는 것이 탄생할 수 있었던 것처럼, 관다발은 식물에게 높이의 한계를 넘어설 수 있는 결정적 혁신이었습니다.

3억 8,000만 년 전, 지구의 강가

기둥의 두께가 2m, 높이는 30m에 달하는 거대한 나무들이 하늘 높이 뻗어 있습니다. 어떤 나무는 고층 빌딩과 맞먹는 80m 높이를 자랑하니 위풍당당하다 못해 좀 무서울 정도네요. 한때 간신히 몇 센티미터밖에 몸을 일으키지 못하고 변변한 이파리조차 없었던 식물이 이젠 우뚝 솟아 하늘을 가릴 정도로 번성한 겁니다. 오늘날 만약 당시의 나무들을 되살려내서 수목원 같은 것을 만든다면 그 웅장한 높이와 함께 지금과는 좀 다른 모습들이 꽤 볼만한 구경거리가 될 것 같습니다.

높이 경쟁에 승리한 나무들은 승승장구하며 땅을 뒤덮었고 지구상 최초로 '숲'이 등장합니다. 나무가 하늘을 향해 뻗어 올라갈 수 있었던 이유는 줄기를 진화시켜 만들어낸 거대한 기둥 때문이었죠. 마치 철근으로 기둥을 세우고 콘크리트를 두르듯, 관다발 파이프를 여러 개 모아 뼈대를 세우고 단단한 화학물질인 리그닌으로 줄기의 강도를 높여 나무 기둥을 만들어낸 것이었습니다. 칼라미테스_{Calamites} 같은 나무들은 오늘날의 전봇대처럼 기둥 속을 비워서 역학적으로 더 튼튼한 기둥을 만들어내기도 했죠. 보통의 줄기를 가지고 몇십 센티미터 정도 가지를 뻗은 식물들에게는 도저히 감당할 수 없는 상대였습니다. 그들에게 나무는 구름을 뚫고 올라갈 정도로 아득한 높이의 초고층 빌딩이나 마찬가지였죠.

식물이 상륙에 성공하자 강의 모습도 달라졌습니다. 식물의 뿌리가 흙을 붙잡아 주면서 거칠고 혼탁했던 강물이 맑아지기 시작했고 들쑥날쑥했던 수량도 안정되어 갔죠. 강은 고요한 물결이 찰랑거리는 평화로운 모습으로 변해가고 있었습니다. 그러나 살기 좋은 곳은 너도나도 살고 싶어 하기 마련입니다. 물고기들은 강으로 몰려들었고 치열한 경쟁이 벌어졌죠.

그리고 또 한 번 진화가 강력한 힘을 발휘하게 됩니다. 이번엔 리조두스_{Rhizodus}였죠. 둔클레오스테우스보다 좀 작지만, 이빨만 해도 긴 것은 22cm, 전체 길이는 최대 7m에 달했습니다. 사람 얼굴만 한 이빨을 가진 트럭 크기의 물고기가 물속을 누비며 사냥감을 찾아 돌아다녔던 것이죠. 바다에 이어 강마저도 전쟁터로 변하자 작은 물고기들은 얕은 물가를 주목합니다. 그곳엔 나무줄기나 뿌리 같은 숨을 곳

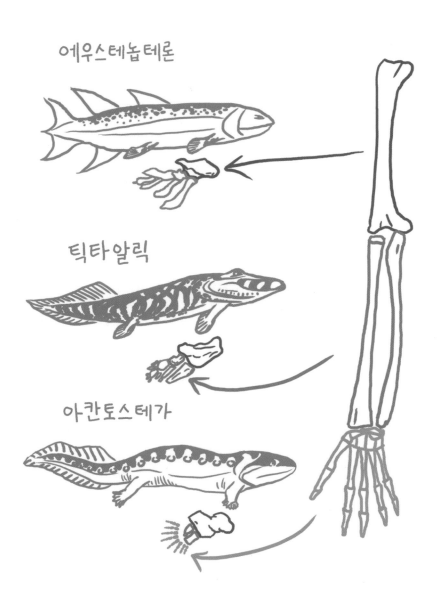

에우스테놉테론

틱타알릭

아칸토스테가

이 많았고 물이 얕아서 큰 물고기가 쫓아올 수도 없었죠. 작은 물고기는 뿌리나 나뭇가지 뒤에 숨어 포식자가 지나가길 기다리며 조용히 숨죽이며 살아갔습니다.

그런데 이런 생존 방식이 물고기의 상륙에 뜻하지 않은 도움을 주게 됩니다. 물속 덤불들 사이를 헤집고 다니는 데는 지느러미가 별 도움이 되지 않았던 것이죠. 물론 아주 작은 물고기는 덤불에 걸리지 않으니까 상관없었지만, 웬만큼 큰 물고기는 빠르게 수영하는 것보단 기어 다니는 것이 나았습니다. 바로 이런 필요가 지느러미를 변화시킵니다. 진화를 통해 물갈퀴와 몸 사이에 뼈가 생겨나고 길어지면서 점점 다리가 되어갔고, 물갈퀴에도 뼈가 생겨나며 발의 모습을 닮아갔죠. 구부렸다 펼 수 있는 다리와 덤불을 헤집을 수 있는 발을 이용해 물고기는 어기적거리며 좀 더 편하게 이동할 수 있었습니다.

간단히 비유해보면 에우스테놉테론Eustenopteron에게서는 어깨에서 팔꿈치까지가 진화했고, 그 뒤를 이은 틱타알릭Tiktaalik은 팔꿈치에서 손목 위까지, 아칸토스테가Acanthostega는 손까지 생겼죠. 아칸토스테가는 악어와 비슷한 생김새로 엉금엉금 기어 다닌 최초의 물고기이며 얕은 물가에서 작은 먹잇감들을 잡아먹으며 살았습니다. 변화하는 환경 속 치열한 경쟁은 물속을 휘젓던 얇은 물갈퀴를 단단한 뼈와 근육으로 이루어진 팔다리로 변화시킨 겁니다.

팔다리를 가진 물고기들은 어기적거리며 강에서 기어 나와 수많은 형태의 육상동물로 진화해 나갔습니다. 그중 하나인 디메트로돈Dimetrodon은 몸길이가 거의 4m에 달하는 사나운 포식자였죠. 녀석의 길고 날카로운 송곳니는 사냥감의 피부를 꿰뚫었고 뒤에 있는 작은 이빨들은 사냥감의 살점과 뼈들을 으스러뜨렸습니다.

디메트로돈의 독특한 점은 송곳니가 있다는 겁니다. 사실 송곳니는 파충류가 아니라 사람, 늑대, 사자 같은 포유류만의 특징이거든요. 현재의 악어와 같은 파충류들은 이빨이 단순하고 다 비슷비슷해서 송곳니 같은 특화된 이빨이 없습니다. 그래서 디메트로돈 같은 육상동물들은 파충류와 구분해서 '단궁류'로 부르고 있고 포유류의 조상으로 여기고 있죠. 사실 공룡이 등장하기 전 땅 위를 휩쓸었던 것은 전형적인 파충류가 아니라 오히려 디메트로돈 같은 단궁류였습니다.

특이하게도 디메트로돈의 등에는 큼지막한 돛 같은 장식이 달려 있었는데, 이는 사막여우나 토끼의 큰 귀처럼 체온을 유지하는 데 쓰였거나 공작의 화려한 꼬리깃털처럼 과시용이었을 것으로 추측됩니다. 디메트로돈은 큰 자동차만 한 몸집으로 위풍당당하게 돛을 펄럭이며 땅 위를 성큼성큼 기어 다니는 포식자였던 거죠.

한때 얕은 강변 덤불 속으로 숨어들어 목숨을 부지했던 물고기의 약한 모습은 디메트로돈에게서 더 이상 찾아볼 수 없었습니다. 디메트로돈은 마치 진화의 손길이 힘겨운 상륙작전을 성공시키고 적진에 꽂은 승리의 깃발 같은 존재였죠. 동식물들의 상륙작전은 5,000만 년에 걸친 긴 노력 끝에 결실을 이뤘던 겁니다.

그러나 승리의 기쁨도 잠시, 육상 생태계는 곧 커다란 위기를 맞이하게 됩니다.

2억 5,000만 년 전, 지금의 시베리아 지역

매캐한 유황 냄새가 코를 자극하고 세상은 온통 뿌연 연기로 가득합니다. 저 멀리 보이는 연기 위로는 거대한 용암 기둥이 시뻘건 빛을 뿜어내며 하늘 높이 솟아 있죠. 거침없이 분수처럼 솟아오르는 용암 물줄기가 워낙 높고 거대하다 보니 그 앞에서는 높은 산들도 초라해 보입니다.

용암 분수가 솟구친 이유는 지구 중심부에서 솟아오른 맨틀 때문이었습니다. 거대한 맨틀의 흐름이 지구 표면을 향해 솟아오르면서 지각을 밀어 올렸고 부풀어 오른 지각은 엄청난 규모로 갈라져 나갔죠. 당시 흔적이 지금의 시베리아 지하에 남아 있는데 폭 100km, 길이 1,500km 규모로 추정됩니다. 그 틈 사이로 용암이 뿜어져 나왔고 그 높이는 족히 2,000~3,000m가 넘었죠. 이글거리며 붉게 빛나는 지상 최대의 용암 분수 쇼가 펼쳐졌던 겁니다. 용암 홍수는 사방을 휩쓸었고 앞에 있는 모든 생명체를 집어삼켰습니다.

그러나 진정한 비극은 이 분출로 인해 뿜어져 나온 40조 톤의 이산화탄소에서 비롯됐습니다. 갑자기 늘어난 이산화탄소라는 온실가스 때문에 기온은 급상승했고 무시무시한 온난화의 악순환이 시작됐습니다.

먼저 바닷물이 따뜻해지자 바다 밑바닥에 매장되어 있던 메탄얼음(메탄하이드레이트)이 녹으면서 엄청난 양의 메탄가스가 방출됐죠. 메탄은 이산화탄소보다 20배나 강한 온실가스이기 때문에 안 그래도 올라가는 기온을 부채질하여 더 빠르게 상승시켰습니다. 대부분 지역

에서 기온이 50~60도까지 치솟았고 바다 역시 표면 온도가 40도에 달했죠. 사우나 열탕 온도가 40도 정도니까 당시엔 바다가 거대한 사우나 열탕이나 마찬가지였던 겁니다.

온난화는 단지 덥고 불쾌한 것만의 문제가 아니었습니다. 기온이 45도가 되면 광합성도 멈춰버리기 때문에 식물은 물과 공기로 영양분을 만들어내지 못하고, 그 영양분에 기대 살아가는 동물들의 운명은 뻔한 것이었습니다. 결국 바다 생명체는 95%, 육지는 75%의 생물종이 멸종하게 됩니다. 이후로 무려 500만 년 동안 새로운 생명체가 등장하지 못할 정도로 지구 생태계는 초토화 상태였죠. 생명의 사각지대라고 불리는 이 시기에 진화는 사치였고 생존 외에 다른 것은 생각할 수 없었던 겁니다.

진화를 통해 육상을 뒤덮었던 생명의 힘찬 행진은 멈추었고 다양한 생명체들로 북적였던 거대한 행렬은 이제 흔적도 찾아볼 수 없었죠. 마치 관중과 선수가 모두 떠나고 바람에 쓰레기들만 굴러다니는 경기장처럼 지구는 순식간에 썰렁하고 적막해졌습니다. 탑을 쌓아 올리는 데는 오랜 시간이 걸렸어도 무너지는 건 한순간이었죠. 찬란했던 고생대는 급작스러운 종말을 맞이하게 됐고, 과학자들은 이를 당시 지질시대의 이름을 따서 '페름기 대멸종'이라고 부릅니다.

그런데 이 끔찍한 육상 생태계의 비극이 우리의 미래에 다시 일어날지도 모른다는 생각이 듭니다. 그것도 인간에 의해서 말이죠. 물론 인간이 거대한 용암 분수가 솟구치게 하거나 화산폭발을 일으킬 수는 없지만, 인류 문명은 그 비슷한 효과는 만들어낼 수 있거든요. 바로 공장과 자동차, 가정에서 지금 이 순간에도 뿜어져 나오는 이산화

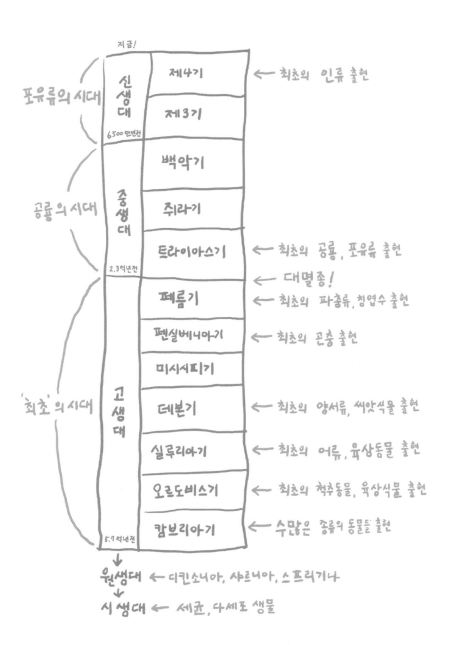

지금!

| 신생대 | 제4기 | ← 최초의 인류 출현 |
| | 제3기 | |

포유류의 시대

6500만년전

중생대	백악기	
	쥐라기	
	트라이아스기	← 최초의 공룡, 포유류 출현

공룡의 시대

2.3억년전

← 대멸종!

고생대	페름기	← 최초의 파충류, 침엽수 출현
	펜실베니아기	← 최초의 곤충 출현
	미시시피기	
	데본기	← 최초의 양서류, 씨앗식물 출현
	실루리아기	← 최초의 어류, 육상동물 출현
	오르도비스기	← 최초의 척추동물, 육상식물 출현
	캄브리아기	← 수많은 종류의 동물들 출현

'최초'의 시대

5.7억년전

↓

원생대 ← 디킨소니아, 샤르니아, 스프리기나

↓

시생대 ← 세균, 다세포 생물

탄소죠. 용암 그 자체보다도 더 큰 문제였던 막대한 양의 이산화탄소
는 지금도 인간의 힘으로 만들어낼 수 있기 때문입니다.

물론 페름기 대멸종 때 쏟아져나온 40조 톤에 비하면 인간이
배출하는 양은 매년 330억 톤으로 그다지 많지 않아 보이긴 합니다.
그래서 한편에서는 인류가 기후에 미치는 영향은 별것 아니라고 생각
하는 사람들도 있죠. 심지어 인류가 뭐 그리 대단하다고 지구 전체의
기후를 뜨겁게 만들 수 있겠냐며 온난화 문제 자체를 부정하는 사람
들도 있습니다.

그러나 모든 일을 인류가 꼭 처음부터 끝까지 다 해낼 필요는
없죠. 힘이 없어도 사자의 코털 정도는 건드릴 수 있고 시한폭탄의 스
위치를 누를 수 있습니다. 과학자들은 그 시한폭탄, 또는 사자의 코털
이 저 머나먼 춥고 눈보라 휘몰아치는 북쪽 땅과 북극에 숨어 있다고
생각합니다.

현재의 북극해 지역

과학자들은 조만간 북극의 얼음이 다 녹아 없어질 것이라 경고하고
있습니다. 지구 온난화로 기온이 올라가면서 얼음이 빠른 속도로 녹고
있기 때문입니다. 2000년대 초반만 해도 2080년쯤 얼음이 다 녹아
없어질 것이라고 했지만, 요즘엔 2030년으로 그 시기가 훨씬 앞당겨
졌습니다.

문제는 눈과 얼음은 햇빛의 80~90%, 즉 대부분을 반사해서 우

주로 튕겨 내보내지만 바다는 반대로 80~90%를 흡수한다는 겁니다. 여름철에 검은색 옷을 입으면 덥고 흰색 옷을 입으면 시원한 까닭과 같죠. 얼음이 녹아 검푸른 북극의 바다가 드러난다면 엄청난 양의 햇빛을 흡수해 따뜻해질 수밖에 없습니다. 그런데 북극에서는 벌써 위험한 조짐들이 관찰되고 있죠.

2012년 7월 16일, 북극 그린란드에서는 빙하에 수십 킬로미터의 금이 가면서 쪼개져 120km², 여의도 넓이의 40배에 달하는 얼음 덩어리가 바다로 떨어져 나왔습니다. 얼음에 금이 가서 쪼개지는 현상은 북극 곳곳에서 발견되고 있는데, 문제는 이렇게 되면 얼음이 더 빨리 녹게 된다는 겁니다. 우리가 입속에 얼음을 물고 있다고 생각해보죠. 얼음 한 덩어리가 잘 녹을까요, 잘게 쪼개진 얼음이 잘 녹을까요. 당연히 쪼개진 얼음이 잘 녹습니다. 과학자들이 괜한 걱정을 하는 게 아니죠. 북극의 얼음이 사라지고 엄청난 햇빛 에너지를 바다가 흡수해 지구가 더욱 뜨거워질 날이 머지않았습니다.

다음 쪽의 그림은 북극에 가까운 시베리아의 한 호수입니다. 발밑의 얼음을 보니 이상한 공기 방울 같은 것들이 보입니다. 잘 보니 한두 개가 아니에요. 발밑 뿐만 아니라 호수 여기저기 온통 공기 방울들이 가득하죠. 어떤 기체가 보글보글 올라오다가 얼어붙은 건데, 얼음을 깨서 기체가 빠져나오게 한 뒤 불을 붙여보니 화염방사기처럼 불기둥이 솟구칩니다. 이 기체가 바로 우리가 가스레인지에서 불을 켤 때 쓰는 가스인 메탄가스입니다.

호수 밑바닥에 가라앉아 있던 동식물의 사체가 썩으면서 생겨난 메탄가스가 보글보글 올라오다가 얼어붙은 것이죠. 그런데 강력한

온실가스인 메탄은 이런 호수뿐만 아니라 북극권 지역 전체에 막대한 양이 저장되어 있습니다. 오랜 시간 그곳에 살았던 동식물의 사체들이 땅속에 차곡차곡 쌓여 있기 때문이죠.

예를 들어 북극권이 따뜻해지는 여름에는 두세 달 정도 풀들이 자라는데, 이 풀들이 죽어서 매년 쌓이다 보면 그 두께가 거의 1km나 된다고 합니다. 이것들이 땅속에서 썩기 시작하면 엄청난 양의 메탄가스가 나오게 되죠. 계산에 따르면 약 1조 톤의 메탄가스가 나올 것이라고 하는데, 온실 효과로 따지면 메탄가스가 이산화탄소보다 20배 더 강력하므로 이산화탄소 20조 톤에 달하는 양이라고 볼 수도 있습니다.

게다가 북극해 일부에 묻혀 있는 메탄가스의 양은 지구 전체의 바다에 묻혀 있는 메탄가스의 양과 같다고 합니다. 북극권에서 강력한 메탄가스가 방출되기 시작하면 지구 전체가 따뜻해지고 그만큼 더 많은 메탄이 풀려나오는 악순환이 발생할 수 있는 거죠. 그리고 이런 악순환은 인류의 힘으로 도저히 막을 수 없는 대재앙을 불러올 가능성이 높습니다. 잠에서 깨어난 사자가 날뛰기 시작하면 누가 그걸 말릴 수 있겠습니까.

그러면 사자가 날뛰게 될 가능성은 얼마나 될까요. 과학자들은 그 가능성을 알아보기 위해 2013년 북극권 지역의 동굴들을 연구했습니다. 지금은 흐르는 물 없이 얼음만 군데군데 있는 추운 동굴이지만 기온이 따뜻해지면 얼음이 녹으면서 물이 흐르게 될 동굴들이죠. 조사해보니 40만 년 전에 물이 흘렀던 흔적이 발견됐습니다. 그러면 그때는 얼마나 따뜻했길래 얼음이 녹아내렸던 걸까요. 아쉽게도 그때 그 지역의 정확한 온도는 알 수가 없습니다. 다만 40만 년 전 지구의 전체적인 기온이 얼마나 더 높았는지는 밝혀져 있는데, 놀라지 마세요. 지금보다 딱 0.7도 더 높았습니다. 물론 0.7도일지라도 지구 전체의 기온이 오르는 것이라 그리 쉬운 일은 아닙니다. 하지만 산업혁명 후 150년 동안 이미 지구 연평균 기온이 0.8도나 올랐으니 0.7도 오르는 것도 결국엔 시간문제죠. 관측에 따르면 과거 25년 동안 10년마다 0.2도씩 올랐다고 하니 이런 추세라면 30~40년 후엔 봉인해제 온도에 도달하게 됩니다.

그런데 봉인해제 시간은 더 빨라질지도 모릅니다. 최근 들어 특히 기온이 오르는 속도가 빨라졌는데, 2015년 4월부터 2016년 8월까지 모든 달은 기상관측 사상 가장 더운 달이었죠. 기상관측 사상 가장 더운 1월, 가장 더운 2월…. 이런 식으로 말입니다. 또 앞으로 얼마나 기록을 깰지 걱정이 되네요. 그런데 기온 상승 속도만 심각한 것이 아닙니다. 실제 북극 근처의 지역에서는 최근 들어 이상한 일들이 벌어지고 있죠.

　'세상의 끝'이라는 뜻을 가진 시베리아 야말 반도의 하얀 눈밭, 이곳은 아시아 대륙의 북쪽 끝이며 지평선 저 너머까지 온통 눈이 뒤덮고 있는 추운 땅입니다. 그런데 저기 뭔가 이상한 구멍 같은 게 보이죠? 이건 단순한 구멍이 아니라 지름이 거의 100m나 되는 거대 싱크홀(땅꺼짐 현상)입니다. 구멍 주위엔 마치 화산 분화구처럼 흙들이 쌓여 있는데, 구멍 자체는 분화구와는 다르게 아주 매끈하며 수직으로 깊이 뻗어 있죠. 마치 거대한 빨대로 땅에다가 구멍을 낸 듯한 느낌마저 들 정도입니다.

　과학자들은 이상한 구멍을 만든 범인으로 메탄가스를 지목하고 있습니다. 이 지역의 얼어붙어 있던 땅이 온난화로 인해 녹으면서 지하에서 메탄가스가 분출해 이런 구멍을 만들었다는 것이죠. 구

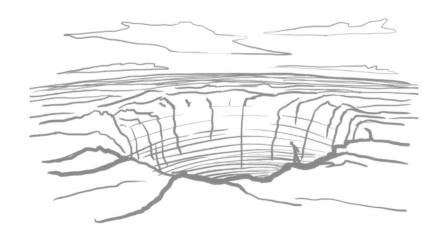

명은 이미 야말 반도 곳곳에서 발견되고 있고 아직 찾지 못한 구멍도 20~30개는 될 것으로 추측하고 있습니다. 이 추운 곳에서도 메탄가스가 봉인을 뚫고 솟아오르고 있는 것이죠. 그런데 불안한 조짐은 이뿐만이 아닙니다.

2016년 7월에는 야말 반도의 밸리 섬에서 땅이 젤리처럼 변하는 현상이 발견됐죠. 곁에서 보면 평범한 풀밭인데 가까이 가서 발을 내디디면 마치 젤리처럼 땅이 출렁거렸고 구멍을 뚫자 이산화탄소와 메탄가스가 뿜어 나왔다고 합니다. 이런 현상은 근처 15군데에서 발견됐는데, 역시 땅이 녹으면서 가스가 흘러나와 발생한 현상으로 생각되고 있죠.

2016년 12월 22일 북극점 근처에서는 기온이 평상시보다 무려 30도나 치솟는 일도 벌어졌습니다. 북극의 겨울은 몇 달 동안 낮에도 밤에도 아예 해가 뜨지 않아 영하 수십 도의 추위가 몰아치는 것이 당연한데, 22일에는 기온이 급격히 올라가면서 0도를 기록했죠. 한겨

울 암흑 속 북극이 우리나라의 웬만한 겨울 날씨보다도 따뜻했던 겁니다. 그리고 이런 이상기온 때문인지 해빙(바다 위를 떠다니는 얼음)의 양도 줄었습니다. 겨울이라 해빙이 한참 늘어나는 시기인데도 오히려 줄어드는 기현상이 벌어진 거죠. 과학자들은 처음 보는 기상이변에 큰 충격을 받았습니다.

시베리아 동부의 숲에선 '지하세계로 가는 통로'라는 별명이 붙은 괴상한 현상도 발견됐습니다. 정확히 언제부터인지 알 수 없지만, 그곳에선 수십 년 전부터 땅이 지하를 향해 무너져 내리기 시작했고 점점 크기가 커져서 이제는 길이 1.5km, 깊이 100m에 달하는 거대한 구덩이가 생겨났죠. 지금도 매년 20~30m씩 크기가 커지고 있는데 간혹 엄청난 굉음이 발생해서 근처 주민들을 불안하게 만들기도 합니다. 저 같아도 집 근처에 저런 구덩이가 생겨나 천둥소리를 내며 집 쪽을 향해 닥쳐온다면 굉장히 무서울 것 같습니다. 이런 현상의 원인 역시 온난화로 생각되는데, 기온이 올라가면서 땅속 얼음들이 녹아내려 땅이 무너지는 것으로 추측되고 있죠.

이쯤 되면 좀 으스스하지 않나요? 이미 봉인이 해제되고 있는 걸지도 모릅니다. 그러면 정말 페름기 대멸종과 같은 상황이 다시 벌어지는 걸까요?

얼마 전 인류, 희망을 만들려는 노력

2015년 12월 12일, 프랑스 파리에서는 전 세계 195개국에서 200여

명의 대표자가 모여 온난화를 막기 위한 파리기후협약에 서명하였습니다. 각자의 나라에서 얼마나 온실가스 배출량을 줄일지 목표를 정해 꼭 지키자고 약속을 한 거죠. 우리나라를 포함해 미국, 중국 등 전 세계 거의 모든 나라가 한 약속이니 잘만 지켜진다면 온난화를 막는 데 큰 도움이 될 수 있습니다. 특히 세계 1위의 이산화탄소 배출국인 미국이 협약에 참여한 것이 아주 희망적이죠. 이 약속을 지키기 위한 다양한 기술이 개발되고 있고 기술발전 속도도 매우 빠릅니다.

미국 텍사스 휴스턴에서는 발전소 돌아가는 소리가 요란하게 들립니다. 아파트 몇십 층 높이의 거대한 굴뚝과 쉴 새 없이 솟구치는 흰 연기, 거미줄처럼 얽혀 있는 복잡한 배관들, 매년 약 70만 톤에 달하는 석탄을 태워 막대한 양의 이산화탄소를 배출하는 지구온난화의 주범 패리쉬 화력발전소W.A.Parish의 모습입니다.

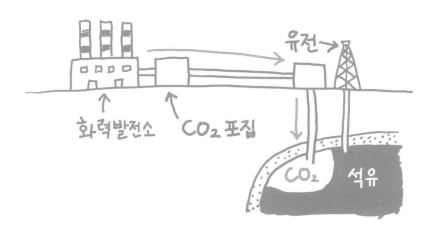

그러나 2017년 1월 발전소는 불명예에서 벗어날 기회를 얻었습니다. 바로 세계 최대의 이산화탄소 포집 설비인 '페트라 노바Petra Nova'가 가동을 시작했기 때문이죠. 페트라 노바는 발전소에서 나오는 이산화탄소를 90%까지 포집할 수 있습니다. 따로 모아 놓은 막대한 양의 이산화탄소는 유전으로 옮겨 석유 생산에 쓰게 되죠. 땅속 깊은 곳에 이산화탄소를 주입하고 그 대신 석유가 밀려 나오는 겁니다. 페트라 노바에서 모아 놓은 이산화탄소 덕분에 300배럴밖에 안 되던 유전 생산량이 15,000배럴로 늘어날 것으로 예상하고 있습니다. 이산화탄소는 땅속에 갇히고 석유는 많이 생산할 수 있으니 여러모로 이익인 거죠. 특히 우리나라는 화력발전이 전체 발전량의 거의 절반이나 되기 때문에 눈여겨봐야 할 기술입니다.

온난화를 막기 위해서는 석유, 석탄 같은 화석에너지를 안 쓰는 게 가장 좋지만, 당장 그렇게 바꾸기는 힘들기 때문에 이런 방식도 당분간 큰 도움이 될 수 있죠. 친환경 에너지기술 역시 급격히 발전하고 있으니 화석에너지를 대체하는 날은 생각보다 빨리 다가올 수도 있습니다.

그러나 희망만 품기엔 상황이 그리 간단하지가 않습니다.

오늘의 인류, 여전히 불안한 징조들

"온난화는 헛소리!"
2017년 미국 대통령에 취임한 트럼프의 말입니다. 그는 온난화가 중국의 음모일 뿐이라며 아예 부정하고 있습니다. 미국의 풍부한 석유 자원으로 산업을 부흥시켜야 하는데, 석유 자원이 많지 않은 중국이 온난화 이야기를 무기로 삼아 화석에너지를 사용하지 못하게 방해하고 있다는 것이죠. 그래서 트럼프는 파리기후협약도 아예 탈퇴해버리겠다는 주장을 일삼기도 합니다. 미국이 빠져버리면 다른 나라들도 연거푸 탈퇴하면서 어렵게 성사된 협약이 붕괴할 수도 있죠. 우리의 미래는 어떻게 될까요?

과학자들도 페름기 대멸종 같은 상황이 올 거라고 예상하진 않고 저 역시 그렇게 되지 않기를 바랍니다. 지금 가능성이 높은 것은 지구의 기후가 아주 다르게 바뀐다는 거죠. 2013년에 발표된 연구 결과를 보면 지역에 따라 기후가 바뀌는 시기가 나와 있는데, 우리나라의 경우 2041~2045년 사이에 기후가 바뀐다고 합니다. 물론 추워질 리는 없고 당연히 더워지는 쪽으로 바뀔 텐데 아마 아열대 기후가 될 가능성이 높죠.

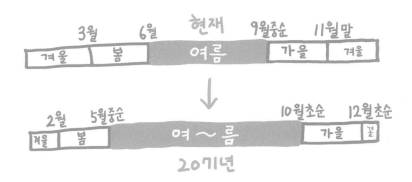

아열대 기후는 1년 내내 여름인 열대 기후와 비슷하나 그래도 약간은 시원한 기후라고 볼 수 있습니다. 최악의 경우 우리나라는 겨울이 1개월로 짧아지고 여름이 거의 50%나 더 길어질 가능성이 높죠. 1년에 5~6개월은 여름이고 열대야는 50일까지 늘어나는 겁니다. 한밤중까지 기온이 24도 이하로 내려가지 않는, 그래서 에어컨 없이는 도저히 잠을 이룰 수 없는 열대야가 거의 두 달이나 계속되는 거죠. 지금도 보통 1년에 3~4일 정도 찾아오는 열대야에 더워서 못 살겠다고 고통을 호소하는 상황에서 50일이라니 정말 끔찍하죠? 문제는 이것만이 아닙니다. 낮 기온이 거의 45도에 육박할 가능성도 있거든요. 여기에 습한 기후 때문에 체감기온은 50도를 넘어 60도에 이를 수도 있다고 하니 상상도 하기 싫습니다.

"설마 그렇게까지야 되겠어?"라고 생각하실 분들도 있을 거 같은데 우리는 잘 체감하지 못하는 사이 생태계는 벌써 착착 변해가고 있습니다. 옆의 그림을 보면 따뜻한 남쪽 지방에서만 자라던 식물들이 북쪽으로 많이 올라온 것을 알 수 있죠. 제주도에서만 자라던 귤을 전라북도에서도 키울 수 있고, 녹차는 남해 쪽에 있는 보성에서 휴전선에 가까운 강원도 고성까지 올라왔습니다.

그뿐 아니라 아열대에서만 살던 새가 우리나라까지 올라와 살기도 하고 차가운 물을 좋아하는 물고기가 우리나라 바다에서 사라지기도 하죠. 명태 같은 경우가 대표적인데 너무 많이 잡아서 없어진 것도 이유겠지만 동해 바다가 너무 따뜻해져서 차가운 저 북쪽 바다로 옮겨간 것일 수도 있습니다. 어쩌면 우리는 20~30년 후 태어난 아이들에게 이런 이야기들을 들려줘야 할지도 모릅니다. "옛날엔 우리나라에도 눈이 내리고 얼음이 얼었단다."

　　한국이 이 정도인데 지금도 더운 열대지방이나 사막 지역은 어떻게 될까요. 아예 사람이 살 수 없는 곳이 될 수 있습니다. 2016년 여름 중동 지역에서는 난리가 났었죠. 쿠웨이트, 바그다드 같은 도시에서는 기온이 53도를 넘었고 체감기온은 60도까지 치솟았습니다. 사람들이 한꺼번에 에어컨을 트는 바람에 전기가 모자라 단전에 들어갔고 탈수 증세와 열사병에 걸려 병원에 사람들이 몰리기도 했죠. 우리는 30도만 넘어도 덥다고 난리인데 50도 넘는 더위라니 도대체 거기서 사람이 살 수 있을까요?

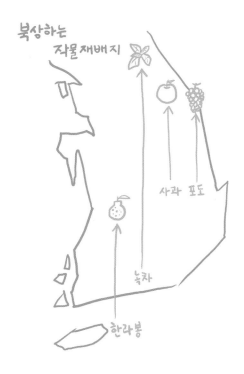

오스트레일리아 국립대학의 소피 루이스 박사는 기온이 50도까지 치솟는 극도로 더운 여름이 2035년에는 일상화가 될 것 같다며 걱정하기도 했습니다. 이런 식으로 기후가 바뀐다면 열대지방에 사는 사람들은 어떻게 될까요? 수천만 또는 수억 명에 달하는 사람들이 서늘한 기후를 찾아 대이동을 할지도 모릅니다. 지구촌이 극도의 혼란에 빠져들 수도 있는 거죠. 그래도 페름기 대멸종보다 낫긴 하겠지만 완전히 안심하기엔 이릅니다. 페름기 대멸종이 시작됐을 때 지구의 평균기온은 지금보다 3도 높았고 공기 중 이산화탄소의 양은 지금보다 약 2배 정도 많았을 뿐이거든요. 이렇게 온실가스가 배출되면 2100년쯤 비슷한 수준이 될 수 있다고 과학자들은 경고합니다. 페름기 대멸종이 시작됐던 당시 상황과 비슷해지는 거죠.

　　부디 인류가 과학적이고 합리적인 선택으로 위기를 벗어날 수 있기를, 힘겹게 육상 진출에 성공한 동식물들이 다시 멸종의 위기에 처하는 일이 없기를 간절히 바랄 뿐입니다.

●

5장

조상

숨어 지내던 포유동물이
유인원으로 도약하기까지

페름기 대멸종이 반드시 나쁜 것만은 아니었습니다. 그 덕분에 우리의 조상들이 세상에 등장할 수 있었기 때문이죠. 알을 낳지 않고 직접 새끼를 출산하여 육아에 힘쓰는 포유류, 그중에서도 긴 손가락으로 나무를 타고 오르는 원숭이가 바로 그 주인공입니다. 그들은 대멸종의 위기 속에서 어떻게 등장하게 된 것일까요?

2억6,000만 년 전, 지구의 어느 들판

밤이 찾아오자 부스럭대는 소리가 들리며 작은 땅굴에서 강아지 같은 생명체가 기어 나옵니다. 킁킁대며 주변을 살피는 이 귀여운 동물이 바로 우리의 먼 조상 키노돈트Cynodont죠.

  페름기 대멸종 시기에도 몇몇 생명체들은 힘겹게 살아남았고 그중 하나가 바로 '개의 이빨'이라는 의미의 키노돈트였습니다. 키노돈트는 기존의 동물들과는 다른 이상한 특징을 가지고 있었는데요. 키노돈트의 일종인 트리낙소돈Thrinaxodon은 갈비뼈가 가슴까지만 덮고 있었습니다. 다른 네 발 달린 동물들은 뼈가 가슴부터 배까지 감싸고 있는데 그렇지 않고 절반 정도만 덮고 있던 것이죠. 눈치 챈 분도 있을지 모르겠지만 인간도 갈비뼈가 가슴까지만 덮고 있습니다. 이런 모양의 갈비뼈가 처음 등장한 시기가 바로 키노돈트가 살았던 페름기였죠.

트리낙소돈

그런데 이렇게 되면 좋은 게 뭐가 있을까요? 바로 복식호흡입니다. 숨을 깊게 들이마시려면 배를 부풀려야 하는데 이는 갈비뼈가 배를 덮지 않아야 가능하거든요. 페름기 대멸종 당시 산소가 워낙 부족하다 보니 복식호흡으로 산소를 더 깊게 들이마시기 위해 이런 진화가 일어났던 겁니다.

또한 트리낙소돈은 위장 부근에 있는 분비샘에서 흘러나오는 물질로 새끼에게 젖을 먹였을 것으로 생각되고 있습니다. 새끼들은 부모에게 보살핌을 받아야 살아남았을 것이고, 육아 부담 때문인지 수컷과 암컷의 관계도 매우 끈끈해서 한번 맺어진 짝은 평생 갔을 것으로 생각되죠. 또한 주로 땅굴을 파고 살았으며 어두운 동굴을 살피는 데 필요한 수염 또한 주둥이에 나 있었습니다. 낮에는 땅굴 속에 있다가 주로 밤에 몰래 나와 벌레나 새끼 파충류들을 사냥했고, 사냥한 먹이는 동굴로 가져와 가족과 나눠 먹었죠.

이런 번식 및 생활양식은 포식자들로부터 살아남기 위한 불가피한 선택이었습니다. 땅 위를 지배하는 포식자들은 비좁은 동굴에 살 이유도 없고 새끼를 숨겨놓고 애지중지할 필요도 없으며 가족끼리 보살펴주고 챙겨주는 유대감 없이도 살아남는 데 큰 문제가 없었겠지만, 트리낙소돈처럼 작고 힘없는 동물은 그렇게 해야만 살아남을 수 있었죠.

어때요? 트리낙소돈 같은 키노돈트들이 살아가는 모습을 보니 우리와 꽤 닮았죠? 젖을 주는 것도 그렇고 새끼를 보살피는 것도 그렇습니다. 악어나 뱀, 거북이 같은 파충류들은 대개 알만 낳아 놓고 그냥 사라져버립니다. 새끼는 알에서 나오면 자기가 알아서 살아남아야 하죠. 그런데 인간과 원숭이, 개, 소, 사슴 같은 모든 포유류는 새끼를 낳고 정성스럽게 젖을 주면서 키웁니다. 파충류에게서는 찾아볼 수 없는 포유류의 특징들이 키노돈트에서 시작된 것이죠.

인간이 괜히 수염이 나고 자식을 애지중지하는 것이 아니었던 겁니다. 다 조상님을 닮아서 그런 것이죠. 우리의 귀여운 조상님, 트리낙소돈이 파충류와 닮은 점이라고는 악어처럼 어기적거리면서 기어 다닌다는 것과 알에서 태어나는 것뿐이었습니다. 지금 우리가 트리낙소돈을 만난다면 허리를 다친 것 같은 약간 이상한 개로 보았을 거예요.

키노돈트들이 어떻게 페름기 대멸종을 이겨냈는지는 분명하지 않지만 아마도 작은 몸집과 굴속에서 살아가는 습성이 원인이었을 가능성이 높습니다. 몸집이 작기에 많은 영양분이 필요하지 않았으므로 벌레와 죽은 동물들의 사체를 먹으며 버틸 수 있었고, 정 힘들 때는 굴속에서 겨울잠과 비슷한 상태로 견뎌낼 수 있었죠.

실제로 페름기 대멸종 당시 거의 유일하게 번성했던 육상동물인 리스트로사우루스Lystrosaurus는 굴을 파고 잠을 자며 힘든 시기를

리스트로 사우루스

넘길 수 있었습니다. 그래서 답답하고 둔해 보이는, 돼지 비슷한 외모에 별다른 강력한 무기도 없었음에도 다른 동물들을 제치고 대륙을 주름잡을 수 있었죠. 당시엔 대륙 어디를 가나 리스트로사우르스를, 아니 거의 리스트로사우르스만 보일 정도였습니다. 그러다 보니 과학자들이 귀찮아할 정도로 많은 양의 리스트로사우르스 화석들이 발견되기도 했는데, 어떤 과학자는 계속 리스트로사우르스 화석만 나오자 짜증을 내며 삽으로 부쉈다는 이야기가 전해질 정도죠. 당시 악화된 환경에서는 리스트로사우르스의 숨고 피하는 습성이 우연하게도 생존에 더 도움이 됐던 겁니다.

2억 3,000만 년 전, 중생대의 시작

페름기 대멸종이 끝나고 중생대가 시작되면서 지상을 주름잡은 것은 포유류가 아닌, 다들 아시다시피 공룡이었습니다. 거대한 공룡의 등쌀에 떠밀려 포유류는 또 숨어들어야 했죠.

그 극단적인 예인 하드로코디움Hadrocodium은 몸길이 3.2cm, 몸무게 2g, 겨우 클립 크기의 쥐 같은 모습이었습니다. 숨다 못해 아예 자신을 축소해버린 것이죠. 아마 지금도 하드로코디움이 집안 어딘가에 숨는다면 거의 찾아내기 힘들 겁니다. 아마도 어두운 밤 몰래 땅속에서 기어 나와 조심스럽고 재빠르게 잠든 공룡들 틈을 돌아다니며 먹이를 구하지 않았을까 싶습니다. 설사 예민한 공룡이 부스럭거리는 소리에 잠이 깼다 하더라도 어둠 속의 하드로코디움은 작아서 보이지

도 않았을 거예요.

　그런데 크기 말고도 중요한 변화가 있었으니 바로 귀의 진화였습니다. 하드로코디움은 최초로 거의 완벽한 중이를 가진 포유류였습니다. 인간들도 포유류인 만큼 당연히 중이가 있는데, 중이는 고막과 아주 작은 뼈들로 이루어진 귓속의 기관으로 소리를 무려 26배나 증폭해냅니다. 비결은 귓구멍으로 들어온 소리가 고막을 울린 뒤 내이와 연결된 아주 작은 난원창에 집중되면서 소리의 울림을 증폭하는 것인데, 마치 압정의 넓은 부분을 누르면 뾰족한 부분에 힘이 집중적으로 모이면서 벽을 뚫고 들어가는 것과 같은 이치죠. 게다가 중간에 고막과 난원창을 연결하는 두 개의 뼈가 지렛대처럼 작용해서 증폭효과를 더 크게 해줍니다.

　후각 역시 매우 뛰어나서 후각을 처리하는 뇌의 영역도 매우 컸습니다. 냄새는 코에서 맡는다고 생각할 수도 있지만 사실 더 중요

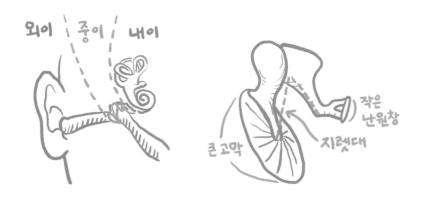

한 것은 뇌죠. 어떤 물질이 콧속으로 들어오면 콧속에 있는 작은 감각 기관들이 물질을 포착해서 신호를 뇌로 보내고, 뇌는 그 신호를 받아 처리하면서 어떤 냄새가 난다는 '느낌'을 만들어내기 때문입니다. 뇌는 모든 느낌이나 생각을 만들어내는 중앙사령부이고 코, 혀, 귀, 피부에 있는 감각기관들은 정보를 수집해오는 정찰병들이라고 볼 수 있죠. 하드로코디움은 정보를 더 잘 처리하기 위해 뇌라는 중앙사령부를 더 크게 발전시켰고 전체 몸집에 비해 상당히 큰 뇌를 갖게 되었습니다. 포식자를 피해서 밤에만 주로 활동하고 어두운 동굴에 숨어 살아야 하는 처지다 보니 청각과 후각을 발달시켜 주변 상황을 아주 세심하게 살필 수밖에 없었던 겁니다.

또한 파충류처럼 드러내 놓고 햇볕을 쬘 수 없고 어둠 속에서 생활했으니 온혈동물이었을 가능성도 높습니다. 온혈동물은 체온을 따뜻하고 일정하게 유지하는 게 관건이라서 사람도 36.5도라는 체온

을 유지합니다. 이렇게 체온을 유지하면 좋은 점이 언제 어디서든 움직일 수 있다는 건데요. 근육을 써서 몸을 움직이려면 몸이 따뜻해야 하기 때문이죠. 반면에 파충류 같은 냉혈동물은 체온이 변합니다. 움직일 필요가 없을 때는 체온이 낮아지고 움직일 필요가 있을 때는 햇볕을 쬐던지 해서 체온을 올린 뒤에나 움직이죠. 그래서 행동도 좀 느리고 추운 곳에서는 살 수가 없습니다. 포유류가 온혈동물이면서 큰 뇌를 가지게 된 이유 역시 끊임없이 눈치 보며 어둠 속에서 살아야 했기 때문이죠.

포유류는 다른 감각들 역시 놀랍게 발달시켰을 가능성이 높은데 특히 오리너구리나 별코두더지는 재미있는 예입니다. 오리너구리는 특이한 감각을 가지고 있는데 바로 전기를 감지하는 능력이죠. 오리너구리의 부리 양쪽 표면에는 약 4만 개의 전기탐지기가 줄지어 늘어서 있는데, 이를 이용해 민물새우, 가재 같은 작은 수중생물이 근육을 쓸 때 나오는 미세한 전기를 탐지해 잡아먹죠. 강가의 흙탕물에서 살아남기 위해서는 그런 특수한 감각이 필요했던 겁니다.

별코두더지는 아주 예민한 촉각의 소유자이죠. 이름처럼 코에 별 모양으로 촉수가 나 있는데 그곳을 감싼 피부는 포유동물의 다른 어떤 피부 부위보다도 더 예민해서 촉각으로서는 최고의 성능을 발휘합니다. 특히 촉수 중 하나는 더 예민한 촉각을 가지고 있어서 어떤 먹이를 먹을지 말지 결정할 때는 그 촉수를 이용해 자세히 탐색한 뒤 판단을 내리죠. 어두운 동굴 속에서 살아남기 위해 매우 예민한 촉각을 발전시켰던 겁니다. 중생대의 약자이고 먹잇감이었던 포유류들은 후미지고 어두운 곳으로 숨어들었고 그곳에서 살아남기 위해 이들처럼

별코두더지

오리너구리

특별한 감각을 발달시켜야 했을 겁니다.

　그렇게 움츠러들어 살아야 했던 포유류들에게 뜻밖의 기회가 찾아오는데, 바로 소행성 충돌로 인한 공룡의 멸종이었습니다. 포유류의 전성시대인 신생대가 시작된 것이죠. 하이에노돈Hyaenodon은 그런 행운 속에서 탄생한 대표적인 강력한 포유류입니다. '하이에나의 이빨'이라는 뜻의 하이에노돈은 늑대 크기의 날렵한 사냥꾼이었습니다. 빠른 몸놀림과 무리의 힘으로 가스토르니스Gastornis 같은 거대한 새들을 압도했죠. 가스토르니스는 2m나 되는 큰 몸집과 강한 턱을 가지고 있었고 육중한 다리로 뛰어다니며 대륙을 휩쓸었지만 하이에노돈의 상대가 되진 못했습니다.

메기스토테리움

　　하이에노돈의 한 종류인 메기스토테리움Megistotherium은 몸집까지 크게 키우며 두개골만 65cm에 몸길이가 3.5m, 키는 1.5m에 달했죠. 한때는 클립 하나 크기까지 줄어들었던 포유류가 이젠 거의 트럭한 대만 한 크기까지 1,000배 이상 커졌던 겁니다. 이제 포유류는 땅굴과 밤의 어둠 속에서 후각과 청각에 의지해 눈치 보며 살아가는 존재가 아니라 대낮의 들판을 질주하며 사냥하고 포효하는 당당한 포식자이기도 했죠. 그러나 진화의 도약은 대개 최강의 포식자가 아닌 약자에게서 일어납니다. 살아남기 위해서는 변화할 수밖에 없기 때문이죠.

5,500만 년 전, 울창한 숲

풍성한 나뭇잎 사이로 작은 동물이 보입니다. 까만 눈을 번뜩이며 손바닥만 한 작은 포유류가 조심스럽게 나뭇가지를 붙잡고 이동하고 있네요. 혹시라도 나뭇가지에서 떨어질라 가늘고 긴 발가락을 부들부들

떨며 나뭇가지를 더듬고, 다른 발로는 온 힘을 다해 나뭇가지를 꽉 움켜쥔 모습이 좀 애처로워 보입니다.

이제 새로운 진화의 주인공은 천적들을 피해 나무 위로 올라갔던 포유류였습니다. 그중 하나인 카르폴레스테스Carpolestes는 무게 100g, 크기 15cm에 불과했죠. 메기스토테리움에게 잡힌다면 한 입 거리도 안 되는 크기였으므로 나무에 단단히 매달려 있지 않고서는 목숨을 부지하기 힘들었을 겁니다. 편평하고 딱딱한 발로는 나무에서 버틸 재간이 없기에 카르폴레스테스의 발은 독특하게 진화했습니다. 발가락들은 길었고, 심지어 안쪽 발가락은 마치 우리의 엄지손가락처

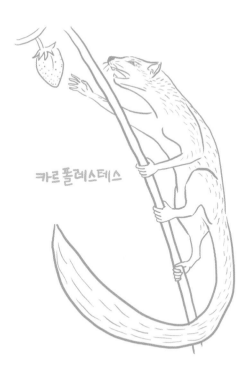

카르폴레스테스

럼 움직여 다른 발가락과 함께 나뭇가지를 움켜쥘 수 있었죠. 게다가 발톱 역시 남달랐습니다. 이전에는 늑대나 고양이, 독수리처럼 삐죽 나온 갈고리 모양의 발톱이었지만 카르폴레스테스의 신형 발톱은 인간들의 손톱처럼 납작하게 살 위를 덮고 있었죠. 덕분에 발톱 밑에 살이 있는 부위로 나무줄기를 좀 더 섬세하게 느끼며 정확한 자세로 붙잡을 수 있었습니다.

카르폴레스테스의 발은 단순히 땅바닥에서 몸을 지탱하기 위한 것이 아닌 '손'이었죠. 지금 우리가 가진 손은 바로 그런 필요에 의해서 처음 생겨났던 겁니다. 작고 겁 많은 생명체였던 카르폴레스테스는 이제 새로운 동물들의 조상이 되는데 바로 영장류, 즉 원숭이였습니다. 지금의 인류와 침팬지, 오랑우탄 같은 유인원들의 시초가 바로 카르폴레스테스인 것이죠.

영장류가 나무 위로 올라가는 데는 백악기 중반 무렵에 등장한 새로운 식물이 큰 역할을 했습니다. 이 식물은 다른 식물에게는 없던 새로운 번식 기관을 가지고 있었는데 바로 '꽃'이었죠. 속씨식물, 또는 개화식물로 불리는 이 식물은 꽃으로 혁신적인 번식 시스템을 만들어 냅니다. 꽃에 이끌린 곤충들은 꽃가루를 묻힌 채 사방을 돌아다니며 식물의 수정을 도왔고, 초식동물들은 꽃이 진 자리에 열린 열매를 먹고 씨앗을 배설함으로써 식물의 자손을 널리 퍼뜨려줬죠. 이 시스템은 매우 효과적이었고 개화식물들은 불과 500만 년 만에 40만 종이 생겨나 지구상에 퍼져나가게 됩니다.

그런데 이 개화식물들의 나무가 원숭이들에게는 매우 좋은 환경을 만들어줍니다. 열매와 꽃에 꼬이는 곤충은 원숭이들에게 중요한 먹이였고, 넓게 퍼져나가는 활엽수의 나뭇가지들은 원숭이들의 훌륭한 보금자리였죠. 그전에는 주로 소나무 같은 침엽수들이 대부분이어서 아마 영장류가 살아가기엔 상당히 불편했을 겁니다. 개화식물이 그렇게 매력적이지 않았다면 포유류는 나무에 올라가지도 않았을 것이고 손이 생겨날 일도, 인류의 조상인 원숭이가 탄생할 일도 없었을지 모르죠. 조용히 배경에만 있을 것 같은 식물이 알고 보면 중요한 순간에 진화의 방아쇠를 당긴 겁니다.

개화식물은 원숭이가 세상을 바라보는 시각도 바꿔 놓습니다. 당시 온난화로 인해 기후가 따뜻해지면서 침엽수는 줄어들고 활엽수 위주의 숲이 확대됐고 그러면서 활엽수의 넓게 퍼져나가는 가지들이 공중에서 서로 만나 숲 천장을 이룰 수 있었죠. 이제 원숭이들은 나뭇가지만 잘 타면 굳이 위험한 땅으로 내려갈 필요가 없었습니다. 그러나 눈이 문제였죠. 기존의 양옆에 달린 눈은 뒤까지 볼 수 있을 정도로 시야가 넓다는 장점이 있지만, 입체적으로 세상을 보기 힘들다는 단점이 있었습니다. 입체적으로 세상을 보려면 시야가 겹쳐야 했죠. 인간이 바로 그런 경우로 앞에 달린 두 눈이 각각 다른 각도에서 하나의 사물을 봅니다. 그러면 양쪽 눈이 사물을 바라보는 각도에 차이가 생길 수밖에 없고, 그 차이는 거리가 가까우면 가까울수록 크고 멀면 멀수록 작아지죠.

이 차이를 이용해 인간은 사물과의 거리를 더욱 정확히 알 수 있게 됩니다. 한쪽 눈으로만 보면서 사물을 잡으려고 하면 헛손질을 하게 되는 이유가 바로 그것이죠. 인간은 시야가 좁긴 하지만 대신 입체적 시각을 가지고 있는 겁니다. 인간은 2m 앞에 있는 바늘 2개가

4mm 차이만 나도 어떤 것이 앞에 있는지 식별할 수 있죠. 오랜 옛날 원숭이는 숲 천장에서 나뭇가지들을 더 잘 잡기 위해 입체적 시각을 갖는 것이 필요했고 그렇게 진화했던 겁니다.

　　5,000만 년 전 쇼쇼니우스Shoshonius는 앞을 보는 두 눈으로 입체적 시각을 획득했습니다. 겨우 손가락 하나 정도만 한 크기의 작고 가냘픈 쇼쇼니우스는 지금의 안경원숭이처럼 얼굴의 반이나 차지하는 큰 눈망울로 나뭇가지들을 더듬으며 숲 천장에서 조심스럽게 살아갔죠. 이렇게 작은 원숭이 쇼쇼니우스에게 추락은 죽음을 의미했기에 눈의 위치 변화는 목숨을 부지하기 위한 어쩔 수 없는 선택이었습니다.

　　그러나 그것만으로도 부족했나 봅니다. 쇼쇼니우스보다 나중에 등장한 카토피테쿠스Catopithecus는 '중심와'를 가지고 있었던 것으로 추측되죠. 중심와는 우리 눈의 망막에서 시세포가 밀집되어 있는 곳으로, 우리가 선명하게 다양한 색깔로 이 세상을 볼 수 있는 것이 바로 중심와 덕분입니다. 그래서 중심와의 시세포들이 파괴되는 병인 황

쇼쇼니우스

반변성에 걸리면 시력을 거의 잃게 됩니다. 지금 이 순간에도 중심와의 시세포들은 열심히 빛을 신호로 바꿔서 우리가 책을 '볼' 수 있게 만들고 있죠. 그런데 동공을 통해 들어온 빛이 정확히 중심와에 맺히려면 눈 자체가 안정적으로 고정되어야 합니다. 그래서 필요한 구조물이 눈 뒤에서 눈을 감싸주는 안와공벽이고, 이 안와공벽이 있는 원숭이들 중 하나가 바로 카토피테쿠스였습니다.

이렇게 높은 수준의 시력을 갖게 된 이유에 대해서는 다양한 추측이 있는데, 그중 하나는 뱀의 존재입니다. 나무를 타고 오르는 구렁이들은 원숭이들에게 공포의 대상이었고, 구렁이들을 멀리서 빨리 알아채고 다른 나무로 빠르게 도망치는 능력은 생존의 필수 요건이었을 겁니다. 나무 위가 비교적 안전하긴 하지만 마음 놓고 살아갈 수 있는 보금자리는 아니었던 것이죠.

그래서인지 그 후손인 사람은 지금도 뱀을 특별히 무서워하는 것 같습니다. 최근 발표된 과학자들의 연구에 따르면, 사람은 고양이

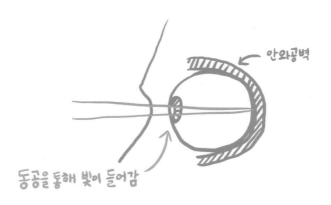

안와공벽

동공을 통해 빛이 들어감

같은 위험하지 않은 동물에 비해 뱀을 특별히 더 빨리 알아챈다고 합니다. 과학자들이 동물의 이미지를 아주 흐릿한 것에서부터 매우 선명한 것까지 20단계로 만들고 몇 단계에서 알아채나 실험을 해봤더니, 고양이는 9~10단계에서 알아챘는데 뱀은 더 흐릿한 6~8단계에서도 알아챈 것이죠. 실험에서 비교한 그 어떤 동물보다도 빠른 속도였다고 합니다. 얼마나 인류의 조상이 뱀을 무서워했는지 알 수 있는 실험 결과죠. 물론 이런 조상님 덕분에 인류는 쓸데없이 좋은 시력을 가지고 세상을 선명하게 보며 살고 있긴 합니다. 참 우리 조상들이 불쌍하기도 하고 고맙기도 하네요.

이렇게 우리 인류와 원숭이들은 한 핏줄이고 친척입니다. 옛날 원숭이 조상들이 힘든 고비를 넘기며 진화를 한 덕에 우리 인류도 존재할 수 있었고 그 진화의 흔적들이 손부터 발, 눈, 코, 귀, 뇌, 새끼에 대한 사랑으로 곳곳에 남아 있죠.

그런데 지금 우리의 친척들이 점점 사라지고 있습니다. 이러다가 미래에는 친척들이 다 사라지고 우리만 지구에 덩그러니 홀로 남겨져 있을지 모르죠.

2015년 10월, 인도네시아의 한 밀림

오랑우탄 한 마리가 나무에 매달려 괴로워하고 있습니다. 오랑우탄을 괴롭힌 것은 근처 숲의 산불에서 발생한 연기였죠. 그러나 단순히 괴로워하는 것만으로 끝나지 않을 겁니다. 조만간 오랑우탄이 살고 있는 밀림도 산불로 사라질 것이기 때문이죠.

인도네시아는 워낙 산불이 많이 일어납니다. 2015년 9월~10월 사이엔 무려 10만 건이 넘는 산불이 일어났고 연기가 주변으로 퍼지면서 수십만 명이 호흡기 질환을 앓기도 했죠. 게다가 그 연기에 포함된 이산화탄소의 양도 엄청나서 그 당시 인도네시아가 탄소배출량으로 전 세계 1위를 하기도 했죠. 공장도 많고 차도 많고 사람도 많은 중국이나 미국을 제치고 거대한 산불 때문에 인도네시아가 1위를 차지한 겁니다.

그러면 인도네시아에는 왜 그렇게 산불이 많이 일어나는 걸까요? 중요한 원인 중 하나가 바로 기름입니다. '팜유'라고 하는 식용유, 혹시 들어보셨나요? 과자나 라면, 각종 튀김 음식과 초콜릿, 빵, 커피 크림, 립스틱 등등 거의 안 들어가는 데가 없는 기름이죠. 값도 싸고 잘 변질되지 않는 성질 덕분에 공장이나 음식점에서 많이 씁니다. 기름야자나무에서 나오는 이 팜유를 얻기 위해 인도네시아의 농부들이 밀림에 불을 지르고 있고 대형 산불이 수도 없이 발생하고 있습니다. 그런데 산불을 더 심각하게 만드는 문제가 있어요.

바로 밀림지대의 숲속 땅 밑에 숨어 있는 산불의 불쏘시개 '이탄'입니다. 이탄은 나뭇잎과 각종 동식물이 땅속에서 썩으면서 만들어지는 물질로, 이름처럼 석탄과 상당히 비슷한 성질을 가지고 있고 불에 매우 잘 탑니다. 이탄은 열대 밀림뿐만 아니라 추운 지방의 침엽수 숲에도 아주 넓게 형성되어 있습니다.

정상적인 상황에서는 이탄이 크게 문제가 안 되죠. 숲에 비도 많이 오고 나무도 많으면 이탄이 축축해져서 불이 날 일이 없기 때문입니다. 문제가 된 것은 최근 온난화로 인해 가뭄이 여기저기서 발생하고 땅이 건조해지면서부터입니다. 이제 기름야자나무를 심고 싶은 농부들에겐 지금이 좋은 기회가 되는 거죠. 불만 지르면 밀림을 손쉽게 없애버리고 기름야자나무를 심을 수 있기 때문입니다.

그런데 이탄은 일단 불이 붙기 시작하면 끄기가 굉장히 힘이 듭니다. 땅속으로 불이 번져나가기 때문에 불이 어디로 번질지도 모르고 위에서 물을 뿌린다고 쉽게 꺼지지도 않기 때문이죠. 인도네시아뿐만 아니라 러시아, 캐나다에서도 엄청난 산불들이 발생했고 불을 끄는 데 몇 달씩 걸릴 정도로 진화가 어려웠는데 그 이유도 이탄 때문일 가능성이 높습니다. 이런 대형 산불과 열대우림 파괴로 인해 나오는 이산화탄소의 양이 자동차 같은 운송수단에서 나오는 양보다 더 많을 정도로 심각하죠. 그 와중에 밀림에서 잘 살고 있던 오랑우탄은 걷잡을 수 없는 산불 속에서 불에 타 죽거나 연기에 질식해 삶터를 잃고 쫓겨날 수밖에 없습니다.

2006년, 인도네시아의 한 오랑우탄 구조센터

한 구조대원이 작은 꾸러미를 안고 급히 들어옵니다. 꾸러미 안에는 출생한 지 3개월 된 아주 작은 오랑우탄 새끼가 들어 있었죠. 그런데 큰 눈을 깜빡이는 새끼의 한쪽 팔이 잘려 있습니다. 새끼에게 무슨 일이 벌어진 것일까요.

밀림에서 쫓겨난 오랑우탄이 갈 곳을 잃고 헤매다가 기름야자 농장에 들어가면 농부들은 농사에 방해가 되는 오랑우탄을 때려죽입니다. 그리고 아기 오랑우탄을 동물원에 팔아넘기기 위해 어미에게서 떼어내는데, 아기 오랑우탄은 엄마와 떨어지기 싫어서 믿을 수 없을

만큼 강한 힘으로 엄마를 붙잡고 놓지 않습니다. 그러면 팔을 잘라버리는 것이죠. 기나긴 진화의 역사 속에서 볼 때 우리의 친척인 이들에게 인간은 이토록 잔인하게 대하는 겁니다. 이런 식의 밀림 파괴와 사냥으로 사라져간 오랑우탄이 20만 마리 정도는 될 것으로 추측하고 있죠. 이제 남은 오랑우탄은 불과 몇만 마리밖에 되지 않고 이렇게 간다면 25년 이내에 멸종할 것으로 예상됩니다.

하지만 우리가 농부들만 탓할 수 있을까요? 우리가 좀 더 바삭바삭한 과자를 먹기 위해, 좀 더 달콤한 초콜릿을 먹기 위해, 좀 더 맛있는 빵을 먹기 위해 오랑우탄을 위기에 몰아넣는 것은 아닐까요? 물론 그런 상황을 알지 못했기 때문에 양심의 가책을 느낄 것까지는 없을 겁니다. 하지만 이제는 알죠. 고통스럽게 맞아 죽는 오랑우탄과 엄마 잃은 새끼의 슬픔을. 그런데도 아무런 양심의 가책 없이 과자와 빵, 초콜릿을 먹는다면 그건 뭔가 잘못된 것이라는 생각이 듭니다. 비싸서 그렇지 팜유 말고 다른 기름도 많습니다. 인류의 친척을 위해서 조금 맛없는 과자, 조금 비싼 초콜릿을 먹을 수는 없을까요?

위기에 처한 것은 오랑우탄뿐만이 아닙니다. 침팬지, 보노보, 고릴라 같은 친척들도 인간의 욕심 때문에 서식지인 숲이 파괴되면서 위기에 처해 있습니다. 한 보고서에 따르면 2030년까지 아프리카 유인원 서식지의 90%, 아시아 유인원 서식지의 99%가 인간들 때문에 파괴될 가능성이 높다고 합니다. 이미 오랑우탄과 고릴라는 심각한 멸종위기종인지라 언제 사라질지 모르는 상태고, 2015년엔 침팬지마저 멸종위기종이 됐죠.

부디 인류가 천만 년이나 같이 진화해서 함께 살아남은 소중한

친척이자 동료들을 자신의 손으로 없애버리는 불행한 일이 일어나지
않기를 간절히 바랍니다.

유인원 중에서 멸종위기에 처하지 않은 유일한 종은 인간뿐입니다.
_카를로 론디니니Carlo Rondinini (멸종위기종 리스트 작성위원)

●

◆

2부

문명의 배를 탄
인류의 항해

6장

인류

나무 위에서 내려와
지구 최강의 포식자가 되기까지

원숭이들은 나무 위에서 큰 눈을 깜빡이며 잘 살아왔고 지금도 대부분은 그렇게 살아가고 있습니다. 그런데 어떤 원숭이들은 이상하게도 위험을 무릅쓰고 땅에 내려와 자리를 잡았고, 그중 일부의 원숭이들은 훗날 두 발로 서서 털도 없이 헐벗고 돌아다니는 인간이 됩니다. 도대체 무슨 일이 있었던 걸까요?

4,000만 년 전, 남극대륙

끝없이 내리는 눈에 산과 들판이 하얗게 변했습니다. 푸른 숲과 맑은 물이 흐르던 계곡은 얼어붙었고 차디찬 바람만이 눈밭 위를 몰아칩니다. 숲을 누비던 동물들은 추위에 밀려 자취를 감췄습니다. 그땐 아무도 몰랐습니다. 이렇게 시작된 추위가 저 멀리 아프리카 대륙에 독특한 원숭이, 인간을 출현시킬지 말이죠.

공룡의 시대인 중생대에는 지구가 전체적으로 따뜻해서 특별히 높은 고지대가 아니고서는 얼음이 어는 곳이 거의 없었죠. 남극과 북극에도 두꺼운 빙하는 존재하지 않았고 대신 울창한 숲과 상쾌한 계곡이 펼쳐져 있었습니다. 북극에서는 악어도 살 정도였죠. 수천만 년의 기간 동안 겨울은 거의 존재하지 않았던 겁니다. 그리고 그 온난한 기후 속에서 원숭이들은 아프리카의 숲 천장을 누비며 안전하게 잘 살고 있었죠. 신생대가 시작된 뒤에도 한동안은 온실처럼 따뜻하고 습한 기후였습니다. 지구는 원숭이들의 에덴동산이었죠.

그러나 지구의 남쪽에서 거대한 사건이 일어나면서 에덴동산에는 혼돈의 광풍이 몰아닥치게 됩니다. 원래 남극대륙은 남아메리카, 오스트레일리아 대륙과 붙어 있었지만 신생대가 시작되면서 서서히 분리·고립됐고 바다가 남극대륙을 감싸게 됩니다. 그로 인해 고립된 남극 대륙 주변을 빙글빙글 도는 '남극환류 Antarctic Circumpolar Current'가 생겨났죠. 그런데 문제는 이 해류 때문에 대서양의 적도 지방에서 흘러 내려오던 따뜻한 바닷물, 난류가 더 이상 남극대륙에 닿지 못하게 된 겁니다. 난류 때문에 따뜻할 수 있었던 남극의 기후는 추워지기 시작했고 덩달아 지구 전체의 기후도 춥게 변해갔습니다. 남극이 거대한 에어컨 역할을 한 셈이죠.

기온이 내려가면 기후는 건조해집니다. 추위 때문에 바다의 증발량이 줄어들면서 구름이 잘 만들어지지 않기 때문이죠. 그리고 건조한 기후에서는 영장류의 보금자리인 숲이 타격을 받게 됩니다. 예를 들어 18,000년 전 빙하기에는 아마존 정글의 90%가 사라지면서 거의 초원지대로 변했었죠. 하늘에서 보면 땅이 보이지 않을 정도로 빽빽하게 들어섰던 밀림이 건조한 기후에 버티지 못하고 풀밭으로 변해버렸던 겁니다. 지금의 우리로서는 상상하기 힘든 일이죠. 마찬가지로 당시의 남극발 추위 역시 대규모의 건조화를 불러일으켜 숲에 큰 타격을 쳤습니다.

비버나 쥐 같은 설치류는 긴 이빨과 강력한 굴 파기 능력을 발달시키며 건조한 환경에 적응해나갔죠. 긴 이빨은 억센 덤불도 갉아먹을 수 있게 해주었고, 깊은 굴은 포식자와 더위를 피할 수 있는 안식처가 되어주었습니다. 특히 당시에 살았던 '팔레오카스토르Palaeocastor'라는 비버의 한 종류는 나사못처럼 생긴 나선형 굴을 파냈는데, 그 형태가 너무나도 규칙적이고 정교해서 과학자들을 깜짝 놀라게 했고 '악마의 타래송곳'이라는 별명까지 붙기도 했죠.

← 악마의
타래송곳

파라케라테리움Paraceratherium 화석 또한 당시 얼마나 건조했는지 그 상황을 잘 보여줍니다. 파라케라테리움은 지구 역사상 가장 거대한 육상 포유류로 어깨높이만 6m에 달하는 코뿔소였습니다. 원시 코뿔소라 아직 뿔은 없지만 덩치는 웬만한 코뿔소의 10배가 넘었죠. 현재 최고로 큰 육상동물인 코끼리조차도 파라케라테리움에 비하면 어린아이 정도밖에 안 됐습니다. 파라케라테리움은 숲이 사라진 상태에서 드문드문 남은 나무의 꼭대기에 돋아나는 어린잎들을 먹으며 살았던 것으로 생각되고 있습니다.

설치류의 정교한 땅굴들은 수백 개가 발견됐는데, 어쩌면 지금의 프레리도그처럼 사회를 이루어 서로 망도 봐주고 새끼도 같이 키우면서 협동하고 살았을지도 모릅니다. 아마 그늘 한 점 찾기 힘든 벌판에 거대한 파라케라테리움이 무거운 발걸음과 함께 등장하면, 힘겹게 덤불을 갉아먹던 설치류들은 지축을 울리는 발소리에 놀라 땅속 굴로 도망가면서 살았을 겁니다. 당시 세상은 수많은 동물과 곤충, 새들이 뒤엉켜 살아가던 정글과는 딴판인, 헐벗은 세상이었던 거죠.

　　기후는 갈수록 추워졌고 남극대륙엔 거대한 빙하들이 나타나기 시작했습니다. 따뜻하고 풍요로웠던 남극의 추억은 결국 수천 미터에 달하는 얼음 밑에 파묻혔고, 숲을 울리던 새소리도, 숲 사이를 흐르던 시냇물도 대지를 뒤덮은 얼음에 결국 지워지고 말았죠.

　　그러나 비극은 남극에서 끝나지 않았습니다. 물이 얼음 형태로 남극에 쌓여가자 바닷물은 줄어들었고 해수면은 낮아졌죠. 그때 마치

물에 잠겨 있던 배에서 물을 퍼내면 배가 떠오르듯이 바닷물에 눌려 있던 지각판이 떠오르기 시작했습니다. 그런데 이 현상이 지중해에서 엄청난 사건을 불러일으키게 됩니다. 대서양의 물이 지중해로 흘러드는 길목인 지브롤터 해협이 막히게 된 것이죠. 해협 밑에 있는 지각이 바다 위로 솟아오르면서 물길을 막은 것이었습니다. 물 공급이 끊긴 지중해는 빠른 속도로 말라붙어서 수많은 바닷속 생물들이 속절없이 죽어갔죠. 지중해는 거대한 죽음의 소금 벌판으로 변했습니다. 지금도 지브롤터 해협이 막히면 1,000년 만에 바닷물이 전부 증발해버린다고 합니다.

하지만 그렇게 쉽게 사라져버릴 지중해가 아니었죠.

530만 년 전, 지브롤터 해협

하얀 물보라와 천지를 울리는 굉음이 가득합니다. 대서양의 바닷물이 거대한 급류를 이루며 지중해를 향해 쏟아져 내리고 있습니다. 나이아가라 폭포 유량의 4만 배에 달하는 상상할 수 없을 만큼 많은 물이 시속 300km라는 빠른 속도로 끊임없이 쏟아져 내리고, 급류가 만들어 낸 대홍수는 지중해를 휩쓸며 하루에 10m씩 수위를 높여 바다를 만들어갑니다.

대홍수는 대서양의 바닷물이 지브롤터 해협의 솟아오른 땅을 조금씩 침식시키면서 물길을 만들어냈기에 가능했습니다. 수천 년 동안 조금씩 커지던 물길은 어느 순간 댐이 무너지는 것처럼 갑자기 폭

발적으로 불어나면서 대홍수를 일으켰죠. 그런 격변은 그 후로도 몇 번씩 반복됩니다. 어차피 빙하기였기 때문에 날씨는 얼마 뒤 다시 추워졌고 바닷물이 줄어들면 또 지각이 솟아오르면서 물길이 막혔죠. 문제는 지중해가 말라붙을 때마다 바닥에 쌓인 막대한 양의 소금이었습니다.

소금이라는 불순물은 바닷물이 잘 얼지 못하게 하는데, 그 소금이 바닷물에서 빠져나와 지중해 바닥에 쌓이게 되니 바닷물은 더 쉽게 얼어붙었던 겁니다. 그러니 지중해가 말라붙으면 바다가 더 많이 얼어붙으면서 지구는 더 추워지고, 반대로 지중해가 원상 복구될 땐 얼음들이 녹으면서 기후가 따뜻해지는 식으로 지구 전체의 기후가 불안정해졌습니다. 그런데 이런 불안정한 기후가 원숭이들의 진화에 영향을 줬을지도 모릅니다.

500만 년 전, 아프리카의 정글

키 1m가 좀 넘어 보이는 원숭이들이 땅 위를 걷고 있습니다. 좀 엉거주춤하지만 편평한 발로 아주 자연스럽고 능숙하게 한 걸음 한 걸음 앞으로 나아갑니다. 다른 원숭이는 나뭇가지에 매달려 수상한 포식자가 있는지 주변을 살핍니다. 땅 위를 걷는 모습만큼이나 매달려 있는 모습도 아주 자연스럽습니다.

걷기도 매달리기도 잘하는 이 이상한 원숭이들은 아르디피테쿠스Ardipithecus입니다. 인류의 조상, 서서 걸어다니는 직립 유인원들이 지구 역사에 등장한 거죠. 유인원은 원숭이들 중에서도 인간과 더 가

까운 종류로 가슴이 넙적한 것이 특징입니다. 고릴라, 침팬지, 오랑우탄 등의 유인원을 잘 살펴보면 사람처럼 가슴이 넙적하고 편평하죠. 상상 속의 동물이지만 영화 속 킹콩이 가슴을 두드리는 장면을 생각해보세요. 그걸 보면 킹콩도 유인원입니다.

아르디피테쿠스는 직립보행과 나무 타기를 모두 할 수 있는 신체 구조를 가지고 있었습니다. 나무에서 살아가는 원숭이들에 비해 발바닥이 편평하고 단단해서 걷는 것이 가능했고, 동시에 엄지발가락이 엄지손가락처럼 발 옆에서 튀어나와 있기에 마치 손으로 잡듯이 나무줄기도 잘 잡을 수 있었죠. 발바닥이 단단했던 것은 잘 걸으려면 온몸의 체중을 발바닥에 실어야 했기 때문입니다. 발바닥이 물렁물렁하면 몸을 들어 올려 앞으로 나아갈 수가 없죠. 아르디피테쿠스는 숲속 나무 위를 돌아다니기도, 초원 위를 걸어 다니기도 적합하게 진화했던 겁니다.

그런데 아르디피테쿠스는 왜 이런 다재다능함을 가지고 있었을까요? 아직 그 이유는 명확히 밝혀지지 않았습니다. 혹시 지중해 때문에 생겨난 변덕스러운 기후 때문이 아닌가 싶기도 합니다. 날씨가

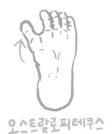

아르디피테쿠스　　　　　오스트랄로피테쿠스

추워지면 바닷물이 증발을 잘 안 하게 되면서 건조해지고 그러면 숲이 줄어들면서 초원이 확대되죠. 반대로 날씨가 따뜻해지면 비가 많이 오면서 숲이 늘어나죠. 그러니 숲과 초원 두 곳에서 다 적응할 수 있었던 아르디피테쿠스는 살아남는 데 더 유리하지 않았을까요?

그런데 인류의 조상들이 살았던 동아프리카의 지구대 지역은 지형적 특수성 때문에 초원이 더 잘 발달할 수밖에 없었습니다. 지구대는 바닥이 편평하고 넓은 골짜기 지형인데, 동아프리카 지구대는 골짜기의 폭이 평균 50km, 길이가 4,000km나 되는 거대한 규모입니다. 너무 규모가 크기 때문에 그냥 눈으로 보면 전혀 골짜기처럼 안 보이기도 하죠. 900~2,700m나 되는 골짜기 양쪽 끝의 절벽도 지평선 너머로 시야에서 사라져 버리기 때문입니다.

이런 특이한 지형이 생겨난 이유는 아프리카 대륙이 갈라지고 있어서인데요. 지구대 밑에서 맨틀이 올라오면서 양옆으로 대륙을 쪼개고 밀어내다 보니 중간에 있는 땅이 내려앉고 그곳이 거대한 골짜기가 된 것입니다.

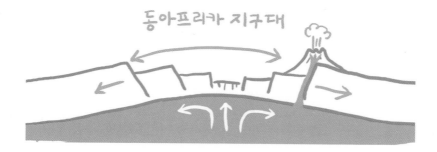

그런데 문제는 지구대 자체가 상당히 높다는 거예요. 지구대는 땅 밑에서 맨틀이 끓어오르면서 땅을 밀어 올리기 때문에 지역에 따라 고도가 굉장히 높아질 수 있거든요. 이렇게 고도가 높은 곳은 날씨가 선선한 고원 기후여서 정글보다 초원이 발달합니다. 지구대에 위치한 도시인 케냐의 수도 나이로비의 경우 고도가 1,700m에 이르기 때문에 적도 근처임에도 불구하고 아무리 더워도 25도가 넘지 않습니다. 밤에는 11도까지 내려가 으슬으슬할 정도죠. 딱 우리나라의 쌀쌀한 가을 날씨라고 볼 수 있습니다. 또한 맨틀이 밀어 올려서 생긴 지구대 양쪽의 산맥도 문제입니다. 바다 쪽에서 몰려오는 습한 바람이 산맥에 가로막히면서 지구대는 건조해지게 되는데 이 역시 정글보다 초원이 발달하게 합니다. 안 그래도 전반적으로 건조한 상황에서 지구대까지 형성되면 숲이 큰 타격을 입을 수밖에 없죠.

숲이 줄어드는 지구대에서 인류의 조상들은 초원으로 내몰리기 시작했습니다. 초원은 정글에 비해 여러모로 살기 힘들었죠. 인류의 조상들은 눈에 잘 띄고, 몸집도 작고, 단거리 달리기도 느렸기 때문에 초원의 우글거리는 맹수들에게 매력적인 먹잇감이었습니다. 사실 지금도 인간은 느린 편입니다. 100m 달리기 육상선수의 최고속도가 37km 정도인데 아프리카 맹수들은 60km가 넘는 속도를 낼 수 있죠. 그래서 현대인들도 맹수들에게 꽤 잡아먹히는 편입니다. 생물학자 애드리언 트레브스Adrian Treves의 조사에 따르면 1923~1994년까지 우간다에서만 247명이 맹수에게 죽임을 당했다고도 합니다. 문명의 혜택 속에 안전하게 살아가는 지금도 저 정도인데 우리의 조상들이 초원에 데뷔했을 때의 상황은 더 말할 것도 없죠. 약간 과장을 보태면 아무런 보호장구나 무기도 없이 10살 정도 되는 아이가 초원을 헤매는 것과 비슷하지 않았을까 싶습니다.

생명의 위협도 문제지만 나뭇잎과 열매를 제공해주는 나무가 줄어들다 보니 먹고사는 것도 문제였죠. 지금도 정글에 사는 고릴라는 지천으로 먹을 수 있는 열매나 나뭇잎이 널려 있기 때문에 하루 평균 500m밖에 안 움직이고 심지어 수십 미터도 안 움직일 때도 많지만 초원은 달랐습니다. 먹이는 늘 부족하고 설사 있더라도 띄엄띄엄 멀리 흩어져 있었죠. 그렇다고 사냥을 하자니 날카로운 발톱이나 이빨도 없고 달리기도 느렸습니다. 조상들은 마치 주인에게서 버림받은 강아지처럼 막막한 처지였을 겁니다. 이제 그들은 변화해야만 살아남을 수 있었죠.

300만 년 전, 아프리카의 초원

한낮의 땡볕 아래 동물들은 축축 늘어져 헐떡거리고 있습니다. 수풀 사이로 초등학생 정도 키의 자그마한 유인원들이 바삐 움직이네요. 덩치는 작지만 우뚝 서서 걸어 다니니 눈에 꽤 잘 띕니다. 털이 적어서 맨살이 다 보이는 그들은 살점이 붙은 동물 뼈를 경쟁자들을 피해 안전한 곳으로 옮기는 중입니다. 어차피 너무 더워서 경쟁자들도 굳이 달라붙진 않을 것 같은데 참 부지런히도 움직이네요.

조상들은 먼저 온몸을 덮고 있던 털을 벗어버렸던 것으로 보입니다. 물론 털이 정말 없어진 것인지 확실한 증거는 없습니다. 하지만

'이'라는 벌레 덕분에 추측은 해볼 수 있죠. 원래 인간은 머리와 음모의 털이 떨어져 있으므로 이의 종류도 다릅니다. 머릿니와 음모에 사는 이, 두 종류의 이가 있는 거죠. 그런데 과학자들이 조사해보니 두 종류의 이가 생겨난 것이 300만 년 전 무렵으로 밝혀졌습니다. 바로 이때 머리와 음모 사이에 털이 없어졌다고 추측할 수 있죠.

그렇다면 왜 그렇게 헐벗고 다녔을까요? 아마도 땀으로 열을 식히려고 그랬을 것으로 보입니다. 땡볕의 초원에서 먼 거리를 이동하려면 열을 빨리 식혀줘야 하는데 그러기 위해서는 피부로 땀을 배출해주어야 하거든요. 개가 혀를 내밀고 침을 날려 보내면서 열을 식히는 것처럼 인간은 온몸의 털을 없애고 땀을 날려 보내며 열을 식힐 수 있었던 겁니다.

열을 빨리 식히면 먹이 사냥을 위한 장거리 달리기에 좋습니다. 온몸이 털로 뒤덮인 동물들은 더워서 조금만 달려도 지치기 마련인데 인간은 그렇지 않죠. 덕분에 지금도 아프리카의 뜨거운 초원에서 인간은 최고의 장거리 달리기 선수입니다. 예를 들어 아프리카의 원시 부족인 하드자족 사냥꾼들이 사냥하는 걸 보면 별거 없습니다. 그냥 죽자사자 몇 시간 동안 쫓아다니는 거죠. 그러면 열을 식힐 수 없는 사냥감은 결국엔 지쳐서 멈추고 인간에게 잡히고 말죠.

하지만 300만 년 전 인류의 조상은 지금에 비해 너무 약하고 작아서 사냥꾼이 될 수는 없었을 겁니다. 대신 부지런히 돌아다니면 영양가 높은 먹이를 얻어낼 수 있었으니 바로 동물의 사체였죠. 물론 맘 편히 먹을 수 있는 건 아니고, 경쟁자로 긴 송곳니를 드러낸 하이에나와 극성맞은 대머리독수리들이 있었죠. 그들이 휩쓸고 가면 하얀 해골만 남기 일쑤였지만 그래도 남아 있는 먹을거리가 뼛속에 있는 골수였습니다.

골수를 먹으려면 뼈를 부숴야 했는데, 여기에 쓰인 것이 그 유명한 인류 최초의 석기들입니다. 땀을 뻘뻘 흘리며 초원을 뒤져 사체를 찾아내면 조심스럽게 은신처로 끌고 와 짱돌을 깨서 만든 날카로운 돌조각, 즉 석기로 질긴 살점을 뜯어내고 뼈를 부숴 속에 있는 물컹한 골수를 허겁지겁 발라먹었죠. 석기는 지능이 뛰어나다는 증거일 수도 있겠지만 먹고살기 힘든 불쌍한 우리 조상들의 애절한 노력의 결과이기도 했습니다.

초원이 준 선물은 석기에서 그치지 않았습니다. 어쩌면 훨씬 더 큰 선물인 불을 이용하는 능력까지 인류에게 주었을 겁니다. 일단 초원엔 불이 잘 납니다. 풀에 불이 잘 붙기 때문인데 특히 바짝 마른 풀들은 훌륭한 불쏘시개죠. 풀들은 새싹을 겹겹이 보호막으로 감싸 땅속에 숨겨놓기 때문에 불이 나도 살아남습니다. 불이 나면 햇빛을 가리는 나무들이 불에 타 쓰러지기 때문에 풀 입장에서는 오히려 더 좋죠. 그래서 풀이 불을 이용해 경쟁자인 나무를 없애는 게 아니냐는 의심도 충분

히 가능합니다.

　물론 불을 자주 접한다고 해서 동물들이 불을 다루게 되는 것은 아닙니다. 초원에 사는 동물뿐만 아니라 지구 역사상 그 어떤 동물도 불을 손에 넣지 못했죠. 그런데 최근 연구에 따르면 인류와 가까운 유인원은 좀 달랐던 것으로 보입니다. 아프리카 세네갈의 퐁골리 지역 침팬지는 보통의 침팬지처럼 숲에 살지 않고 드문드문 나무가 있는 초원에서 살아가는데 불이 났을 때 곧바로 도망가지 않습니다. 불 주위에 머물면서 불이 어느 쪽으로 퍼질지 정확히 예측하고 대피하는 모습이 과학자들에게 관측됐죠. 심지어 불길이 6m까지 치솟아도 두려워하지 않고 침착하게 대응하는 모습까지 보여줬다고 합니다. 이것은 침팬지 중에서도 처음 발견된 예외적인 현상인데, 아마도 먹이가 부족하고 위험한 초원에서 살아남기 위해 퐁골리 침팬지들의 지능이 발달했고 그로 인해 불의 특성을 파악한 게 아닌가 싶습니다. 어쨌든 혹독한 환경과 발달한 유인원의 뇌가 만나 뜻밖의 사건을 만들어낸 것이죠.

　그러나 불을 보고 피할 줄 안다고 불을 다룰 수 있는 것은 아닙니다. 동물의 지능이 좀 높으면 불을 피하는 일은 가능할 듯도 하지만 불쏘시개를 구해다가 부싯돌을 부딪쳐 불을 피우는 일은 상상하기 힘들죠. 현대인조차 문명의 도움이 없다면 굉장히 힘든 일입니다.

　그럼에도 불은 분명히 쟁취할 만한 가치가 있었습니다. 맹수들을 막을 수 있는 최고의 보호 수단이기도 했지만 사실 더 중요한 것은 탁월한 조리 수단이었기 때문이죠. 조상들이 많이 먹었던 고구마 같은 덩이뿌리나 동물의 고기는 불에 구워 먹으면 소화흡수가 훨씬 잘 됩

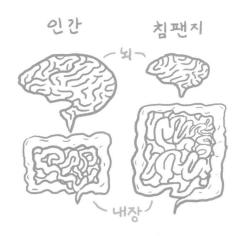

인간   침팬지

뇌

내장

니다. 그리고 불을 이용해 고기를 구우면 생고기일 때보다 훨씬 오래 저장해서 먹을 수 있고 기생충도 예방할 수 있죠. 먹을 것도 많아지고 소화도 잘되고 여러모로 편해졌던 거죠.

    이러한 효과적인 영양섭취 방법은 인간의 중요한 특징인 '큰 뇌'가 생겨나는 데 결정적 도움을 주었을 겁니다. 인간의 뇌는 무게로 는 전체의 3%에 불과한데도 에너지는 20%나 쓰는 부담스러운 신체 기관이기 때문이죠. 그래서 불을 쓸 줄 알았던 호모 에렉투스Homo erec-tus의 경우, 조상들보다 덩치가 60%나 커졌는데도 불구하고 이빨은 더 뭉툭하고 장의 길이도 더 짧았습니다. 불 덕분에 장과 이빨이 클 필 요가 없었던 거죠. 대신 뇌는 약 1,000cc로 커지면서 현대인의 뇌 크 기인 약 1,400cc에 근접하게 됩니다. 괜히 그리스 신화에서 프로메테 우스가 불을 몰래 훔쳐와 인간에게 줬다는 내용이 있는 게 아닌가봐 요. 불이 없으면 인간도 있을 수 없었던 거죠.

200만 년 전, '사람'의 등장

인류의 조상 중 불을 다루는 데 처음으로 성공한 호모 에렉투스는 약 200만 년 전쯤 등장한 것으로 추정됩니다. 그런데 이들은 여러모로 지금의 인간과 굉장히 닮은 존재였습니다. 일단 신체적 특징들이 괄목할 정도로 비슷해졌죠. 그전까지는 키도 초등학생만 하고 팔은 길고 다리는 짧은 데다 머리도 작아서 언뜻 보면 침팬지와 큰 차이가 없었습니다. 그러나 호모 에렉투스는 뇌가 약간 작은 것 외엔 키나 팔, 다리 비율이 현대인과 같았죠. 옷을 입혀놓고 좀 멀리서 본다면 현대인과 구분하기 힘들 정도입니다.

또한 인간과 어깨구조가 같아지면서 던지기 실력도 유인원들과는 차원이 달랐습니다. 최고 시속 160km까지도 가능했죠. 침팬지는 신체구조가 불리해 기껏해야 시속 30km밖에 못 던지니 상대가 안 됐습니다. 그들은 강속구 던지듯 창이나 돌을 던져 멀리서도 사냥을 할 수 있었죠. 진짜 투수처럼 세련된 폼으로 멋지게 돌을 던지는 것도 얼마든지 가능했습니다. 이들은 더 이상 유인원이 아닌 '사람'이었죠.

왜 하필 200만 년 전 무렵 사람이 출현한 것일까요? 그 이유는 아직 정확히 밝혀지지 않았습니다. 다만 아마도 다음의 사건들이 영향을 주었을 것으로 생각됩니다.

첫 번째는 210만 년 전 일어난 슈퍼화산, 옐로스톤의 대폭발입니다. 지금은 미국의 국립공원이 되어 수십 미터까지 솟아오르는 간헐천과 만여 개에 달하는 온천으로 유명하지만, 옐로스톤의 진짜 모습은 너비 50km의 분화구가 있는 슈퍼화산입니다. 서울이 그대로 들어

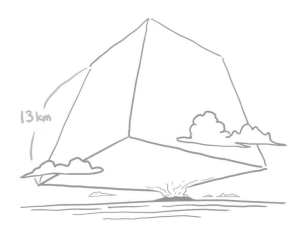

13km

갈 정도로 크기 때문에 눈으로만 봐선 화산인지 짐작조차 할 수 없죠. 옐로스톤은 대략 70만 년마다 분화가 일어나는데 210만 년 전의 폭발이 가장 규모가 컸습니다. 무려 2,500km³에 달하는 분출물이 뿜어져 나왔는데, 이 정도면 한 변이 약 13km나 되는 정육면체의 부피와 비슷하다고 볼 수 있죠. 분출물은 사방으로 퍼져서 1,600km 떨어진 곳에 화산재를 3m씩 쌓아 놓았으며 그 범위만 해도 우리나라 면적의 25배가 넘을 정도였습니다. 서울에서 이런 폭발이 일어난다면 전국이 빈틈없이 3~4층 높이의 고운 화산재로 뒤덮일 뿐 아니라 일본 도쿄까지도 화산재에 묻혀버릴 정도로 엄청난 양이죠.

그런 대폭발은 기후의 대혼돈을 가져왔을 겁니다. 1815년 인도네시아 탐보라 화산 폭발은 분출물의 양으로 봤을 때 옐로스톤 대폭발의 50분의 1밖에 안 되는 규모였지만 분출물들이 햇빛을 가리면서 추위와 기근을 몰고 왔죠. 1816년에는 북반구에서 여름이 사라졌고 한파가 미국과 캐나다 지역을 휩쓸어 초여름까지도 눈이 내리면서 농작물이 초토화됐습니다. 특히 캐나다 퀘벡에는 6월에 30cm나 눈이 왔죠. 영국과 아일랜드는 추위와 폭우로 인해, 인도는 가뭄으로 인해 흉작이 발생했고 기근과 함께 전염병이 돌면서 수많은 사람이 죽어갔습니다. 유럽에서는 식료품 부족으로 인한 방화, 폭동 등이 곳곳에서 일어났죠. 그러니 옐로스톤 대폭발이 인류의 조상들과 생태계에 준 타격은 상상 그 이상이었을 겁니다. 당시엔 농사도 짓지 않았고 집이나 옷이 있었던 것도 아니니 갑자기 닥쳐온 추위 속에 더더욱 살아남기 힘들 수밖에요.

두 번째는 약 200만 년 전 태평양에 떨어진 소행성입니다. 지름 3km 크기의 소행성이 총알보다 더 빠른 초속 12km 속도로 태평양 동쪽에 떨어졌고 그 충격은 대단했습니다. 물기둥은 하늘 위로 20km 이상 솟구쳤고 수천 미터에 달하는 해일이 육지를 덮쳤죠. 영화에 종종 나오는 어떤 해일보다도 큰 규모였습니다. 페루의 피스코 산에는 육상동물과 해양동물의 뼈가 매우 어지럽게 뒤섞여 있는데 당시의 거대한 해일이 원인으로 추정되죠. 수많은 동물이 영문도 모른 채 거대한 물의 장벽에 휩쓸려 산꼭대기까지 밀려 올라가 죽음을 맞이한 겁니다. 높이 2,500m에 달하는 남극횡단산맥에서는 해저 미생물 화석이 발견되는데 아마도 당시 충돌로 인해 바다 밑바닥이 그대로 쓸어 올려져 남극대륙에 떨어진 것일 수 있습니다. 2011년 동일본 대지진 당시 고작 20~30m 해일에 13,000여 명이 숨지고 핵연료가 누출되어 회복하기 힘든 피해를 보았으니, 지금 만약 소행성 충돌 같은 일이 다시 일어난다면 인류 문명이 어찌 될지 가히 상상도 하기 힘들죠.

　또한 당시 충돌로 발생한 열에너지는 250km^{3}나 되는 물을 증발시켜 막대한 양의 수증기를 만들어냈습니다. 대기 중으로 올라간 수증기는 구름이 되면서 햇빛을 가려 기온을 낮추는 역할을 했을 것으로 추측되죠. 당시의 기온 저하는 오랜 기간을 두고 나타나는 보통의 기온 저하와는 다르게 그야말로 순식간에 일어난 일이었습니다. 갑작스러운 기후변화는 생물들이 적응하고 대처하기 훨씬 어렵게 만들었습니다. 이런 상황에서 불과 큰 뇌를 가진 조상들은 다른 경쟁자들보다 살아남는 데 유리하지 않았을까요? 불을 이용하면 다양한 먹이들에서 효과적으로 영양분을 섭취할 수 있고, 높은 지능은 위기가 발생했을 때 대처할 수 있는 능력을 주니까요.

　그러나 호모 에렉투스는 단순히 살아남는 데 그치지 않았습니다. 특별히 뛰어난 신체조건이 있는 것도 아니면서 아프리카에서 전 세계를 향해 서식지를 넓혀나갔고 최상위 포식자의 자리를 당당하게 차

지합니다. 그 증거는 석기의 변화, 즉 아슐리안 석기의 등장에서 찾을
수 있죠. 이 석기들은 한눈에 봐도 사람 손으로 만들어졌다는 느낌이
납니다. 이전의 석기들은 깨진 돌과 구분하기 어려웠지만 아슐리안 석
기에는 날이 서 있었죠. 마치 장인이 쇠를 두들기고 갈아 칼을 만들듯,
세심하게 돌을 깨고 다듬어서 날을 세운 것입니다. 전체적인 형태도 물
방울처럼 한 점으로 모이는 일정한 모양을 가지고 있죠.

　　실제 만드는 과정을 재현해보면 큰 돌을 쳐서 돌감을 떼어내고,
떼어낸 돌감을 다시 크게 쳐내면서 전체적인 형태를 만들고, 작은 돌
을 이용해 돌감을 미세하게 다듬어줘야 합니다. 미리 어떤 모양으로
만들겠다는 계획을 세우고 절차에 따라 수십, 수백 번 깨고 다듬어야
만들 수 있죠. 그렇게 공들여 만들어서인지 지금도 아슐리안 석기를
가지고 고기를 잘라보면 마치 칼로 자르듯 고기가 꽤 잘 썰립니다. 호
모 에렉투스는 직접 사냥한 동물의 큼지막한 고기를 자르는 데 아슐
리안 석기를 썼던 겁니다.

영국 웨스트서식스주의 복스그로브에서는 호모 에렉투스의 당당한 삶을 보여주는 흔적들이 발견되었습니다. 50만 년 전 그곳에는 해변을 거니는 코뿔소, 말, 하마 같은 큰 사냥감들이 살았고 호모 에렉투스 사냥꾼들은 그들을 집중적으로 사냥했죠. 과학자들은 한 장소에서 도살된 코뿔소 4마리를 발견했는데 한 마리당 675kg에 달하는 큰 크기였음에도 전부 깔끔하게 살을 발라내고 뼈를 깨서 골수까지 긁어먹었다는 사실을 알아냈습니다. 아주 오랜 시간에 걸쳐 식사를 진행했음에도 아무런 방해도 받지 않고 마무리까지 할 수 있었다는 것은 다른 포식자들이 감히 호모 에렉투스를 건드릴 수 없었다는 것을 의미하죠. 신체조건은 사냥하기에 적합하지 않았지만 발달한 뇌를 이용해 전략을 짜고 협동을 하면서 자신보다 훨씬 큰 동물도 사냥하고, 불의 힘을 빌려 맹수들까지 물리쳤기에 인류는 당당한 포식자 위치에 설수 있었던 겁니다.

　　자랑스러운 호모 에렉투스의 유적지는 우리나라 경기도 연천 전곡리에도 있습니다. 원래 호모 에렉투스의 아슐리안 석기는 주로 유럽과 아프리카에서만 발견되어 동아시아는 석기 문화가 발달하지 않은 곳으로 알려져 있었는데, 1977년 우리나라에 근무하던 미군 병사가 전곡리에 있는 한탄강변에 데이트를 나왔다가 아슐리안 석기를 발견하게 되면서 그 인식이 바뀌게 됐죠. 외국인이 우연히 발견한 범상치 않은 돌 때문에 우리나라의 전곡리는 동아시아의 자존심을 세운 고고학적 중요 유적지가 됩니다. 호모 에렉투스는 수십만 년 전 전곡리 일대에서도 최고의 포식자로서 능숙하게 사냥을 하고 한탄강변의 보금자리에 고기를 가져와 여유 있게 잘라 먹으며 식사할 수 있었던 거죠.

마치 혼돈 속에서 영웅이 등장하듯, 호모 에렉투스는 기후 변화가 가져온 시련을 뚫고 살아남아 최고의 자리에 오른 영웅이나 마찬가지였습니다. 그리고 그 영웅의 후손이 바로 지금 책을 읽고 있는 당신이죠.

그러면 앞으로도 인간은 최상위 포식자로서 호모 에렉투스의 영광을 이어나갈 수 있을까요? 하지만 '진정한 적은 내부에 있다'는 말이 있죠. 진짜 무서운 것은 같은 인간일 수 있습니다.

1923년, 독일의 한 거리

한 할아버지가 담배에 불을 붙이고 있습니다. 그런데 불쏘시개가 지폐입니다. 거리로 나가보니 사람들은 지폐를 수레에 한가득 싣고 다니고 지폐들이 길바닥에 떨어져도 아무도 주우려 하지 않습니다.

독일은 1918년 제1차 세계대전에서 패하면서 경제 상황이 급격히 나빠집니다. 전쟁 와중에 수많은 공장과 시설이 파괴되면서 팔려는 물건은 줄어만 갔고 사려는 욕구는 늘어만 갔죠. 수요가 공급을 초

과하는 상황이 지속되면서 가격이 계속 올랐던 겁니다. 여기에 사재기까지 빈발하면서 물건은 더욱 귀해졌고 가격은 심지어 몇 시간 단위로 높이 치솟았습니다. 아침에 천 원하던 빵이 저녁엔 이천 원이 되는 식이었죠. 가장 심할 때는 전쟁 전 1마르크밖에 안 하던 빵 한 조각이 10억 마르크로, 레스토랑의 한 끼 식사가 무려 100~200억 마르크로 치솟았다고 합니다. 물건값이 거의 10억 배나 폭등했던 거죠. 그러니 웬만한 액수의 돈은 돈으로 쳐주지도 않았고 차라리 그 돈으로 불쏘시개를 하는 게 더 나았습니다.

물건값이 시시각각 비싸지니 월급은 항상 부족했고 노동자의 삶은 더욱 궁핍해졌습니다. 게다가 얼마 후인 1929년에는 세계 경제가 '대공황'이라는 심각한 위기에 빠지면서 독일의 기업들은 도산하고 사람들은 또 가난과 실업에 시달리게 됩니다.

그런데 이렇게 사람들이 어려움에 부닥치면 심리적으로 남 탓을 하게 되는 경향이 있습니다. 지금 우리가 겪는 모든 문제는 외부의 '다른 누군가' 때문에 벌어졌다고 생각하는 거죠. 한 번은 심리학자들이 미식축구 경기에서 관중들에게 관전평을 쓰게 했는데 우리 팀의 반칙보단 상대 팀의 반칙을 3배나 더 많이 써냈다고 합니다. 내 눈의 들보는 못 봐도 남의 눈의 티끌은 본다는 말이 실제로도 맞는 거죠. 당시 독일인들이 책임을 돌린 대상은 유대인들이었습니다. 부자 중에는 유대인들이 꽤 많았고 독일 경제의 40%를 차지할 정도로 경제력이 상당했죠. 가난한 독일 대중의 유대인에 대한 증오와 혐오 정서를 부추기면서 등장한 정치세력이 바로 히틀러의 나치였습니다.

나치는 유대인들을 탐욕스런 돼지라고 대놓고 욕하며 공공연히 주먹을 휘두르고 마음에 안 드는 사람들을 암살하기까지 하는, 거의 조직폭력배 같은 집단이었죠. 그래서 보통 때 같으면 사람들의 인정을 받을 수가 없는 정치세력이었지만 경제가 급격히 나빠지고 사회가 혼란에 빠지자 인기를 얻게 됩니다. 살기 힘들어진 것이 모두 유대인과 다른 정치세력들 때문이라며 분노의 희생양을 만들어 시민들의 답답함을 해소해 준다든가, 실업자들을 고용해서 폭력을 쓰게 하고 월급을 준다든가 하는 방식으로 나치는 가난에 지친 사람들의 마음을 얻었죠. 그 여세를 몰아 권력을 차지한 나치는 결국 수천만 인구가 죽고 600만 명 이상의 유대인이 학살당한 제2차 세계대전을 일으킵니다. 이처럼 잘못된 증오와 전쟁을 부추기는 정치세력이야말로 인간의 무서운 적이 될 수 있는 겁니다. 그런데 비슷한 일이 최근에도 일어나고 있습니다.

2016년 3월 22일, 벨기에의 국제공항

이른 아침, 비행기를 타려는 사람들로 붐비던 벨기에 브뤼셀의 국제공항. 공항에서 짐 검색을 담당하는 파비엔은 밤샘 근무를 끝내고 새벽 6시에 퇴근할 예정이었지만 일이 많은 동료를 돕기 위해 퇴근을 미루고 더 일을 하고 있었습니다. 그렇게 두 시간 정도 지나고 이제 퇴근 준비를 하려던 찰나, 그는 '쾅' 하는 폭발의 굉음과 함께 숨을 거둡니다.

폭발과 동시에 벨기에는 테러의 공포에 휩싸였습니다. 국제공항과 지하철역에서 연이어 폭탄이 터졌고 30명이 넘는 사람들이 목숨을 잃었죠. 평범한 아침, 평소처럼 출근하기 위해 지하철을 기다리던 사람들, 핸드폰으로 여자친구와 통화를 하던 사람들, 공항으로 친척을 마중 나왔던 사람들은 별안간 벌어진 끔찍한 일로 고통 속에 죽음을 맞이해야 했습니다.

　　테러범들은 IS의 추종자들이었고 IS는 "우리의 형제들이 브뤼셀의 공항과 지하철역에서 최대한의 죽음을 일으키고자 노력했다"며 "브뤼셀은 시작에 불과하다. 알라의 허락 아래 더욱 참혹하고 끔찍한 결과를 맞게 될 것"이라는 성명을 발표했죠. IS는 자신들을 '이슬람 국가'라고 부르는 집단으로 벨기에 외에도 파리, 미국, 러시아, 터키, 시리아, 이라크, 사우디아라비아 등에서 끊임없이 테러를 일으키고 있습니다. IS는 도대체 왜 그러는 걸까요? 왜 아무 죄도 없는 평범한 사람들을 무참히 죽이는 것일까요? 여러 가지 이유가 있지만 그중 하나는 바로 앞에서 살펴봤던 온난화입니다.

　　온난화는 전 세계에 걸쳐 이상 기후를 불러오는데 중동 지역의 경우 기후가 건조해지는 쪽으로 바뀌고 있습니다. 최근 1988년부터 2012년까지 무려 14년 동안이나 시리아, 레바논, 요르단 등 중동 지역을 덮친 가뭄도 온난화 때문이라 생각되고 있죠. 미항공우주국 NASA는 900년 만에 최악의 가뭄이었고 자연적으로는 일어날 수 없는 가뭄이었다는 연구결과를 발표하기도 했습니다. 원래도 건조한 지역인데 1~2년도 아니고 그렇게 오랫동안 가뭄이 연이어 드니 농토는 어떻게 됐을까요? 완전히 황무지·사막으로 변하면서 농민들은 더는 농사를 지으며 살 수가 없게 됐고 고향을 떠날 수밖에 없었죠. 시리아의 경우 국민의 거의 절반이나 되는 760만 명이 고향을 떠났을 정도입니다.

갑자기 실향민이 된 농민들의 처지는 비참할 수밖에 없었죠. 도시로 몰려든 농민들은 제대로 된 직장이나 보금자리를 구하기 힘들었고 가난 속에서 어렵게 살아가야만 했습니다. 앞으로 상황이 나아진다는 희망도 없고 하루하루 끼니를 때우는 것도 벅차니 사람들의 마음은 답답하고 불만이 가득했을 겁니다. IS는 바로 그런 틈을 잘 파고들었죠. IS는 자신들이 마치 모든 문제를 해결할 수 있을 것처럼 선전했고, 불행의 원인을 유럽이나 미국 같은 서방세계로 돌렸으며, 일자리가 없는 청년들에게 IS에 합류할 경우 차와 집, 월급을 주겠다는 달콤한 제안도 내세웠습니다.

사실 따지고 보면 틀린 말도 아니긴 했죠. 온난화는 선진국이 막대한 양의 온실가스를 배출했기 때문에 일어난 일이니까요. 마치 나치가 제1차 세계대전 이후 힘들었던 독일인들의 마음을 파고들었던

것처럼, IS는 경제적으로 궁핍한 사람들을 잘 이용했습니다. 그렇게 세력을 키운 IS는 훗날 전쟁과 테러를 일삼으며 전 세계를 공포에 몰아넣었죠. 이러니 '사람의 적은 결국 사람'이라는 말이 안 나올 수가 없습니다.

2040년, 터키와 시리아의 국경선

철조망 앞에서 수많은 사람이 울부짖습니다. 지평선 끝까지 이어진 철조망 근처엔 헤아릴 수 없이 많은 천막이 늘어서 있죠. 5년째 계속된 심각한 가뭄으로 중동 지역에서 농업이 붕괴하자 난민들이 유럽에 들어가기 위해 국경선 앞에 진을 치고 있는 겁니다.

자유로운 통행이 가능했던 유럽에 국경선이 다시 만들어지고 특히 유럽의 관문인 터키 국경선에는 3중·4중의 철조망이 세워졌습니다. 중동과 마찬가지로 인도와 파키스탄, 동남아시아 역시 가뭄과 홍수가 번갈아 계속되면서 농산물 가격이 폭등해 수많은 난민이 살 길을 찾아 중국과 아시아 전역으로 퍼져나가고 있습니다. 하지만 곡물 수확량 감소로 인해 곡물 가격이 폭등하면서 선진국 역시 난민들을 받아줄 만큼 사정이 넉넉하지 못해 갈등이 계속해서 발생하고 있죠. 혼란을 틈타 이슬람 급진주의 테러 조직이 곳곳에서 테러를 일으키고 있고, 그에 맞서 난민을 혐오하는 극우 파시즘 조직의 보복 테러도 기승을 부리고 있습니다. 매일매일 계속되는 테러와 보복테러로 뉴스는 도배되고 있고, 휴가철이 되면 해외여행을 가곤 했던 일은 먼 옛날의 추억이 되어버렸습니다. 사람들은 불안에 떨며 드디어 기후변화 문제에 관심을 가지기 시작했지만, 언제 다시 풍요로웠던 옛날로 돌아갈 수 있을지 아무도 장담할 수 없는 상황입니다.

  암울한 미래죠? IS가 사라진다 하더라도 문제는 앞의 나치의 예에서도 살펴봤듯이 가난의 수렁에 빠진 사람들입니다. 희망이 없고 당장 먹고살기가 힘든 사람들은 극단적인 주장에도 쉽게 넘어가기 때문이죠. 근본적인 해법은 IS 같은 극단적인 단체들이 활동하고 있는 중동, 아프리카, 파키스탄, 인도 지역의 사람들이 어려운 경제적 처지에서 벗어나는 겁니다. 하지만 온난화는 하필이면 그렇게 가난하고 인구가 많은 지역에서 계속 가뭄을 일으키며 사람들을 괴롭게 하고 있죠. 인도는 2016년 30년 만에 최악의 가뭄이 발생해 인구의 4분의 1인 3억3,000만 명이 물 부족에 시달렸고 51도까지 올라가는 폭염 속에 수백 명이 죽기도 했으며, 베트남과 태국 같은 동남아시아도 가뭄에 시달리면서 농사를 망쳐 곡물 가격이 올라갈 조짐을 보이고 있

습니다. 만약 곡물 가격이 올라가면 가장 먼저 피해를 입고 힘들어지는 것은 또 가난한 사람들이 될 겁니다.

특히 유럽은 계속 문제가 생길 수밖에 없을 겁니다. 살기 어려워진 중동 사람들은 극단주의에 빠져들거나 유럽으로 몰려가는 방법 외에 별달리 살아남을 방도가 없기 때문이죠. 지금도 유럽으로 몰려가는 난민들은 수도 없이 많고 그들을 막기 위해 터키 국경선에는 이미 700km에 달하는 거대한 장벽이 세워져 있습니다. 그나마 아직은 장벽이 없는 구간이 있어서 난민들이 탈출할 수 있지만 계속 장벽은 설치되고 있기 때문에 조만간 국경선은 완벽하게 폐쇄될 예정입니다. 난민들은 살기 위해 넘어야 하고 군인들은 명령대로 그들을 막아야 하니 비극이 일어날 수밖에 없는 상황이죠. 실제로 얼마 전엔 철조망을 넘던 15세 소년이 군인에 의해 사살되는 끔찍한 일이 벌어지기도 했습니다. 장벽이 완성되면 이런 일은 훨씬 더 많이 일어나겠죠.

결국 온난화 문제가 해결되지 않는다면 인류는 최강의 포식자이면서도 동족을 위협하고 위협당하는 불행한 삶에서 벗어나지 못할 겁니다. '자승자박'이란 말이 딱 들어맞는 상황인 거죠. 스스로 만들어낸 온난화란 올가미에 스스로 빠져들어 힘들어하고 있으니까요. 육상 생태계의 4억2,000만 년 역사 속에서 이런 특이한 동물은 또 처음일 겁니다. 하지만 이런 문제를 미리 파악하고 해결책을 내놓을 수 있는 동물도 인간 외엔 없죠. 아직 희망은 있습니다.

•

7장

무기

들소를 겨누던 창촉에서
지구를 뒤흔든 핵폭탄으로

자승자박에 빠진 인간을 더 위험하게 만드는 것이 바로 무기입니다. 인류는 자신들이 가진 재능으로 최선을 다해 강력한 무기를 만들어왔죠. 무기의 발전 과정을 보면 인류가 얼마나 똑똑한지, 그러면서도 인류가 얼마나 폭력적인지를 알 수 있습니다.

50만 년 전, 남아프리카

2012년 과학자들은 남아프리카에서 4~9cm 크기의 창촉들을 발견합니다. 창촉에는 돌을 날카롭게 깎아 날을 세우고 무뎌진 날을 다시 세운 흔적도 있었습니다. 50만 년 전의 것으로 추정되는 이 유물은 인류가 기다란 몸통에 날카로운 촉이 달린 '창'이라는 무기를 처음 사용하기 시작했음을 보여줍니다. 그러나 날카로운 창촉만으로 창이 완성되는 것은 아닙니다. 사냥감의 질긴 가죽에 상처를 내려면 창촉과 몸통을 단단히 결합하는 것이 더 중요하거든요. 문제는 그것이 더 어려운 일이라는 거죠.

먼저 창촉과 몸통을 묶어줄 끈이 있어야 하는데 이는 동물의 힘줄이나 식물의 섬유질 등에서 구해야 하죠. 다음으로는 창촉을 단단히 붙여줄 풀이 필요합니다. 나무의 수액인 송진 같은 것들로 풀을 만들 수 있는데 송진은 굳기 때문에 불을 이용해 녹일 수 있어야 합니다. 그럼 불도 제대로 통제할 수 있어야 하죠.

문제는 거의 백지 상태에서 저 모든 것을 알아내야 한다는 겁

니다. 이전에는 끈이나 풀을 썼던 흔적도 없고 굳이 쓸 필요도 없었습니다. 그런 상태에서 창을 만들어내려면 머릿속에서 '창'이라는 아이디어를 떠올리고 창촉과 이를 고정시킬 방법을 구상하고 끈의 소재를 찾아내야 하는 등 거의 무에서 유를 창조해내야 하죠. 그래서 이 창촉을 발견한 고고학자들은 "로마유적에서 아이폰을 발견한 것이나 마찬가지다"라는 말을 하기도 합니다. 그러면 그토록 어려운 일을 50만 년 전 인류는 어떻게 해낸 것일까요? 아직 명확한 해답은 없지만 가설을 세워볼 수는 있습니다.

50만 년 전 사람 중 돌연변이 인간들이 나타나기 시작했다면 어떨까요? 겉으로 봐서는 아무런 차이가 없었지만 돌연변이들은 특별한 능력을 갖추고 있었으니 바로 '말'을 할 줄 아는 능력이었습니다. 말은 단순히 수다를 떨기 위한 것이 아니라 사람들이 어려운 일을 해내야 할 때 가장 많이 쓰는 도구죠.

"이거 어떻게 하지? 넌 뭐 좋은 아이디어 없어?"

"이건 이런 식으로 고치면 될 거야."

사람들은 말을 하며 각자의 머릿속에 있는 좋은 아이디어를 전달하고 그런 아이디어들을 모아 복잡한 문제를 해결하곤 합니다. 다른 동물 중에서도 비슷한 행동을 하는 경우가 꽤 있지만 말을 하는 것만큼 쉽고 효율적이진 않죠. 과학자들의 유전자 분석에 의하면 인류는 50만 년 전, 또는 그보다 오래전부터 언어를 사용한 것으로 생각되고 있습니다. 이것이 사실이라면 인류는 언어 능력을 통해 대화하고 협동하며 복잡한 도구인 창을 만들어낼 수 있었을지 모릅니다.

그러면 말을 할 줄 아는 돌연변이들은 왜 갑자기 퍼져나갔을까요? 증거가 없으니 추측밖에 할 수 없지만, 만약 급격한 기후변화나 기상 재해 때문에 추위와 가뭄이 몰아닥치면서 갑자기 먹고살기 힘들어졌다면 말을 할 줄 아는 돌연변이들이 살아남기에 굉장히 유리하지 않았을까요?

말과 먹고사는 문제는 굉장히 관련이 깊습니다. 요즘 텔레비전 방송만 봐도 큰 인기를 얻는 프로그램 중 상당수가 먹는 것에 관한 겁니다. 맛집은 어디 있고 요리는 어떻게 해야 맛있고 어떤 걸 먹으면 건강해지고 등등 채널마다 관련 프로그램이 상당히 많죠. 그만큼 사람들은 먹을 것에 대해 관심이 많고 정보를 얻기를 원하고 있습니다. 굶어 죽을 일이 거의 없는 지금 한국에서도 이런데 갑작스러운 기후 재앙으로 당장 추위와 배고픔에 시달려야 했을 조상들은 어땠을까요?

"이 뿌리는 먹을 수 있는 거다. 저 열매는 독이 있어서 먹으면 안 된다. 대신 불에 구워 먹으면 독이 없어져서 먹을 수 있다. 저 언덕 너머에는 염소 몇 마리가 있는데 절벽으로 몰아서 떨어뜨리면 잡아먹을 수 있을 거다."

이렇게 말을 할 수만 있다면 먹을 것에 대한 정보를 얼마든지 손쉽게 나눌 수 있었을 겁니다. 먹을 것이 많은 상황에서는 말을 못해도 살아남는 데 큰 문제가 없지만 먹을 것이 없는 상황에서는 말을 못하면 생존에 불리한 거죠. 그런 상황에서 우연히 언어를 잘 활용하는 돌연변이 인간들이 등장했다면, 그들은 말 못하는 사람들에 비해 살아남는 데 유리했을 테고 자손도 많이 남겼을 겁니다. 돌연변이 조상 덕분에 우리는 매일 수다를 떨면서 살 수 있게 된 거죠.

게다가 언어는 지능 발달에 있어서도 도움이 됩니다. 인간의 지능은 고정되어 있지 않아서 적절한 자극을 주면 발달합니다. 그리고 지능 발달에 아주 좋은 자극이 바로 언어죠. 머릿속의 정보를 서로 말하면서 주고받고, 그 정보를 이용해 문제를 해결하는 과정은 머리를 좋게 만듭니다. 그래서 아이들은 학교에 입학하는 것만으로도 IQ가 올라간다는 연구결과도 있죠. 더군다나 기후변화로 인해 갑자기 추워지거나 메말라진 환경에서 살아남으려면 훨씬 많은 정보를 나누고 새로운 행동을 시도해야 했을 테니 굉장한 지적 자극이 됐을 겁니다.

물론 위 이야기들은 정확한 증거는 아직 발견되지 않은 실험적 가설입니다. 그러나 발굴되는 유물들의 제작 시기와 기술적 수준을 봤을 때 충분히 추론 가능한, 설득력 있는 이야기라 할 수는 있을 거 같네요.

30만 년 전, 독일의 한 호숫가

갈대숲에서 사람과 말이 호숫가를 사이에 두고 대치하고 있습니다. 곧 이어 요란한 울음소리와 발굽소리를 내며 말들이 호수를 향해 몰려옵니다. 사람들은 일제히 일어나 큰 소리를 지르며 있는 힘껏 창을 날립니다. 2m 정도 되는 길쭉한 창은 포물선을 그리며 묵직하게 날아가 호숫가 진창에 빠져 오도가도 못하는 말들의 몸에 하나 둘씩 꽂힙니다. 몇몇 말들이 분수처럼 피를 쏟아내며 쓰러지고 사람들은 환호성을 지르며 사냥감에게 달려갑니다.

　　30만 년 전에는 새로운 방식의 창이 나타납니다. 독일의 쇠닝 겐에서 과학자들은 1만 개에 달하는 동물뼈와 함께 1.8~2.5m 길이의 나무창을 발견했죠. 이와 같은 창은 여러 명의 사람들이 여러 마리의 동물을 몰아서 집단사냥을 했던 흔적에서 발견되었습니다. 그런데 이 창은 앞서 살펴봤던 창과 달리 그냥 찌르는 창이 아니라 상대방을 향해 던지는 '투창'이었습니다. 창이 멀리 날아가려면 무게중심이 알맞은 위치에 오도록 창을 잘 깎아 놓아야 하는데, 쇠닝겐에서 발견된 창

은 워낙 조절이 잘 돼 있어서 창던지기 선수가 모조품을 던져봤더니 70m까지 날아갈 정도였죠. 현재 최신 기술로 깎아 만든 창이 세계대회에서 약 80m가량 날아가니까 품질 면에서 사실상 별 차이가 없었습니다. 이 정도로 투창이 잘 되는 창을 만들려면 수없이 던져보고 다시 손보면서 만들어내야 했을 겁니다. 그들도 오늘날의 기술자들처럼 끊임없이 실험하고 오류를 고쳐 목표에 도달했고, 그러한 문제 해결력은 30만 년 전에도 갖추어져 있던 것이죠.

하지만 뛰어난 창만으로 동물들을 한꺼번에 그렇게 많이 잡을 수는 없습니다. 누군가 동물떼를 찾으면 동물떼의 위치를 사람들에게 알려줘야 하고, 사람들은 동물떼를 어디로 몰지 정해야 했을 겁니다. 이빨이 날카로운 것도 아니고 달리기도 느린 인간이 사냥에 성공하려면 더 세밀한 작전이 필요했죠. 당시의 조상들은 무기를 잘 만드는 능력뿐만 아니라 뛰어난 의사소통 능력도 가지고 있었을 겁니다.

비슷한 시기 에티오피아의 화산 지대에서는 더 기술적으로 진보한 창이 출현합니다. 먼저 재료 면에서 더 뛰어난 흑요석을 썼죠. 흑요석은 화산에서 분출된 유리 성분이 굳어져 만들어진 자연유리입니다. 보통의 돌보다 더 날카로울 수밖에 없어서 구석기 시대뿐만 아니라 신석기 시대에도 널리 쓰였죠. 우리나라에서는 백두산과 일본에 있던 흑요석이 산과 바다를 건너와 발견될 정도입니다. 금속이 등장하기 전까지 흑요석은 가장 날카로운 소재였기에 철기문명을 가지지 못했던 먼 훗날 잉카인들은 흑요석이 박힌 방망이로 스페인 침략자들과 싸우기도 했죠. 심지어 지금도 수술용 메스로 사용됩니다. 28만 년 전 당시로서는 최첨단 소재를 창에 적용한 것이죠. 게다가 이것은 쇠닝겐의 창처럼 던지는 창이었습니다. 몸통이 발견되진 않았지만 창촉의 부서진 흔적을 분석해보니 던져서 부서진 형태였죠.

던지는 창은 50만 년 전 찌르는 창보다 훨씬 효과적이었습니다. 매복해 있다가 멀리서 던져 사냥하는 데 쓰였기에 무방비 상태의 목표물에 급작스러운 타격이 가능했죠. 사냥의 성공률이 높을 수밖에 없습니다. 이러한 원거리 타격은 부상의 위험도 줄여주기 때문에 큰 동물도 사냥감으로 삼을 수 있었죠. 쇠닝겐에서는 검치호랑이의 이빨도 발견됐는데 아마도 날아온 창에 희생된 것으로 보입니다. 송곳니만 20cm에 달하는 맹수를 가까이에서 찔러 죽인다는 것은 상상하기 힘들죠.

9만 년 전에는 좀 더 진화한 창인 작살이 등장합니다. 아프리카 콩고의 한 강가에서 뼈로 만든 작살 촉이 발견됐는데 강가에 사는 대형 메기를 잡기 위해 쓰였던 것으로 보입니다. 메기는 크게 자라면 1m도 넘게 자라니까 어떻게든 잡기만 하면 며칠 동안 풍족하게 먹을 수 있었고 그러니 머리를 써서 작살을 발명해낸 것이죠. 필요는 발명의 어머니란 말이 맞는 거 같아요.

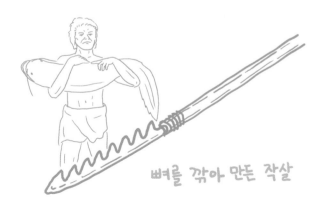

뼈를 깎아 만든 작살

7만 년 전 무렵에는 무기 제작에 있어 큰 혁신이 일어났던 것으로 보입니다. 남아프리카 남동쪽 해변에서 2~3cm짜리 화살촉이 만들어졌던 것이죠. 활이 같이 발견되지 않았으므로 확실치는 않지만 정말 화살촉이었다면 창과는 또 다른 차원의 무기가 발명된 것이라고 볼 수 있습니다. 창의 경우는 동물의 뿔 같은 것을 보고 힌트를 얻어 만들 수 있지만 활과 화살은 자연 속에서 참고할 만한 사례가 없죠. 그야말로 머릿속 상상을 통해 창작할 수밖에 없는 겁니다. 아마도 누구나 할 수 있는 일은 아니었을 테고 당시에 살았던 몇몇 천재들이 발명해냈을 겁니다. 오스트레일리아 원주민들의 경우 끝까지 활과 화살을 스스로 발명해내지 못한 걸 보면 말이죠. 7만 년 전 발명의 천재들이 고심 끝에 활을 만들어내는 모습을 상상해보면, 같은 인류로서 자랑스럽기도 하고 수많은 시행착오와 실패를 거쳤으리라는 생각에 좀 안쓰럽기도 합니다.

실제로 7만 년 전 화살촉의 발명가들은 상당히 고생을 많이 했을 겁니다. 쓸만한 화살촉을 만들어내려면 단단하면서도 날카롭게 깎아낼 수 있는 암석이 필요한데 당시 사람들은 '실크리트silcrete'라는 암석을 기가 막히게 찾아내 이용했죠. 그리고 암석을 잘 가공하기 위해 알맞은 온도로 불에 가열하고, 큰 돌에서 작은 조각을 능숙하게 떼고, 미리 만들어 놓은 화살대에 송진 같은 수지로 붙여 고정할 줄도 알았습니다. 그들은 비범한 상상력 외에도 고도의 기술과 비법 역시 가지고 있었던 것이죠.

그런데 또 놀라운 것이 하나 더 있으니 바로 그들의 기술 전수 능력입니다. 화살촉이 발견된 지역에서는 그런 기술이 무려 1만 년 이상 유지됐는데, 그 까마득한 시간 동안 기술이 자손들에게 대대로 전수가 된 것이죠. 아버지에서부터 할아버지, 증조할아버지, 고조할아버지 등 역순으로 33번이나 올라갈 정도로 긴 시간입니다. 그 시간 동안 기술이 잊히지 않고 잘 전수되기 위해 필수적인 것이 바로 '말'이었을 겁니다.

"화살촉은 이런 돌로 만들어야 돼, 알겠지?"

"돌은 딱 이 정도로 달궈야 돼. 너무 달구면 안 돼."

"이건 송진이라는 건데 이렇게 바르면 딱 붙어. 알겠지? 손에 안 묻게 조심해."

그런데 그 뛰어난 무기인 활과 화살은 동물만 겨눈 것이 아니었습니다. 이제 사람을 노리기 시작합니다.

13,000년 전, 아프리카의 나일강 유역

달도 뜨지 않은 어두운 밤, 한 무리의 남자들이 몸을 낮추고 몰래 이동합니다. 그들은 풀들을 엮어 만든 작은 집들을 에워싼 뒤 살금살금 다가가 불을 붙입니다. 순식간에 불길에 휩싸인 집들에선 사람들이 비명을 지르며 뛰어나오고 침입자들은 능숙한 솜씨로 그들을 향해 활을 쏘고 창을 던집니다. 냉정하고 침착한 침입자들의 공격 앞에 사람들은 속수무책으로 당하고 맙니다.

아프리카 수단의 북쪽, 나일강 계곡에서는 지금으로부터 13,000년 전 무렵 죽은 사람들의 해골이 발견됐습니다. 60구에 달하는 해골이 묻혀 있었는데 놀라운 것은 그중 거의 반이 심각한 부상을 당해 죽었다는 사실이죠. 해골들 곁에서는 수많은 화살촉이 발견됐고 심지어 뼛속에 박혀 있는 것도 있었습니다. 그리고 뼈 여기저기에 날카롭게 베인 흔적들이 남은 것으로 보아 굉장히 치열한 전투 중 죽었

던 것으로 보입니다. 어떤 해골은 무려 39개의 화살촉 파편들과 함께 발견되기도 했죠.

좀 더 남쪽 지역인 케냐의 투르카나 호수 근처에서는 잔인한 학살 흔적도 발견됐습니다. 이곳에서 발견된 뼈들을 살펴보니 단순히 전투 중 죽은 것이 아니라 죽기 전 손이 묶인 포로 상태에서 고통스럽게 죽었다는 것이 밝혀졌죠. 희생자 중에는 아이들과 임산부도 포함되어 있었고, 두개골은 몽둥이에 맞아 부서지거나 머리와 목엔 날카롭게 찍히거나 베인 흔적들이 남아 있었습니다. 흑요석으로 만든 날카로운 화살촉도 같이 발견됐는데, 흑요석은 근처에서 나오는 광물이 아니므로 아마 먼 지역에서 쳐들어온 침입자들의 것으로 보입니다. 침입자들은 마을 사람들을 무자비한 폭력으로 제압한 뒤 손을 묶어 꼼짝 못하게 한 상태에서 한 명씩 고통스럽게 죽였을 겁니다.

이런 폭력의 흔적이 나타난 이유는 무엇일까요? 사람들 성격이 갑자기 폭력적으로 변한 것일까요? 과학자들은 이전엔 사람 수가 적고 자급자족으로 살았던지라 싸울 일이 없었지만, 서서히 인구가 늘어나고 집단 간 생산물의 차이가 생기면서 1만 년 전 무렵부터 충돌하는 일이 자주 벌어졌으리라 추측하고 있습니다. 아마 살기 좋은 지역, 즉 열매가 많이 난다거나 물고기를 잡을 수 있다거나 물을 쉽게 구할 수 있는 지역을 두고 싸움이 벌어졌을 가능성이 높죠. 지금도 석유 같은 자원이 많이 나는 지역을 두고 전쟁이 일어나듯 그 옛날에도 마찬가지였던 겁니다. 어쨌든 활과 화살은 그 이후로도 오랫동안 욕심 많고 폭력적인 인간들의 중요한 무기로서 눈부신 활약을 펼쳤죠. 특히 중세시대 영국과 프랑스의 백년전쟁에서 쓰였던 장궁은 그 대표적인 예입니다.

1346년 8월 26일, 프랑스의 한 들판

한쪽에는 큰 말을 타고 번쩍이는 갑옷을 입은 귀족 기사들이 있고, 다른 한쪽에는 갑옷도 없이 활과 화살을 든 농민들이 있습니다. 농민들은 바다를 건넜고 오랜 시간 행군까지 한 탓에 지쳐 보이는 반면, 기사들은 위풍당당하고 자신감에 넘쳐 보입니다. 승부는 싸워보기도 전에 이미 결정이 난 듯하죠. 말에 탄 기사들이 긴 창을 들고 돌격해오면 농민들은 목숨이 위태로워질 것만 같습니다.

그러나 우리의 예상을 완전히 벗어난 전투가 벌어집니다. 1346년 8월 26일 프랑스에서 벌어진 크레시 전투에서 프랑스군의 귀족 기사들은 바다 건너온 영국군 궁수부대를 우습게 보고 돌격했다가 참패를 당하게 됩니다. 사실 당시 영국군의 궁수부대는 그저 농사짓다

끌려 나온 오합지졸 농민들이 아니라 거의 특수부대나 마찬가지였죠. 영국 소년들은 일곱 살 때부터 활쏘기를 연습했고 궁수가 되려면 마을마다 열리는 활쏘기 대회에서 우승해야 했습니다. 이렇게 잘 훈련된 궁수들은 1분에 15발씩 180m 밖에 있는 과녁에 정확히 화살을 명중시킬 수 있었죠. 소년들에게 궁수가 되는 것은 큰 영예였고 자랑스러운 일이었습니다.

게다가 활도 보통 활이 아니었죠. 영국 궁수들의 활은 길이가 거의 2m에 달하는 장궁이었으니 그만큼 많이 잡아당겨 강한 힘으로 발사할 수 있었습니다. 이렇게 능숙한 실력을 갖추고 있었으니 기사들은 착각해도 한참을 착각하고 있던 거지요. 당시 전투에선 수천 명의 능숙한 궁병들이 날카로운 화살을 분당 15발씩 발사했고 이는 기사들의 갑옷마저 뚫고 들어갈 정도였습니다. 화살에 찔린 귀족 기사들은 진흙탕에 빠져 전진도 후퇴도 제대로 못하다가 영국의 농민군들에게 죽임을 당하죠. 그 전투에서 프랑스 귀족의 3분의 1이 죽었다는 이야기가 있을 정도로 패배는 참혹했습니다.

그러나 이건 단순히 프랑스가 패한 것에 그치지 않았죠. 다음에 벌어진 아쟁쿠르 전투에서도 비슷한 방식으로 기사들은 농민 궁수부대에게 또다시 떼죽음을 당했고, 이후로 기사들은 전쟁터에서 가치를 잃고 점점 사라지게 됩니다. 영화나 뮤지컬에도 자주 등장하는 중세 유럽의 대표적인 캐릭터, 기사는 그렇게 역사의 무대에서 퇴장했던 것이죠. 하지만 활과 화살의 전성기도 그리 길지 않았습니다. 얼마 안 가 다른 차원의 신종 무기가 등장했기 때문이죠.

1450년 4월 14일, 프랑스 포르미니의 언덕

장궁을 든 영국군 궁수부대는 언덕 위에서 프랑스군을 기다리고 있습니다. 언덕 아래쪽에는 안전하게 나무로 만든 장애물들을 설치해 놓고 언덕 위에서 프랑스군을 쏘아 맞추려는 작전이었죠. 그전에도 많이 써왔던, 상당히 성공적인 작전이었습니다. 그러나 그날은 달랐죠. 프랑스군은 예전처럼 막무가내로 돌격만 하지 않았습니다. 프랑스군은 화살이 날아오지 않는 저 먼 곳에 둥글고 긴 통 같은 것을 두 개 설치하더니 거기서 영국군을 향해 뭔가를 발사하기 시작합니다.

긴 통의 정체는 바로 대포였습니다. 대포는 그전에도 여러 번 전투에 쓰였지만, 포르미니 전투에서 쓰인 이 대포는 그냥 대포가 아

니었죠. 영국군의 장궁에 큰 피해를 본 프랑스가 최선을 다해 개량한 대포였습니다.

대포는 원래 꽝 하는 소리만 컸지 명중률도 형편없고 사용하기 불편한 애물단지 무기였습니다. 발사에 필요한 화약도 즉석에서 만들어야 했고 잘못해서 너무 많이 화약을 넣으면 대포 자체가 폭발하면서 옆에 있던 군인들을 죽게 만드는 일도 허다했죠. 게다가 바퀴가 달려 있지 않았기 때문에 발사한 뒤엔 대포가 반동으로 인해 뒤로 튕겨 나가면서 땅에 처박히는 일도 부지기수였습니다. 이러니 한 번 쏘고 또 쏘려면 시간이 너무 많이 걸렸고 간신히 쏜다 해도 대충 눈대중으로 겨냥하다 보니 적을 정확히 맞추기도 어려웠죠.

프랑스는 애물단지에 불과했던 대포를 과학자와 기술자들을 동원하여 쓸만하게 만드는 데 성공합니다. 활을 든 영국의 궁수들은 당황할 수밖에 없었죠. 사정거리 밖에서 날아오는 대포알에는 장궁도 무용지물이었습니다. 궁수들은 어쩔 수 없이 언덕 아래로 내려가 대포를 향해 돌격할 수밖에 없었고 전투 결과는 영국군의 참패였죠. 원시시대부터 중세시대까지 빛나는 무기였던 활과 화살이 역사의 무대에서 사라지는 순간이었습니다. 또한 대포는 성벽을 부수는 데도 탁월한 능력을 보이면서 역시 오랜 시간 중요한 역할을 해왔던 '성'을 쓸모없게 만듭니다.

화약은 어떻게 무거운 포탄을 날려 보내거나 폭발을 일으킬 수 있는 것일까요? 답은 불에 있습니다. 화약에는 '질산칼륨'이라는 물질이 들어 있는데 불이 붙으면 매우 빠른 속도로 맹렬하게 타죠. 그런데 불이 나면 단순히 불꽃만 생기는 게 아니라 이산화탄소 같은 가스가 나옵니다. 화약 성분이 불에 타면서 가스로 변하는 것이죠. 종이가 타면 하얀 연기와 시커먼 재로 변하는 것처럼 말입니다. 그런데 화약이 가스로 변하면 그 부피가 무려 4,000배 이상 늘어납니다. 주먹만 한 화약이 갑자기 큰 냉장고 두 개 만큼 커지는 셈이죠. 그러면 그 힘에 밀려 대포알이 날아가고 주변의 물건이 부서지게 되는 겁니다.

화약의 힘을 본 사람들은 화약처럼 순식간에 타오르는 물질들을 찾으려고 노력했습니다. 1846년 이탈리아의 아스카니오 소브레로Ascanio Sobrero는 '니트로글리세린nitroglycerin'이라는 폭발력이 큰 물질을 발견합니다. 하지만 니트로글리세린은 작은 충격에도 터져버려서 다루기가 힘들다는 단점이 있었습니다. 이 문제를 해결한 사람이 노벨상을 만든 사람으로 유명한 알프레드 노벨Alfred Nobel이죠. 노벨은 규조토라는 고운 흙에 니트로글리세린을 흡수시키면 충격에도 잘 폭발하지 않는다는 사실을 발견하고 이를 이용해 '다이너마이트'라는 폭탄을 만들어냅니다.

1863년에는 독일 화학자 요제프 빌브란트Joseph Wilbrand가 트라이나이트로톨루엔trinitrotoluene, 일명 TNT를 만들어냈는데 일단 터지면 폭발력은 컸지만 터지기 전엔 불로 지져도 터지지 않을 정도로 안정적이어서 폭탄을 만들 때 가장 많이 쓰입니다. TNT 5kg이면 자동차 하나를 흔적도 없이 완전히 폭파할 수 있으며 폭발 잔해가 100m 이상 하늘로 솟구치는 모습을 볼 수 있죠. 운동장 한가운데서 터뜨렸다면 운동장에 있는 사람들은 모두 무사할 수 없다는 이야기이기도 합니다.

그렇게 더 강한 폭탄을 만들기 위한 궁리들은 끝없이 이어졌고

1945년 마치 끝판왕처럼 등장한 것이 원자폭탄입니다. 원자폭탄은 이전의 폭탄들과는 완전히 차원이 달랐습니다.

1945년 8월 6일, 일본 히로시마

미군 폭격기 한 대가 일본의 작은 도시 히로시마 상공에 도착해 폭탄 하나를 떨어뜨립니다. '리틀 보이Little Boy'라는 이름의 핵폭탄이 30만 명이 살아가는 도시 위에서 폭발하는 순간이었죠. 사람들은 엄청나게 밝은 빛을 목격했고 가까이에서 본 사람들은 즉시 눈이 멀었습니다. 폭탄이 터진 곳의 온도는 1억 도가 넘었고 근처의 온도도 약 3,000~4,000도까지 올라가면서 건물과 사람들은 그대로 증발해서 사라져버렸습니다.

뒤이어 거의 총알 속도만큼 빠른 열 폭풍이 몰아쳐 건물들은 초토화됐고 사람들은 불탑니다. 몸에 불이 붙은 사람들은 강물로 뛰어내렸고 피부가 녹아내린 사람들은 고통 속에 울부짖으며 죽어갔죠. 폭풍에 날린 유리 조각, 쇳조각 같은 파편들이 사람들을 뚫고 지나가며 목숨을 끊었고 간신히 살아남은 사람들도 고통 속에 비명을 지르는 것 외엔 별 방도가 없었습니다. 부상이 심하지 않았던 사람들은 폭발 시 발생한 방사능의 독성으로 피를 토하거나 구토와 설사를 반복하며 죽어갔습니다. 이날의 폭발로 히로시마 시민 중 25만에 달하는 사람들이 죽음을 맞이합니다. 더운 여름 부채질을 하며 출근길에 나섰던 사람들이 불과 몇 초 만에 지옥의 한가운데로 떨어졌던 것이죠.

핵폭탄이 그렇게 강력한 폭발을 일으킬 수 있었던 것은 물질 속에 숨겨져 있던 '핵분열'이라는 새로운 에너지 때문이었습니다. 핵분열은 화약과는 비교할 수 없을 정도로 엄청난 빛과 열을 만들어냈고 사실상 또 하나의 태양이 생겨난 것이나 마찬가지였죠. 실제로 핵폭발이 일어나면 불덩어리가 생겨나는데 그 중심온도가 1억 도를 넘는다고 하니 태양의 중심온도 1,500만 도에 비하면 오히려 더 뜨겁습니다. 불과 500여 년 전 조잡한 화약을 터뜨려 간신히 돌덩이를 날려 보내던 사람들이 이젠 태양을 만들어내는 수준에 이르게 된 겁니다.

그러나 사람들은 거기에 만족하지 않았죠. 더 강한 핵폭탄을 만들기 위한 경쟁이 시작됩니다. 영국의 장궁에 맞서 프랑스가 대포를 내놨듯이 미국의 핵폭탄에 맞서 소련은 인류 최강의 폭탄을 만들어냅니다.

1961년 10월 30일, 북극해 노바야제믈랴섬 상공

갑자기 이글거리는 거대한 불덩어리가 나타나 태양을 압도함과 동시에 세상이 뒤흔들리며 거대한 버섯구름이 피어납니다. 지금의 러시아, 당시의 소련이 만든 수소폭탄인 일명 '차르 봄바Tsar Bomba'가 폭발한 것이죠. 차르 봄바는 핵융합 반응을 이용한 폭탄으로 그 위력이 대단해서 제2차 세계대전 당시 나가사키에 떨어진 핵폭탄의 약 2,777배나 됐고 서울에 떨어진다면 서울 전체가 고스란히 사라질 정도였죠. 게다가 워낙 뜨거운 에너지가 뿜어져 나오기 때문에 100km 밖에서도 피부와 근육이 녹아내리는 3도 화상을 입을 수 있었으니 그야말로 차르 봄바는 인간이 만들어낸 최강의 무기였습니다.

미국과 소련 외에도 중국, 영국, 프랑스 같은 강대국들 역시 앞다퉈 핵폭탄을 만들어냈죠. 단 하루 만에 지구에 사는 사람들 대부분을 죽일 만큼 강력한 핵무기들이 오늘날에도 실전 배치되어 있습니다.

아인슈타인은 이런 말을 했죠. "저는 3차 세계대전 때 무엇으로 싸울지는 잘 모르겠습니다. 하지만 4차 세계대전 때 나뭇가지와 돌멩이로 싸울 것이란 점은 분명히 알 것 같네요."

그러면 결국 언젠가는 핵전쟁이 일어나 수천 년 역사의 인류 문명이 단 하루 만에 사라지고 인류는 다시 석기시대로 돌아가게 될까요? 이런 암울한 전망에 한 가닥 희망이 될 만한 사건이 소련에서 있었습니다.

1983년 9월 26일, 소련의 미사일 경보 시스템 사령부

사이렌이 울리고 플래시가 번쩍입니다. 인공위성으로부터 미국의 핵미사일 한 발이 소련을 향해 날아오고 있다는 경보가 전달된 것이죠. 그리고 잠시 뒤 다섯 발이 더 날아오고 있다는 경보가 추가로 전달됩니다. 드디어 올 것이 왔다는 생각이었을까요. 소련 사령부의 군인들은 일촉즉발의 긴장에 휩싸였습니다.

당시 미국과 소련은 사이가 매우 나빴습니다. 소련은 민간인들이 탄 대한항공 여객기를 미국의 정찰기로 의심해 격추한 상황이었고, 미국 대통령은 소련을 악의 제국이라고 비난하며 동맹국들과 함께 소련을 핵으로 공격하는 모의 군사훈련을 할 예정이었죠. 전쟁이 일어날지도 모른다는 두려움과 핵무기가 사용된다면 수천 발의 핵폭탄이 폭발해 지구 전체가 불바다가 될 것이라는 공포가 사람들 사이에 퍼져 있었습니다.

당시 사령부 책임자였던 장교 스타니슬라프 페트로프_{Stanislav Petrov}는 고민에 휩싸였죠. 이대로 상부에 보고하면 소련 역시 핵미사일을 발사하게 될 테고 그럼 전면 핵전쟁이 일어나는 건 시간문제였습니다. 몇 분 안에 수천 기의 핵미사일이 미국과 소련 양쪽에서 서로를 향해 발사되고 거대한 폭발과 함께 하루 만에 수십억 명이 죽는 상황이 펼쳐지기 일보 직전이었죠. 시시각각 미사일이 빠른 속도로 날아오고 있다고 생각되는 상황이었기에 그에게 주어진 시간은 불과 몇 분이었습니다. 페트로프는 생각했죠.

'미국이 정말 핵전쟁을 할 거라면 저렇게 몇 발만 쏠리는 없다. 수천 발을 한꺼번에 쏴도 이길까 말까인데 그럴 리가 없다. 그리고 나 때문에 인류를 멸망시킬 제3차 세계대전이 일어나서는 안 된다.'

페트로프는 상부에 시스템이 오류를 일으켰다고 보고하고 컴퓨터 코드를 입력해 핵미사일 발사를 막습니다. 그리고 실제로 인공위성의 오류였다는 것이 밝혀지죠. 한 사람의 판단이 전 세계를 구한 겁니다. 이 사건은 비밀에 부쳐졌다가 2008년이 되어서야 세상에 알려졌고 페트로프는 세계 시민상을 받게 됩니다.

페트로프의 사건으로 사람들은 오류나 착각 때문에 핵무기가 발사되는 상황을 막기 위한 시스템을 만들어냈고, 핵무기를 줄이기 위한 노력도 해서 실제로 일정한 성과를 거두기도 했습니다. 가장 많은 핵무기를 가진 미국과 러시아의 사이가 예전처럼 나쁘지도 않죠.

그러나 아직 안심하기엔 이릅니다. 앞으로 핵전쟁은 지금까지 다루지 않았던 전혀 의외의 나라들, 의외의 장소에서 벌어질 가능성도 있습니다.

2006년 12월, 카슈미르 지역

인도와 파키스탄 중간에 위치한 카슈미르Kashmir 지역은 눈 덮인 하얀 설산과 푸른 풀밭, 파란 호수, 강 등 아름다운 자연으로 인해 지상낙원으로 불렸던 곳입니다. 한때는 세계적인 관광지로 유명할 정도였죠. 아시아의 스위스라고 하면 얼추 비슷할 겁니다. 그런데 이런 풍경에

어울리지 않게 카슈미르에서는 끔찍한 일들이 벌어지고 있습니다.

목수 일을 하던 한 남자가 실종됩니다. 집안의 가장이 갑자기 사라졌으니 가족들은 난리가 났고 부인은 남편을 찾기 위해 백방으로 수소문했죠. 그런데 나중에 잡힌 범인은 뜻밖에도 경찰이었습니다. 경찰이 아무 죄도 없는 남편을 테러범으로 몰아 쏴 죽이고 공을 세웠다며 포상금까지 챙겼던 것이죠. 알고 보니 이런 일이 한두 건이 아니었습니다. 왜 지상낙원이라 불리는 아름다운 땅에서 이런 말도 안 되는 살인이 일어나고 있는 걸까요?

비극의 씨앗은 1947년 영국의 식민지였던 인도가 독립할 때로 거슬러 올라갑니다. 당시 인도에는 힌두교 신자와 이슬람교 신자가 있었는데 서로 사이가 좋지 않았죠. 상대방을 거의 사람 취급하지 않을 정도였습니다. 별다른 죄책감 없이 쉽게 다른 종교를 가진 사람을 때리고 죽였고 복수에 복수가 이어지면서 수십만 명이 살해당했죠. 그리고 500만 명이 위협을 피해 고향을 떠나야 했습니다. 종교가 달라도 평화롭게 어울려 사는 우리로서는 잘 이해가 안 되지만, 역사를 살펴보면 종교 때문에 전쟁이 나고 서로 죽고 죽이는 경우가 꽤 많죠. 특히 십자군 전쟁과 유럽의 30년 종교 전쟁이 그 대표적인 예입니다.

하여튼 그런 대혼란 속에서 사람들은 아예 따로 나라를 만들기로 합니다. 이슬람교는 파키스탄, 힌두교는 인도였죠. 그때 파키스탄과 인도 사이에 있었던 카슈미르 지역의 통치자 하리 싱Hari Singh이 엉뚱한 결정을 해버립니다. 그 지역은 이슬람교도가 다수였기 때문에 파키스탄에 들어가야 했음에도 하리 싱 본인이 힌두교도라는 이유로 인도에 통치권을 넘긴 거죠. 이슬람교도들 입장에서는 힌두교 나라인 인도의 통치를 받기 싫었고, 인도는 그런 이슬람교도들을 억눌러서라도 지상낙원을 차지하고 싶었으며, 파키스탄 역시 가만히 보고만 있을 수는 없었죠. 게다가 중국까지 예전엔 카슈미르 일부가 자기들 땅이었다며 욕심을 냈습니다.

결국 지상낙원은 전쟁에 휩쓸리고 맙니다. 카슈미르를 두고 1945년 이후 인도와 파키스탄은 3번, 인도와 중국은 1번의 전쟁을 치렀죠. 최근 20~30년 동안은 전쟁이 일어나지 않았지만, 여전히 작은 충돌이 이어지고 있고 군인과 민간인들이 죽어가고 있습니다. 이슬람교도들은 인도에서 분리·독립하기 위해 각종 테러와 군사활동을 벌이고 있고, 인도 편에 선 군인과 경찰들은 이슬람교도들을 테러범들로 여기며 무고한 민간인들도 아무 죄책감 없이 누명을 뒤집어씌워 죽이고 있죠. 인도 정부는 카슈미르 지역의 충돌과 각종 테러로 인해 지금까지 약 44,000명이 숨진 것으로 추정하고 있습니다. 미국의 한 보험회사는 카슈미르를 '세계에서 가장 위험한 곳'으로 꼽기도 했죠. 언제 전쟁이 일어나도 이상하지 않은 곳입니다.

그나마 이전의 전쟁에서는 핵무기가 없었지만 이젠 세 나라 모두 핵무기를 가지고 있습니다. 또다시 전쟁이 일어난다면 그땐 핵무기가 쓰일지도 모르죠. 지상낙원에서 인류 최초의 핵전쟁이 일어나는 비극만은 꼭 피했으면 하는 바람입니다.

또 다른 핵전쟁 가능성을 높이는 것은 미국의 MD입니다. MD는 상대방의 핵 공격을 막을 수 있는 요격시스템인데 일종의 방어막 같은 거죠. 아직 완성된 건 아니지만, 만약 상대방의 핵무기를 정말 완벽히 막을 수 있다면 어떻게 될까요? 소련이 미국의 핵미사일을 충분히 막을 수 있었다면 그래도 페트로프가 반격을 망설였을까요? 아무리 적국의 사람들이지만 수억 명이 죽어야 하니 마음이 아파 핵전쟁을 막았을까요? 그동안 핵전쟁이 일어나지 않은 이유는 자신들도 위험해지기 때문이었지 남을 걱정해서는 아니지 않을까요? 미래의 미국은 핵 공격에 대해 조금 덜 망설이게 될지도 모릅니다. 그리고 그 목표가 어쩌면 미국을 향한 핵미사일 개발에 박차를 가하는 북한이 될지도 모르죠.

그렇다고 우리의 미래가 어둡기만 한 것은 아닙니다. 희망은 있습니다. 그리고 그 해결책은 의외로 간단할지도 모릅니다.

1937년, 뉴욕 부근의 작은 항구의 부두

맬컴 매클레인Malcolm McLean은 생각에 잠겨 있습니다. 그는 화물차에 면화 뭉치를 싣고 와서 배 앞에서 대기하고 있었죠. 그러나 당시만 해도 화물을 배에 옮겨 싣는 게 쉬운 일이 아니었습니다. 기계를 사용하기도 했지만 이삿짐 나르듯 사람이 손으로 옮기는 과정이 필요했기 때문에 시간과 인건비가 많이 들 수밖에 없었죠. 50~100명의 노동자들이 매달려도 배 하나에 물건을 싣고 내리는 데 몇 주가 걸릴 정도였습니다. 운송비 때문에 해외무역 물품은 주로 원두커피나 위스키, 생고무 같은 지역 특산품이나 원자재였고, 웬만한 다른 물품들은 자국에서 생산한 것을 쓸 수밖에 없었습니다. 그는 좀 더 쉽고 편하게 화물을 운송하는 방법이 없을까 고민했습니다. 그리고 아이디어를 떠올렸죠.

맥린(매클레인)의 아이디어는 철로 된 큰 박스, 바로 컨테이너였

맬컴 매클레인

습니다. 공사장 같은 곳에 가면 컨테이너로 된 건물을 종종 볼 수 있는데 바로 그것이 맥린의 아이디어였죠. 사람이 여러 물건을 일일이 옮기느라 애쓰지 않아도 컨테이너 하나면 트럭, 배 등의 운송수단을 거쳐 훨씬 편리하게 물자를 이동할 수 있었죠.

하지만 다른 화물운송 업자들은 맥린의 생각에 대해 부정적이었고 맥린은 자신이 직접 그 일을 해내기로 결심합니다. 그리하여 1956년 4월 맥린이 만든 첫 컨테이너선 '아이디얼 엑스Ideal X'호가 컨테이너 58개를 싣고 항해에 나섰고 결과는 대성공이었습니다.

맥린의 컨테이너는 화물운송 비용을 거의 40분의 1로 줄일 수 있었죠. 부품이나 원료를 싸게 운송할 수 있으니 기업들도 좋았고, 아주 싼 값에 외국 물건을 살 수 있게 됐으니 소비자도 좋았습니다. 수많은 화물이 컨테이너에 실려 전 세계를 누볐고 2011년에는 거의 6억 개에 달하는 컨테이너가 화물을 운송했죠. 이는 서울시 전체를 컨테이너로 다 뒤덮고도 12층을 더 쌓을 수 있는 어마어마한 양입니다. 컨테이너는 20세기 경제성장의 1등 공신으로 인정받고 있고 맥린은 2007년《포브스》선정 '세계를 바꾼 인물'로 뽑히기도 했습니다.

그러면 컨테이너와 평화가 무슨 관계일까요. 국제관계 분야의 학자이자 유명 작가인 로버트 라이트Robert Wright는 이렇게 이야기합니다. "우리가 일본을 폭격하지 말아야 하는 이유 중 하나는 그들이 내 미니밴을 만들기 때문이다." 저명한 평화 연구자 닐스 페테르 글레디치Nils Petter Gleditsch는 이렇게 말했죠. "전쟁은 관두고 돈이나 벌어라."

국가와 국가 간의 사이를 좋게 만드는 가장 효과적인 방법이 바로 무역입니다. 서로의 물건을 사고 팔아주는 거죠. 요즘 미국과 중국의 경우 사이가 안 좋은데도 전쟁이 일어나지 않는 이유 중 하나는 중국이 망하면 미국은 중국에 물건을 못 팔게 되고, 미국이 망하면 중국도 마찬가지의 상황이 되기 때문입니다. 예를 들어 중국이 망하면 중국에 많은 양의 스마트폰을 수출하는 미국 회사 애플이 큰 손해를 입게 되고, 미국이 망하면 애플 제품을 조립 생산하는 중국 회사인 폭스콘이 일감이 없어져 역시 피해를 보게 됩니다. 괜히 전쟁을 해서 돈을 벌 수 있는 거대한 시장을 없애느니 설사 마음에 안 드는 부분이 있어도 웬만하면 참고 넘어가는 겁니다. 그래서 학자들이 무역이 늘어날수록 전쟁의 위험은 줄어든다는 주장을 하는 거죠.

다행히도 컨테이너의 발명과 함께 무역량은 폭증하고 있습니다. 1960년 2,000억 달러에 불과했던 전 세계 무역규모는 1990년대엔 7조 달러, 2008년엔 30조 달러에 달했죠. 무역 규모가 폭증한 만큼 인류는 핵전쟁의 위협에서 멀리 벗어나고 있습니다.

그런데 최근 안 좋은 소식이 들리고 있어 걱정입니다. 2008년 이후부터 세계 경제가 불황에 빠지면서 무역이 늘어나는 속도가 줄어들더니 2015년엔 무역이 크게 감소한 거죠. 우연의 일치인지는 모르겠지만 1930년대에도 경제가 나빠지면서 지금처럼 무역이 줄어들었는데 그 이후 바로 제2차 세계대전이 일어났습니다. 독일의 경제가 나빠지고 히틀러가 등장했던 때가 바로 그 시기였죠. 물론 우연의 일치일 뿐일 테고 전쟁이 일어날 리 없을 거라 생각은 하지만 그래도 마음이 편치가 않습니다. 부디 세계 경제가 빨리 회복됐으면 좋겠습니다.

•

8장

농업

생존을 보장하는 도구에서
생존을 위협하는 칼날로

큰 뇌와 불, 각종 무기들을 다루며 최강의 포식자가 된 인류. 그런데 왜 힘들게 농사를 짓고 문명을 탄생시켰을까요? 그냥 사냥을 하면서, 열매를 따 먹으면서 사는 것도 괜찮았을 텐데 말이죠. 이번 여행에서는 농업이 어떻게 생겨났는지 그리고 그와 함께 탄생한 문명은 어떻게 발전했는지를 알아봅니다.

15,000년 전, 지중해 근방의 숲

울창한 참나무와 피스타치오 숲 사이로 사람들이 돌아다니며 열매를 모으고 있습니다. 엄마를 따라 나온 아이들은 나무 사이로 돌아다니며 노는 데 정신이 팔렸고 한참 떨어진 곳에서는 아버지들이 풀숲에 숨어 사냥감을 향해 조심스레 다가갑니다.

약 2만 년 전부터 기온은 빠르게 상승했습니다. 유럽의 상당 부분을 뒤덮고 있던 빙하는 북쪽으로 후퇴하고 있었죠. 빙하기 동안 추위가 휩쓸던 지구에 드디어 따뜻한 간빙기가 찾아온 것입니다.

간빙기는 빙하기 중 잠깐 기온이 올라가는 시기로 짧게는 수백 년에서 길게는 수만 년까지 따뜻한 기후가 유지됩니다. 간빙기가 오자 그동안 추운 곳에서만 살던 매머드, 털코뿔소, 스텝들소들이 사라져 갔고 사냥꾼들은 어쩔 수 없이 숲에 사는 사슴이나 돼지 같은 작은 사냥감을 노려야 했습니다. 대신에 숲은 풍부한 먹을거리를 내어주었죠.

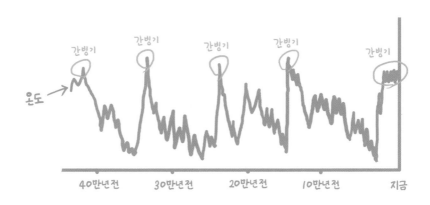

일명 '비옥한 초승달 지대'라고 불리는 현재 중동의 이스라엘, 레바논, 시리아, 터키, 이라크 지역은 울창한 참나무, 피스타치오 숲이 형성되어 있어서 열매를 따 먹기 좋았습니다. 야생 밀과 보리 역시 잘 자라 충분한 영양 공급원 역할을 해주었죠. 풍부한 열매들은 저장과 보관이 편리했고 덕분에 며칠 동안 사냥에 실패해도 굶을 걱정은 하지 않아도 됐죠. 열매를 모으는 사람들은 아예 눌러앉아 숲의 풍요를 누리며 살아가는 것도 괜찮겠다는 생각을 하게 됐습니다. 무거운 가죽 천막을 헐고 몇십, 몇백 킬로미터씩 이동하며 사는 건 보통 힘든 일이 아니었기 때문이죠.

사람들은 숲에 흙, 나무, 가죽을 이용해 오두막을 지어 놓고 머무르다가 봄에는 곡물을, 여름엔 나무 열매를 채집했습니다. 그들은 요리기술도 꽤 훌륭했죠. 공이나 절구를 이용해 열매의 껍질을 까고 알맹이를 빻아서 물에 담가놓는 방법으로 떫은 성분을 제거할 수 있었으니까요.

온화한 기후로 인해 사람들은 머물러 살기 시작했고 인구는 점점 늘어났습니다. 이것은 과거 추위가 휩쓸던 시절에는 상상하기 힘

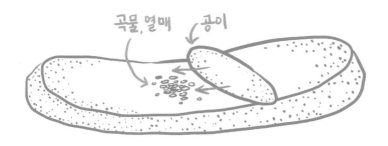

곡물, 열매   공이

든 일이었죠. 그때는 큰 사냥감을 쫓아 끊임없이 이동해야 했기 때문에 아기를 낳아 기른다는 건 상당한 용기가 필요했습니다. 아기가 커서 혼자 힘으로 어른을 쫓아다니려면 4~5년은 지나야 했고 그전까진 업거나 안고서 이동해야 하니 부담이 될 수밖에 없었죠. 식량 역시 문제였는데 1인의 식량을 구하기 위해서는 대략 여의도의 6배에 달하는 면적만큼 돌아다녀야 했습니다. 아기가 하나 태어나면 그만큼 많은 힘을 쏟거나 다른 가족이 먹을 식량이 줄어드는 거였죠. 그러니 아기가 태어나는 것이 반가운 일이 아니었습니다. 당시에는 아기를 살해하거나 임신을 피해서 가족의 수를 늘리지 않으려는 노력을 많이 했죠.

그러나 이젠 힘들게 이동할 일도, 식량 부족 걱정도 덜 할 수 있었습니다. 오두막에선 아기들의 힘찬 울음소리가 새어 나왔고 숲속에서 아이들은 즐겁게 맘껏 뛰어놀았습니다. 조상들은 온화한 기후와 숲이 주는 풍요 속에서 평화롭고 여유로운 생활을 즐겼죠.

그러나 평화는 바다 건너 저 멀리에서 일어난 사건 때문에 갑작스럽게 깨집니다.

12,700년 전, 지금의 캐나다 지역

지금의 캐나다와 미국 북부 지역은 원래 높이 5km에 달하는 빙하로 뒤덮여 있었습니다. 63빌딩 높이 20배에 달하는 두꺼운 빙하는 엄청난 무게로 땅을 짓눌렀고 땅은 1km 깊이까지 가라앉을 정도였죠. 하지만 간빙기가 오자 기온이 상승하면서 빙하는 급격히 녹기 시작했고 빙하 녹은 물은 낮은 지대로 쏟아져 내렸습니다. 그런데 높은 지형과 거대한 빙하가 둑처럼 물을 막고 있어서 물이 바다로 흘러들지 못했고 계속해서 불어나 거대한 호수를 이뤘죠. '아가시 호수Lake Agassiz'라고 불리는 이 호수의 넓이는 약 280,000km²로 한반도 전체 면적보다도 훨씬 컸습니다. 현재 가장 큰 민물 호수인 바이칼 호수Lake Baikal보다 9배 이상 크고, 지구상의 모든 호수를 합친 것보다도 더 넓었죠. 물이 짜지 않아서 그렇지 겉으로 봐서는 끝이 보이지 않는 바다였습니다. 이제 막대한 양의 물은 둑이 터지는 순간 대홍수를 일으킬 수 있는 시한폭탄이나 마찬가지였죠.

그런데 때마침 폭탄에 불이라도 붙이듯 소행성이 떨어졌고 폭발이 일어나며 대홍수가 시작됩니다. 호수의 물은 요동치며 출구를 향해 몰려들었고 맹렬히 바다를 향해 질주했습니다. 호수 전체 물의 85%인 9,500km³가 급격히 빠져나가며 수위는 100m나 낮아집니

다. 바로 이 물 폭탄이 문제였습니다. 원래 대서양에는 북극까지 올라가는 따뜻한 바닷물의 흐름인 난류가 있었고, 덕분에 유럽과 지중해 지역은 따뜻할 수 있었죠. 그런데 차가운 물 폭탄이 난류의 흐름을 방해하면서 난류가 북극까지 못 올라가게 됐죠.

유럽과 지중해 지역의 기후는 갑자기 추워졌습니다. 겨울은 매우 길어졌고 여름은 너무나 짧아졌죠. 연구에 따르면 50년도 안 되는 기간 동안 10년마다 연평균 기온이 7~8도나 뚝뚝 떨어질 정도였습니다. 산골짜기의 빙하는 무서운 속도로 커지면서 아래 계곡을 향해 밀고 내려왔고 쌀쌀하고 건조한 날씨에 숲은 반 이상 줄어들었습니다. 지중해 일부 지역은 숲이 거의 10분의 1로 줄어들기도 했죠. 피스타치오 숲의 풍요는 거짓말처럼 사라졌고 사람들은 혼돈에 휩싸였습니다.

빙하로 뒤덮여 있던 당시 아가시 호수의 모습입니다. 파랗
게 빛나는 거대한 빙하의 절벽이 수평선 너머까지 뻗어 있고 셀 수
없이 많은 폭포에서 빙하 녹은 물이 쏟아져 내립니다. 반대쪽으로

는 바다처럼 보이는 거대한 호수가 끝도 없이 펼쳐져 있죠. 그런데
순간 한 줄기 빛(소행성)이 나타나 하늘을 가르더니 수평선 너머에
서 눈부신 섬광과 함께 거대한 폭발을 일으킵니다.

아가시 호수 '물 폭탄'의 여파로 지중해 지역 산골짜기에는 거대한 빙하들이 들어찼습니다. 차가운 바람이 메마른 풀들만 가득한 들판을 거침없이 내달리며 사람들의 옷 사이로 파고들었고 질병과 굶주림이 마을을 덮쳤습니다. 더구나 인구가 불어나 있었기에 먹을 것을 구하는 것은 더 힘든 일이었죠. 사람들은 살 길을 찾아 주거지를 버리고 뿔뿔이 흩어졌습니다. 어떤 이들은 어딘가 있을지 모를 풍요의 숲을 찾아 헤맸고, 어떤 이들은 사냥감을 쫓아 떠돌았으며, 어떤 이들은 매서운 추위에 몸서리치며 남쪽으로 정처 없이 길을 떠났습니다.

비슷한 시기 지금의 터키 지방엔 인류 최초의 신전이 세워졌는데 단순한 우연의 일치가 아닐 수도 있습니다. 급작스러운 기후변화 속에서 풍요로운 숲을 잃은 사람들은 얼마나 간절했을까요? 정말 지푸라기라도 잡고 싶은 심정이었을 겁니다. 그런 절박한 사람들의 마음을 사로잡은 게 바로 종교였죠.

하지만 급한 마음에 잡은 지푸라기라고 보기엔 신전의 규모가 상당히 컸죠. '괴베클리 테페Göbekli Tepe'라는 이름의 이 신전은 최고 20톤에 이르는 돌기둥 수백 개로 지어졌는데 현재 돌기둥 200여 개가 발굴된 상태인데도 앞으로 발굴해야 할 면적이 지금의 거의 10배나 됩니다. 발굴이 진행될수록 훨씬 더 큰 규모의 신전이 모습을 드러낼 수도 있죠.

규모도 규모지만 정교함도 그에 뒤지지 않을 만큼 놀랍습니다. 돌기둥들은 자연석 그대로가 아니라 모두 반듯하게 다듬어져 있고, 입체적인 돌기둥의 조각들은 따로 만들어 붙인 것이 아니라 다른 부분들을 전부 깎아내서 튀어나오도록 만든 것이죠. 돌을 깎아내는 데는 정말 선수들이었던 겁니다. 인류 최초의 문명이 탄생하기 약 8,000년 전, 매머드 뼈나 나무, 가죽으로 만든 작은 오두막 외엔 일체의 건축물을 짓지 않았고, 돌을 깎아낼 망치나 정도 없고, 어마어마한 무게의 돌기둥을 끌어 옮겨줄 가축도, 신전 건축에 필요한 수백 명의 사람을 먹일 곡식도 없던 사람들이 갑자기 이 거대하고 정교한 신전을 지어냈다니 정말 놀랍다는 말 외엔 표현할 방법이 없습니다. 도대체 무엇이 얼마나 간절했던 걸까요?

그러나 좀 더 현실적인 해법을 찾은 사람들도 있었습니다. 고고학자들은 현재 이스라엘에 있는 갈릴리 호수 근처에서 당시 것으로 보이는 불에 탄 밀 낟알을 발견했는데, 이는 당시 사람들이 모닥불을 피워놓고 먹다가 흘린 것으로 생각됐죠. 그런데 이 밀 낟알이 참 이상했습니다. 자연 상태의 낟알보다 크기가 훨씬 컸던 거죠. 이것은 중요한 의미를 가집니다. 당시 사람들이 일부러 큰 낟알이 열리는 밀을 골라 집중적으로 재배했을 가능성을 보여주는 흔적이기 때문이죠.

이는 본격적인 농사가 시작됐음을 알려줍니다. 원래 밀은 돌연변이가 잘 일어나서 다양한 변종들이 생겨나곤 하는데, 그 특성을 이용해 사람들은 종자 개량을 했던 겁니다. 추위 속에 모닥불을 쬐며 밀을 먹었던 그들은 호수의 물을 이용해 야생 밀이 말라 죽지 않도록 키워냈고, 그 와중에 좀 더 낟알이 큰 밀들만 골라 심으며 효과적으로 농사를 지었던 거죠. 조상들은 추위와 굶주림 속에서도 오늘날 농부들이 하는 일과 똑같은 일을 해낸 겁니다.

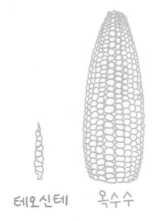

테오신테   옥수수

옥수수 역시 비슷하게 종자 개량이 된 식물인데 9,000년 전, 옥수수의 조상인 야생의 테오신테teosinte는 길이가 2cm도 되지 않았습니다. 알맹이도 5~10알 정도밖에 없었고 그마저도 망치 같은 도구로 내리쳐야 떨어져 나올 만큼 딱딱했죠. 너무 작고 가느다래서 도저히 옥수수와 닮은 점을 찾을 수가 없을 정도입니다. 하지만 사람들은 주의 깊게 테오신테를 관찰하며 좀 더 큰 것으로 종자개량을 시도했고, 결국 길이로는 10배, 크기로는 약 1,000배나 더 큰 오늘날의 옥수수가 탄생할 수 있었습니다. 종류도 8종에서 200여 종으로 늘어났고, 당분 함량은 3배 이상 증가했으며 중앙아메리카뿐 아니라 전 세계 어디에서나 잘 자라는 작물이 됐죠. 너무나도 획기적인 변신 덕분에 유전학자, 식물학자, 고고학자들은 아주 오랜 시간과 많은 노력을 들인 끝에 테오신테가 옥수수의 조상이라는 사실을 알아낼 수 있었습니다. 뛰어난 지능과 관찰력이 먹고사는 데 있어서 얼마나 큰 도움을 주는지 극명하게 보여주는 예죠.

이렇게 뛰어난 능력을 가지고 농업을 시작한 인류였지만, 농사는 단순히 노력만으로 되는 것이 아니었죠. 애써 키운 농작물을 노리는 훼방꾼들은 한둘이 아니었습니다. 끊임없이 솟아나는 잡초도 일일이 뽑아줘야 했고 벌레나 새, 쥐처럼 곡식을 노리는 동물과도 맨손으로 싸워야 했습니다. 밀에 관한 해충만 멸강나방, 보리굴파리, 진딧물 등 58종에 달할 정도죠. 눈에 보이는 경쟁자들을 어찌어찌 물리친다 해도 보이지 않는 균, 바이러스, 곰팡이들 앞에서는 속수무책이었고, 껍질 마름병, 붉은 곰팡이병 등 곡물들은 각종 병을 가져와 피해를 줬습니다. 밀이 생장하는 동안 옮길 수 있는 병은 28가지나 됐고 농부들은 농사가 끝날 때까지 마음을 졸여야 했습니다.

그리고 가뭄, 홍수 같은 자연재해도 언제든 농사를 송두리째 망칠 수 있었습니다. 그러니 적당히 먹고살 만큼만 농사짓는 건 손해였습니다. 언제 망할지 모르니 힘닿는 데까지 농사지어서 풍년일 때 최대한 많이 수확해 저장해놓는 게 최선이었죠. 인류 최초의 농부들은 힘든 수준을 넘어 거의 살인적인 수준으로 일했을 겁니다. 고고학자들이 발굴한 그들의 뼈를 보면 발가락은 비틀어지고 무릎은 구부러져 관절염에 걸렸으며 허리는 완전히 기형이 된 경우가 많죠.

그렇게 힘들여 곡식을 많이 모아도 여전히 불안에 떨어야 했습니다. 진짜 무서운 것은 같은 사람이었기 때문이죠. 앞에서 살펴봤듯이 사냥하고 열매를 따 먹던 수렵채집 시대에도 사람들은 상당히 잔인하고 폭력적이었습니다. 사냥터, 물웅덩이, 부싯돌, 흑요석, 소금 등 그들에게도 필요한 것은 많았죠. 게다가 남자들이 다른 무리를 습격해 여자를 납치해오는 것은 흔한 일이었습니다.

초기의 농부들은 더욱 폭력적으로 변할 이유가 많았습니다. 별다른 농업 기술이 없기에 농사를 망치긴 쉬웠고 생존을 위해서는 남의 땅을 침범하는 것 말고는 방법이 없었죠. 농사를 열심히 지어도 먹고살기 힘들었다는 사실은 그들의 치아만 봐도 알 수 있습니다. 영구치가 생겨날 때 영양이 부족하면 치아 겉면에 골이 파이는 현상이 나타나는데 농경민들의 치아에도 이런 흔적이 발견되기 때문이죠. 게다가 영양 부족은 키도 작아지게 만들었습니다. 수렵채집 시대에는 남녀 평균 각각 177cm, 166cm였던 키가 농사를 짓고 살게 되면서 3,000년 전 청동기 시대엔 166cm, 154cm까지 줄어들죠.

욕심도 폭력을 불러올 수 있었을 겁니다. 농사를 망치지 않은 농부라도, 사냥하며 잘살고 있는 수렵채집인들이라 하더라도 수북이 쌓여 있는 곡식들을 보면 어떤 마음이 들까요. 곡식 낟알들은 잘 말리면 10년이나 보관할 수 있었습니다. 힘들여서 될지 안 될지도 모르는 농사를 짓느니 폭력을 사용해 수확물을 빼앗아서 10년 동안 편하게 먹고살자는 생각이 들지 않았을까요. 힘만 강하다면 그것이 오히려 더 안전하고 확실한 생존의 길일 수도 있는 겁니다. 게다가 상대방의 기름진 땅, 물이 흘러나오는 샘물, 노예로 부릴 수 있는 사람 등 욕심낼 것은 얼마든지 있었죠. 힘겨운 농사로 얻어낸 작고 하얀 곡식의 낟알들은 빼앗고 싶은 욕심, 뺏길 것에 대한 두려움을 동시에 불러왔을 겁니다. 그러면 해법은 무엇일까요. 힘을 모으고 성벽을 쌓는 것이었죠.

12,000년 전, 지금의 이스라엘 사해 근방

튼튼하고 높은 성벽이 도시를 감싸고 있고 성의 양옆으로는 좌청룡 우백호처럼 높은 산들이 솟아 있습니다. 성벽 안쪽에는 높게 솟은 탑 여러 개가 성 너머를 주시하는 보초병처럼 서 있고, 성벽 밖에는 깊숙하고 넓은 해자가 파여 있어 성벽을 더 높고 위압적으로 보이게 하죠. 지중해의 뙤약볕 아래 농작물들은 쑥쑥 커나가고 수많은 사람이 성을 오가며 도시는 활기로 가득 차 있습니다.

이스라엘의 사해에서 15km 정도 북쪽에는 '예리고Jericho'라고 불렸던 인류 최초의 도시가 있었습니다. 이제 막 농경을 시작했던 옛사람들은 아무런 중장비도 없이 맨손으로 수없이 많은 돌을 쌓아올려 높이 4~6m의 성벽과 최대 높이 9m에 달하는 탑을 만들어냈고, 굴착기도 없이 깊이 약 3m, 폭 9m나 되는 해자도 파냈다죠. 해자는 적의 침입을 막기 위해 물을 채워 넣는 구덩이를 말하는데 성벽 바깥을 둘러싸도록 만듭니다. 그런데 예리고의 해자는 단순히 흙만 파서 만들어낸 것이 아니었죠. 다이너마이트도, 굴착기도 없는 상태에서 성벽 주변에 있던 암반을 일일이 깨서 해자를 완성해냈죠. 성 안에서 흙벽돌로 집을 짓고 살았던 약 3,000명의 농부들은 왜 그토록 성을 만드는 일에 매진했을까요?

예리고는 누구나 살고 싶은, 살기 좋은 곳이었습니다. 예리고에는 지금도 매 분 3,700L의 물이 솟구치는 샘이 있는데 무려 14,000년 동안 마르지 않은 이 샘물은 그 당시에도 수많은 식물을 키워내고 토지를 비옥하게 만들었죠. 가뭄 걱정 없이 따사로운 햇볕 아래 쑥쑥 자

라나는 농작물을 보는 농부의 마음은 어땠을까요.

예리고는 단순히 농사짓기 좋은 땅만도 아니었습니다. 중동과 아프리카의 사람들이 오가는 길목에 자리 잡고 있기에 교통의 요충지이기도 했죠. 누군가 아프리카에서 중동으로 가려면 이곳에서 하룻밤 묵으며 물도 마시고 식량도 보충해야 했을 겁니다. 누가 봐도 탐낼 만한 곳이었고 덕분에 좋은 공격의 대상이 됐죠.

대표적으로 성경에도 이스라엘인들이 그들이 신의 도움을 받아 성벽을 무너뜨려 예리고를 정복할 수 있었다고 기록되어 있습니다. 그러니 그곳에 살던 농부들은 자신들의 소중한 보금자리를 지키기 위해 성벽을 높이 쌓고 싶었을 겁니다. 인류 최초의 도시는 그렇게 지키고 싶은 간절함, 빼앗기고 싶지 않은 욕심들이 모여 만들어졌던 거죠.

그러나 사실 예리고는 도시라고 보기엔 너무 작습니다. 지금의 기준으로 보면 그냥 작은 마을 정도에 불과하죠. 수만 명 이상이 살아가고 거대한 건축물이 세워지고 복잡한 사회시스템이 존재하는 대도시는 어떻게 생겨났을까요? 그 시작은 기후변화였습니다.

현재 알제리 동남쪽 사하라 사막 한가운데

모래사막 위로 우뚝 솟아오른 검은 돌기둥들은 웬만한 빌딩보다 크고 높습니다. 그 뒤로는 돌기둥들의 두목처럼 거대한 바위산이 자리 잡고 있는데, 마치 사막을 지배하는 거인들이 모래사막 위로 고개를 내밀고 방문자를 노려보는 것 같죠. 바위들을 보고 있노라면 사막의 진정한 주인은 바람에 흩날려 다니는 모래가 아니라 그들인 것 같다는 생각이 듭니다.

'타실리 나제르Tassili n'Ajjer'는 사하라 사막 한가운데 위치한 평균 높이 1,500m의 고원으로, 투아레그어로 '물이 흐르는 땅'을 의미합니다. 그러나 이름과는 다르게 그 어디서도 흐르는 물을 발견할 수는 없죠. 아찔하게 깊은 계곡도 있고 끝이 잘 안 보일 정도로 넓은 호수도 있지만 모두 모래로 채워져 있습니다. 고원은 풀 한 포기, 나무 한 그루 찾기 힘들 정도로 완전히 메마른 거대한 돌과 바위의 세상일 뿐입니다. 왜 이렇게 알맞지 않은 이름이 붙었을까요?

12,700년 전, 지구를 뒤흔들고 농부들을 탄생시켰던 추위와 가뭄이 물러가자 기온은 빠르게 상승했고 사하라는 숲과 초원으로 뒤덮여갔습니다. 사막의 크기는 지금의 10분의 1도 안 됐죠. 8,000년 전까지만 해도 타실리 나제르는 나무가 우거진 울창한 숲과 맑은 물이 넘쳐흐르는 생명의 땅이었습니다. 숲에선 사슴이 통통 튀어 오르며 바쁘게 뛰어다니고, 코끼리들은 코로 나뭇가지를 휘감아 잎사귀들을 뜯어 먹고, 강가엔 악어가 유유히 헤엄치는, 그야말로 '동물의 왕국'이었죠. 사람들은 왕국의 풍요 속에 동물들을 사냥하고 열매를 따 먹으며 살

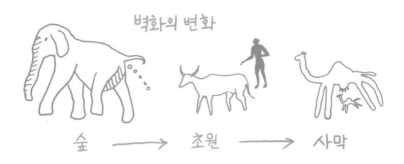

벽화의 변화

숲 ⟶ 초원 ⟶ 사막

았고, 종종 바위에 갖가지 동물들과 자신들의 모습을 생생히 그리기도
했습니다.

하지만 풍요는 오래 가지 않았습니다. 기후는 점차 건조해지기
시작했고 타실리 나제르의 풍요는 사람들이 남긴 암벽화에서나 찾을
수 있는 것이 되어갔죠. 그러나 이러한 건조화는 타실리 나제르만의
현상이 아니었습니다. 지구 전역에서 건조화가 진행되었고 사람들은
물과 새로운 보금자리를 찾아 이동할 수밖에 없었죠. 그러한 이동은
뜻밖의 사건을 만들어냅니다.

6,000년 전, 이라크 남부 유프라테스강 유역

이라크 북부 지역에 살던 사람들은 건조해진 기후 때문에 물을 찾아
남쪽으로 이동했습니다. 남부 지역에서 그들을 맞이한 것은 최대 폭
600m의 유프라테스강과 비옥한 대지였죠. 강은 오랜 세월 흐르며 두
텁고 비옥한 흙을 만들어놓았고 강에서 잡을 수 있는 물고기나 새들

은 훌륭한 단백질 보충원이기도 했습니다.

　　새로운 보금자리를 찾아온 사람들은 한둘이 아니었습니다. 유프라테스강 유역은 어느새 건조화에 숲을 빼앗긴 사람들로 북적였죠. 그들은 힘을 모아 수로를 팠고 강물은 거미줄 같은 수로를 타고 흐르며 땅을 촉촉이 적셔줬습니다. 거대한 관개농업의 시작이었죠. 이들은 굉장히 뛰어난 농부였는데 기록에 따르면 밀은 76배의 수확을 얻을 수 있었다고 합니다. 9세기 중세 유럽의 밀 수확량이 2배밖에 안 됐다고 하니 당시 농부들은 정말 입이 딱 벌어질 만큼 많은 수확을 거둬들인 겁니다.

　　그로부터 약 500년이 지나 남쪽 유프라테스 농부들은 자신들과 수확물을 지켜줄 성을 쌓기 시작합니다. 이름하여 '우루크Uruk', 인류 최초의 대도시가 될 성이었죠. 우루크는 전성기 시절 최대 8만 명이 살았을 것으로 추측되며 도시의 크기는 축구장 약 900개에 달했을

것으로 생각됩니다. 농경을 통해 얻은 막대한 수확물은 많은 사람을 끌어들였고 덕분에 대도시가 탄생할 수 있었죠.

8만 명이나 되는 사람들이 한곳에 모여 산다는 것은 어떤 느낌일까요. 일단 가장 기본인 의식주만 해도 그 필요량이 엄청날 겁니다. 대충 계산해보면 보통 우리가 먹는 밥 한 공기 쌀 양이 150g이니까 우루크 시민들이 필요한 곡식의 양은 하루에만 대략 36,000kg 정도 될 테고요. 집은 또 어떤가요. 20명 대가족이 한 집에 산다 치면 4,000채의 집이 필요합니다. 당시 우루크는 거의 모든 건축물을 흙벽돌로 쌓아 만들었는데 지금 기준으로 70평 집을 짓는데 27,000개 정도의 벽돌이 필요하니 4,000채면 약 1억800만 개의 손수 만든 벽돌이 필요했으리라 추측됩니다. 옷은 보통 위아래 한 벌 만드는데 폭 1m, 길이 3m 정도의 천이 필요하므로 1인당 2벌씩 옷을 가지고 있다고 했을 때 24km 길이에 달하는 천이 필요하죠. 최소한의 필요만 계산했는데 양이 어마어마하니 누군가 생계로 벽돌이나 옷감만 만들어도 충분히 먹고살 만했을 겁니다.

그 외에도 얼마나 많은 것들이 만들어졌을까요. 각종 장신구, 그릇, 무기, 농기구, 신발 등 수많은 물품이 누군가에 의해 만들어지고

거래되었을 겁니다. 많은 사람으로 붐비는 도시는 필요한 것도 많았고 그만큼 많은 직업이 생겨날 수 있었죠. 실제 우루크에는 석공, 보석세공사, 정원사, 요리사, 직조공, 짐꾼, 대장장이 등 100여 종류의 직업인들이 존재했습니다. 그들도 지금의 도시인들처럼 핏줄이 아닌 '필요'에 의해 사람들과 폭넓은 관계를 맺고 서로 부대끼며 역동적인 삶을 살았던 거죠. 우루크 외에도 이런 대도시들이 강가 여기저기 들어서게 되는데 이 도시들에서 꽃피운 인류 최초의 문명을 '수메르Sumer 문명'이라 부릅니다.

그러나 그렇게 풍요롭고 역동적이었던 수메르 문명도 2,000년을 넘기지 못하고 멸망합니다. 수메르의 대도시들은 버려졌고 황무지의 돌무더기들로 변해갔죠. 그들에게 무슨 일이 일어났던 걸까요?

문제는 물속에 있는 소금이었습니다. 강물에는 아주 적은 양이지만 소금이 녹아 있는데 이 강물을 끌어들여 농사를 짓다 보니 문제

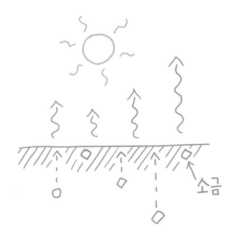

가 생긴 것이죠. 강물이 흙에 스며들었다가 증발하면 흙에 소금이 조금씩 남게 되고 이렇게 남은 소금의 양이 점점 늘어나면서 식물이 자라나지 못했습니다. 처음엔 밀 농사가 잘 됐으나 점점 수확량이 줄어들었고 나중엔 염분에 강한 보리로 품종을 바꾸어 농사를 지어야만 했죠. 그러나 나중엔 보리도 자라지 못할 정도로 소금기가 많아졌고 수메르 문명은 더 버틸 수가 없었습니다. 관개농업으로 인해 토양이 파괴되면서 문명도 멸망하고 만 것이죠.

수메르 문명뿐 아니라 같은 시기 파키스탄 지역에 있던 인더스 문명도 비슷한 이유로 멸망했을 가능성이 높습니다. 농업은 문명을 탄생시키기도 하지만 무너뜨리기도 하는 양날의 칼 같은 도구인 셈이죠. 그러면 지금 현대 문명을 떠받치고 있는 농업은 어떨까요? 그동안 농업기술이 발달했을 테니 아무 문제가 없을까요?

2008년, 미국 서부 지역의 어느 들판

마치 눈이 내린 것 같습니다. 넓은 땅이 새하얗게 빛나며 햇빛을 반사하고 있죠. 날씨가 따뜻해서 눈이 내렸다면 벌써 녹았어야 할 텐데 저 하얀 뭔가는 녹지도 않고 여전히 반짝이고 있습니다. 하얀색 물질의 정체는 무엇일까요?

바로 소금입니다. 땅에 소금이 쌓이게 되면서 마치 눈처럼 반짝이며 빛나는 것이죠. 인류가 워낙 많은 식량이 필요하다 보니 건조한 지역에서도 농사를 많이 짓고 있고 덕분에 수천 년 전 수메르에서 일

어났던 일이 지금도 반복되고 있는 겁니다. 미국, 인도, 터키, 오스트레일리아 등 세계 여러 지역에서 비슷한 현상이 일어나며 토양이 망가지고 있는데 그 속도가 엄청나죠. 무려 매일 200ha, 운동장 200개 정도 넓이의 땅이 소금기 때문에 망가지고 있다고 합니다. 그 넓은 땅이 하룻밤만 자고 나면 쓸모없는 땅이 돼버리는 거죠. 그런데 소금 말고도 토양을 파괴하는 것은 또 있습니다.

1930년대, 미국의 중부 지방

거대한 먼지 폭풍이 마을을 향해 다가옵니다. 사람들은 두려움에 떨며 창문과 문을 걸어 잠그고 스며드는 먼지를 막기 위해 수건으로 틈을 막아봅니다. 잠시 뒤 먼지 폭풍은 집을 뒤흔들고 창문과 문이 뒤틀리고 부딪히는 소리가 온 집안을 울려댑니다. 암흑 속에서 가족들은 한데 모여 물 적신 수건으로 입을 틀어막고, 폭풍이 지나가기만 간절히 기다릴 뿐입니다.

1800년대 후반 미국 오클라호마, 캔자스 등 중부지방에 도착한 미국 이주민들은 광활한 푸른 대지에 매료됐습니다. 그들에게는 그 넓은 땅이 풍요를 낳는 농토로 보였죠. 개간이 시작됐고 엄청난 넓이의 초원이 농토로 바뀌었습니다. 농사는 잘 되었고 이주민들은 풍족한 삶을 누릴 수 있었죠. 그러나 사실 그곳은 건조한 지역이라 농사짓기엔 적합하지 않았습니다. 캐나다 쪽에서 불어오는 건조하고 차가운 바람이 미국 남부의 따뜻한 공기와 부딪히면서 강력한 폭풍과 초대형 토네이도를 일으키는 곳이기도 했죠.

원래는 기껏해야 소를 방목할 수 있을 정도의 초원이었지만 이주민들이 정착할 때쯤엔 기후가 약간 변하면서 비가 이례적으로 많이 왔습니다. 그래서 이주민들은 잘못된 판단을 내렸던 거죠. 그러나 안타깝게도 기후는 몇십 년 뒤 원래대로 되돌아갔고 가뭄이 계속되면서 1933년 11월 본격적인 재앙이 시작됩니다. 강력한 먼지 폭풍이 일어나면서 대낮인데도 밤처럼 어두웠고 흙먼지는 집안으로 집요하게 스며들었습니다. 먼지는 사람의 기관지로 들어가 어린이와 노인들은 호흡곤란에 시달렸죠. 오클라호마, 뉴멕시코, 콜로라도, 캔자스 등 미국 중남부 지역은 이른바 '흙먼지 구덩이Dust Bowl'가 돼버렸습니다.

그러나 진짜 문제는 따로 있었죠. 바로 표토가 사라진 것이었습니다. 표토는 흙 중에서 표면을 덮고 있는 흙으로 미생물과 유기물질

같은 영양분이 많아서 식물의 성장에 핵심적인 역할을 합니다. 색깔이 검은색이어서 표토보다 더 깊은 곳에 있는 붉은색 심토와 구분이 되죠. 표토의 깊이는 지역마다 다르지만 대개 10cm 정도 되는데 우리가 기름진 땅, 비옥한 땅이라고 부르는 곳은 표토가 두껍고 검은색이 진한 곳입니다. 유명한 곡창지대인 우크라이나 흑토지대는 표토가 거의 1m 가량이나 되며 너무 비옥해서 화학비료가 따로 필요 없을 정도죠. 그러나 10cm가 안 되는 곳도 많고 5cm도 안 되는 얇은 곳도 있습니다.

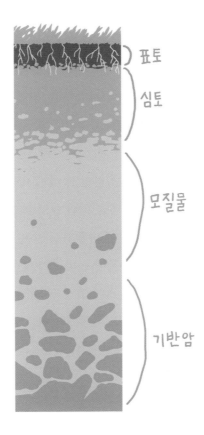

그런데 농사를 짓기 위해 개간을 하면 표토를 보호하는 숲이 사라져 맨땅이 노출되고 거기다 가뭄까지 들면 흙이 건조해져서 바람에 잘 날리게 됩니다. 그 상태에서 강력한 폭풍이 계속되면 얇은 표토층이 바람에 벗겨져 사라지게 되죠. 중국에 가뭄이 심하면 막대한 양의 흙이 바람에 날려 황사가 되는 것과 마찬가지입니다.

바로 이런 일이 미국 중남부에서 일어났던 거죠. 계속되는 가뭄으로 경작지는 텅 비어 있었고 거세게 몰아치는 바람이 농토를 할퀴고 지나가면서 4,000만ha에 달하는 비옥한 경작지가 순식간에 사라졌습니다. 그런데 1930년대는 안 그래도 힘든 시기였습니다. 바로 전년도에 터진 대공황으로 세계 경제가 심각한 위기에 빠졌기 때문이죠. 농산물 가격은 폭락하고 농민들은 대출을 받아 근근이 연명하는 처지였는데 가뭄과 모래 폭풍까지 덮친 것이었습니다.

흙이 사라져버린 상황에서 농민들은 농사를 지을 수 없었고 대출을 갚지 못해 결국 은행에 땅을 뺏기게 됩니다. 떠돌이 신세가 된 농민들은 그나마 일거리가 있다고 알려진 미국 서부로 몰려들었죠. 1940년까지 미 중부에서 서부로 떠난 인구수가 약 250만 명이었다고 하니, 이것은 미국 역사상 단기간에 가장 많은 인구가 대이동을 한 사건이었죠. 많은 떠돌이 농민들이 얼마 안 되는 일자리를 두고 경쟁했고 적은 임금과 착취에 시달리며 고달픈 삶을 살았습니다. 이렇게 힘겨웠던 시대를 사람들은 '더러운 30년대Dirty Thirties'라고 부르죠. 당시 상황을 소재로 한《분노의 포도The Grapes of Wrath》라는 문학작품도 만들어집니다.

오늘날까지 계속되는 토양의 위기

토양 침식 문제는 1930년대 미국의 문제만이 아닙니다. 현재진행형이고 세계적인 문제죠. 현재 미국에서는 1년 동안 1ha의 경지에서 약 30톤의 토양이 유실되고 있습니다. 1년으로 따지면 미국에서만 30억 톤의 표토가 침식되는 것인데, 이것을 화물 기차에 싣는다면 그 길이가 50만km에 달합니다. 서울과 부산을 1,250번 왔다 갔다 할 수 있는 길이죠. 중국도 비슷한 양의 토양이 침식되고 있으며, 우리나라 역시 집중 호우가 내리고 경사지가 많아 토양 침식이 심각합니다. 전국적으로 연간 4억3,000여 톤이 유실되며, 토양 침식을 받는 면적은 국토의 45%에 이른다고 하죠.

이런 문제는 농경을 하면서 숲이라는 보호막을 없애고 땅을 노출한 대가라고 볼 수 있습니다. 특히 밭의 이랑 같은 경우 물이 모여 흐르기 때문에 침식이 더 잘 일어나죠. 또한 도시화 역시 토양 침식을 가속화합니다. 도시 건설을 위해서 산과 들판을 깎아내고 나무를 없애 버리다 보니 토양은 그대로 노출되고 집중호우 때 대량으로 토양 침식이 일어나게 되죠. 단 1년 동안의 토목공사로 토양이 침식되는 양이 수십 년간의 농경 활동으로 침식되는 양보다 많다고 합니다.

그런데 이렇게 흙이 사라지는 건 순식간이지만 다시 생기는 데는 굉장히 긴 시간이 걸립니다. 겨우 1mm의 표토가 생기는 데 걸리는 시간이 무려 100년이죠. 표토는 단순한 흙이 아니라 미생물과 유기물이 만들어낸 하나의 복잡한 생태계이기 때문입니다. 표토 한 줌에 미생물 100억 마리가 사는데 미생물 입장에서는 흙 한 줌이 또 하나의 지구라고 볼 수 있죠. 아래 그림은 작은 냉장고 하나만한 크기(1m³)의 토양에 펼쳐진 생태계를 표현한 것인데, 이렇게 오랜 세월에 걸쳐 형성된 거대한 세계를 인간은 문명을 유지하기 위해 손쉽게 파괴하고 있는 겁니다.

인류문명은 표토를 보호하지 않고 계속해서 경작지를 늘렸고, 농업기술의 발달과 종자개량 등을 통해 농업 생산량을 크게 늘려왔습니다. UN 통계자료를 보면 1960년대부터 2021년까지 쌀과 밀 같은 주요 곡물의 농업 생산은 세 배 이상으로 늘었습니다. 하지만 언제까지 이것이 가능할까요?

토양이 파괴되고 농경지 확대도 한계에 부딪히면 생산량도 한계에 다다를 수 있습니다. 2.5cm 두께 정도의 표토가 사라지면 농업 생산량이 10% 정도 감소한다고 하거든요. 이미 세계적으로도 경작지의 3분의 1 정도가 토양 침식으로 파괴되고 있고요.

게다가 물도 문제죠. 오늘날 전 세계 농업 수확량의 36%는 관개시설에 의존해 거둡니다. 물을 충분하게 공급할 수 있다면 물에 소금기가 씻겨 나가니까 염분 축적 문제가 덜할 수 있지만, 인구 증가와 온난화가 심해지면서 이제는 그러한 물 공급조차 어려워지고 있습니다. 실제 광범위한 농토에서 염화 현상으로 생산량이 줄고 아예 농사를 포기하는 경우도 늘고 있죠.

인도 역시 토양 염화 문제가 심각합니다. 인도는 1943년 벵골 대기근으로 약 400만 명에 달하는 사람들이 굶어 죽는 참사를 겪은 후 품종개량 밀을 심어 식량문제를 극복했는데, 이때 너무 대규모로 관개농업을 하는 바람에 토양 염화가 발생한 것이죠. 옆 나라인 파키스탄 역시 몇 세기에 걸쳐 인더스 계곡의 물을 과도하게 관개농업에 이용하면서 극심한 염화 문제가 발생했습니다. 그 결과 인더스 계곡은 세계에서 곡물 생산량이 가장 낮은 지역이 되어버렸죠. UN에 따르면 지난 수십 년간 확대되어 온 관개농업 계획들로 인해 현재는 모든 관개농업 토지의 4분의 1 정도가 이 문제에 시달리고 있다고 합니다.

이렇게 농경은 토양 침식이든 토양 염화든, 결국 토양을 파괴할 가능성이 높습니다. 강수량이 풍부한 지역은 토양 침식 문제가 발생하고, 강수량이 부족한 지역은 토양 염화 문제가 발생하기 때문이죠. 생각보다 농업은 자연친화적인 산업이 아닌 겁니다. 공업과 똑같이 환경

너무 추운 곳
너무 건조한 곳
열대 우림
● 침식 심한곳

을 파괴하며 토양이라는 자원을 이용하는 '산업'이죠. UN에 따르면
이미 침식과 염화, 산성화 등으로 토양자원의 33%가 황폐해졌다고
합니다. 그리고 이런 속도로 토양이 계속 파괴될 경우 60년 후에는 지
구상에서 농작물을 기를 수 있는 토양을 모두 잃게 될 것이라 예상했
죠. 위의 지도는 2002년 침식으로 인한 토양 파괴 지역을 나타낸 것인
데 위험을 나타내는 빨간색이 굉장히 넓게 퍼져 있습니다. 너무 춥거
나 건조한 지역, 열대우림 지대를 제외하면 농경이 가능한 지역은 얼
마 되지도 않는데 그중 대부분의 지역이 침식 피해를 받고 있죠.

이렇게 식량 생산의 근본인 토양은 급속도로 파괴되고 있는
데 지금도 굶주림에 시달리는 사람은 많고 인구는 급속히 늘고 있습
니다. 세계식량계획 WFP에 따르면 2023년 전 세계 인구 중 약 7억
3,500만 명 정도가 굶주림과 영양실조에 직면해 있으며, 세계 인구는

2050년 91억에 도달할 것으로 예상하고 있죠. 그리고 이 어마어마한 인구를 먹여 살리기 위해서는 식량 생산을 지금보다 약 60% 증가시킬 필요가 있다고 전망했습니다. 이러한 문제 때문에 UN은 2015년을 '세계 토양의 해'로 정하고, 매년 12월 5일을 '세계 토양의 날'로 정했습니다. 토양 없이는 인류의 미래 역시 존재할 수 없기에 이에 대한 관심을 환기하기 위해서죠. 그러나 UN의 노력에도 불구하고 여전히 모두 무관심합니다. 세계 토양의 날이 언제인지 아는 사람은 주변에서 찾아볼 수 없죠.

2067년 한국

"일주일 뒤부터 쌀 배급량이 줄어들 예정이라는 농수산식품부 발표가 있었습니다."

　이제 쌀은 더 이상 마트에서 살 수 있는 상품이 아닙니다. 20년 전 폭등한 쌀값 때문에 폭동이 일어난 뒤 정부에서 쌀을 직접 나눠주고 있죠. 하지만 점점 줄어드는 쌀 생산량에 가뭄까지 겹치면서 배급받는 쌀로는 하루 한 끼 먹기도 벅찹니다. 나머지 끼니는 그나마 구하기 쉬운 고구마로 때우고 있죠. 그러나 올해 고구마 병충해가 급속도로 번져 내년엔 어찌 될지 알 수가 없습니다. 할아버지, 할머니가 젊었을 땐 고기도 마음껏 먹었다는데 아이들에겐 그저 꿈 같은 이야기일 뿐입니다.

정말 60년 뒤엔 더는 농사를 짓지 못하고 저렇게 살게 되는 걸까요? 먹을 게 없어서 수메르 문명처럼 현대 문명도 사라지게 되는 것은 아닐까요? 이미 수많은 사람이 문제 해결을 위해 노력하고 있습니다. 실제로 지금도 토양을 보호할 수 있는 농업기술들이 개발되고 있고 다양한 시도들이 이루어지고 있죠. 하지만 우리에겐 시간이 많지 않기 때문에 그 안에 문제가 해결될 수 있을지는 의문입니다. 사실 가장 간단하고 빠른 해결책은 농사를 가능한 한 적게 짓는 거죠. 그러면 그만큼 토양은 덜 파괴되고 나중에 쓰기 위한 자원으로 남겨둘 수 있습니다. 그런데 인구가 갈수록 늘어나는 상황에서 어떻게 농사를 더 적게 지을 수 있을까요? 힌트는 바로 고기입니다.

농사를 지어서 얻는 곡식 중 3분의 1에 달하는 엄청난 양이 사료로 쓰입니다. 미국의 경우 곡물 중 70%가 사료로 쓰인다고 하죠. 그렇게 많은 양의 곡식을 먹고 소나 돼지가 크는 겁니다. 그런데 그 곡식들이 전부 우리가 먹을 수 있는 고기가 되는 것이 아니에요. 대부분은 체온을 유지하고 움직이는 등 가축의 생명을 유지하는 데 쓰입니다. 소의 경우 먹은 양의 5%, 돼지는 10%, 닭은 15%가 고기, 즉 단백질이 되죠. 그러니 고기를 먹는 것은 그만큼 많은 양의 곡식을 낭비한 것이나 마찬가지입니다.

더군다나 전 세계 인구 중 13억 명이 아직도 굶주리고 있는데 고기를 먹기 위해 곡식을 낭비하는 것은 도덕적으로도 올바르지 못한 일이 아닐까요? 지금 당장 전 세계인들이 먹는 고기의 양을 1년에 5kg 정도로 줄이면 아무도 굶지 않고 아주 넉넉하게 먹고살 수 있을 정도죠. 현재 세계 인구 74억 명을 넘어 95억 명까지도 먹여 살릴 수 있습니다. 물론 쉽진 않을 겁니다. 고기 5kg은 한 달에 한 번도 배불리 먹기 힘든 아주 적은 양이니까요. 현재 미국인들은 1인당 1년에 거의 100kg에 달하는 고기를 먹고 있고, 한국인들은 그나마 좀 적은 50kg 정도를 먹고 있습니다.

그러나 불가능한 건 아닙니다. 인도의 경우 종교적인 이유로 고기를 상당히 적게 먹는데 실제로 1인당 1년에 5kg 정도만 먹죠. 그래도 고기를 많이 먹고 싶다면 가급적 생선을 먹는 것도 방법입니다. 양식으로 키우는 어류의 경우 먹는 양의 83%가 단백질이 되죠.

하지만 역시 쉽지는 않을 것 같습니다. 앞에서 봤듯이 인류는 오랜 옛날부터 사냥꾼이었죠. 거의 200만 년 동안 동물을 사냥해 고기를 먹어왔는데 오랜 식성이 쉽게 바뀌지는 않을 겁니다. 그런데 또 방법이 없는 것은 아닙니다.

한인 스타 요리사 데이비드 장의 레스토랑인 '모모푸쿠' 앞에는 긴 줄이 서 있습니다. 이 레스토랑에서 얼마전 출시된 '임파서블 버거' 때문에 벌어진 일이었죠. 그런데 이 햄버거는 그냥 햄버거가 아닙니다. 햄버거의 고기패티가 100% 식물로 만들어진 것이기 때문이죠. 예전에도 야채와 콩으로 고기 비슷하게 만든 경우는 있었지만, 이번 햄버거의 패티는 정밀한 연구를 통해 소고기 패티의 맛과 냄새, 씹는 느낌, 먹는 소리, 심지어 고기의 핏물까지 그대로 만들어냈습니다. 그래서 이 햄버거를 '피 흘리는 채식버거'라고 부르기까지 할 정도죠. 이 패티를 만든 곳은 '임파서블 푸드Impossible Foods'라는 기업인데 5년 넘게 100여 명의 연구자가 연구 끝에 개발해낸 것이라고 합니다. 구글은 이 회사의 미래를 보고 3,000억 원에 인수하려고 했지만 거절당했고 빌 게이츠 같은 유명인사들도 앞다퉈 이 회사에 투자하고 있죠.

우리가 조금만 신경 쓰면 이런 해법도 있는 겁니다. 물론 고기를 아예 안 먹을 수는 없겠지만 가급적 식물성 고기를 이용하는 것만으로도 토양 보호에는 큰 도움이 될 수 있죠. 결국 중요한 것은 관심입니다. 부디 주변 분들에게 소문 좀 퍼뜨려주시길 바랍니다. 우리의 미래를 위해 토양을 보호해야 한다고요.

•

9장

문자

위기를 극복하고
새로운 문명을 탄생시킨 결정적 힘

문자가 없는 세상은 어떨까요? 그래도 문명과 사회는 발전할 수 있을까요? 문자는 어떻게 생겨났고 얼마나 중요한 역할을 했던 걸까요? 그 시작은 단순하고 소박했습니다.

1만 년 전, 이라크 북부 지역의 들판

양 떼 사이로 두 남자가 서 있습니다. 나이 들어 보이는 사람은 주인, 젊은 청년은 목동입니다. 이제 목동은 주인 대신 양 떼를 데리고 저 멀리 목초지로 한동안 떠나야 합니다. 그런데 주인이 목동 앞에서 자그마한 주머니에 조그마한 진흙조각을 하나씩 하나씩 세며 집어넣습니다. 목동도 아주 신중하게 그 모습을 바라보며 같이 수를 셉니다.

두 남자가 주의를 기울이며 조심스럽게 다루고 있는 진흙조각은 바로 토큰입니다. 토큰 하나는 양 한 마리를 의미하죠. 주머니에 담긴 토큰의 수가 목동이 맡을 양의 수가 되는 겁니다. 주인 입장에선 목동이 가축을 빼돌리거나 잃어버릴까 봐 걱정이 되고, 목동 입장에서도 주인이 괜히 자기를 도둑으로 몰 수 있으므로 토큰을 가지고 양이 처음에 몇 마리였는지 정확히 셈하는 겁니다. 글자가 있다면 몇 마리 맡

겼다고 계약서를 써 놓으면 되지만 그런 게 없었으니 토큰으로 대신하는 거죠. 토큰 주머니는 봉인이 되어 있어서 오직 주인이 목동으로부터 가축을 돌려받을 때만 열어볼 수 있습니다. 그때 토큰이 몇 개인지 세어보면 목동이 가축을 빠짐없이 잘 데려왔는지 확인이 되는 겁니다. 가축의 주인은 토큰 덕분에 소유권을 보호받을 수 있는 거죠.

지금의 이라크 근방 지역인 메소포타미아에서는 약 1만 년 전부터 토큰이 쓰이기 시작했습니다. 토큰은 점토로 만들어진 계란형, 원뿔, 사면체, 원반 등의 단순하고 작은 물체들이었는데 각 토큰 하나는 농경 수확물이나 가축 일정량을 의미했죠. 계란형 토큰 하나는 기름 1단지, 사면체 토큰 하나는 양 1마리, 원반형 토큰 하나는 염소 1마리를 의미하는 식이었습니다. 토큰을 만든 이유는 이 물건이 자신의 소유임을 표시하기 위해서였죠. 부족처럼 작은 무리를 이뤄 살 때는 다들 아는 사이다 보니 소유권 다툼이 일어날 일이 없었지만, 큰 마을이나 도시에서는 생판 남과도 같이 살아야 했으니 소유권 다툼이 일어날 수 있었습니다.

그러나 토큰은 여러모로 거추장스럽고 불편한 시스템이었습니다. 사물과 토큰이 일대일 관계다 보니 사물의 숫자가 많아지면 그만큼 많은 수의 토큰이 필요했거든요. 소유물이 많아지면 토큰을 넣는 주머니도 커야 하니 일일이 가지고 다니기도 불편했죠. 사람들은 토큰 시스템을 좀 더 편리하고 간단하게 만들기 위해 고민했습니다.

첫 번째 발전은 쐐기 모양의 표시였죠. 일일이 토큰을 만드는 대신 점토판에 날카로운 송곳으로 찍어서 수를 표시한 것이죠. 두 번째 발전은 수와 사물의 분리였습니다. 옆의 그림처럼 특정한 표식으로

큰 곡물가마니

작은 곡물가마니

양 5마리

사물을 나타내고 쐐기 모양 표시로는 수를 나타낸 겁니다.

이렇게 해서 훗날 탄생한 문자가 바로 인류 최초의 글자인 '쐐기문자'입니다. 사람들은 소유권을 확실히 하려고 토큰 시스템을 좀 더 편리하게 고쳐나갔을 뿐인데 결과물은 위대한 발명품인 글자였던 것이죠. 지금도 그렇지만 글자가 없다면 소유권을 증명하는 게 굉장히 불편합니다. 학교에서 교과서에 이름을 또박또박 쓰는 이유도, 자동차에 번호판이 있는 이유도, 집을 사고팔 때 계약서를 반드시 쓰는 이유도 다 소유권을 확실히 하기 위해서죠. 글자는 한번 기록되면 변치 않기 때문에 매우 효과적인 소유권 증명 수단이었던 겁니다.

그러나 글자의 힘은 여기서 그치지 않았습니다. 글자에는 혼란스러운 세상을 구할 능력이 있었죠.

6,000년 전, 우루크의 거리

멀리서 보면 거대한 성벽에 네모 반듯한 건물들이 즐비한 거대한 도시지만, 자세히 들여다보면 그리 멋진 모습만 있는 것은 아닙니다. 골목과 거리엔 파리가 들끓는 데다 쓰레기는 거의 무릎까지 차올라 있고, 강렬한 뙤약볕 아래 쓰레기들이 썩어가는 냄새가 온 거리에 가득하죠. 워낙 익숙한 풍경이라 그런지 인상을 찡그리는 사람도 없고, 코를 막는 사람도 없지만 표정은 그리 밝지 않습니다.

많은 사람이 도시에 모여 사는 것은 그리 유쾌한 일이 아니었습니다. 쓰레기나 더러운 물을 처리하는 시스템이 제대로 갖추어져 있지 않았기 때문에 인간이 만들어내는 더러운 모든 것은 길가에 내 버려질 수밖에 없었습니다. 길은 온갖 쓰레기와 배설물이 뒤엉킨 진창이었고 악취가 풍기는 벌레들의 보금자리였죠. 우루크 사람들은 감히 치울

엄두를 내지 못했고, 대신 도저히 어찌할 수 없을 정도로 쓰레기가 쌓이면 진흙으로 덮어버려 문제를 해결했습니다.

이런 환경에서는 각종 질병에 걸리기 쉬웠고 다닥다닥 붙어살다 보니 병을 옮기기도 쉬웠습니다. 도시는 병을 만들어내고 키워내는 배양접시 같은 존재였으며, 덕분에 훗날 천연두, 콜레라, 홍역, 페스트 같은 전염병들이 도시를 기반으로 탄생하게 됩니다. 또한 범죄도 문제였죠. 지금도 우리나라의 경우 대략 하루에 1,000건, 매시간마다 40건의 범죄가 도시 어디선가 일어나는데 경찰 시스템도 잘 갖추지 않았던 수천 년 전 도시는 어땠을까요. 항상 불안한 마음으로 조심하고 또 조심하며 살아야 했을 겁니다.

그러나 성 바깥으로 보금자리를 옮기는 것도 위험하긴 마찬가지였죠. 근처엔 다른 도시들도 세워졌고 그들은 언제든 침략자로 돌변할 수 있었습니다. 당시에는 지금처럼 전쟁하기 전 요란하게 외교적 다툼을 벌이며 명분을 쌓을 필요도 없고, 선전포고를 해야 할 의무도 없고, 민간인을 죽이는 게 전쟁범죄도 아니던 시절이었죠. 전쟁은 너무 쉽게 자주 일어났고 사람들은 언제나 가슴 한 켠에 두려움과 불안을 안고 살아야 했습니다. 실제 비슷한 시기 다른 소도시들의 유적 중엔 어린이와 부녀자들만 살해당한 흔적이 발견됐는데, 이는 남자들이 일하러 나간 사이 침입자들이 비겁하게 습격했기 때문으로 추측되고 있죠.

아마도 고대의 도시는 악당과 질병, 적들이 들끓는 마치 영화 〈배트맨〉에 나오는 고담 시티 같은 모습이지 않았을까 합니다. 바로 이런 상황에서 글자는 중요한 힘을 발휘합니다.

3,700여 년 전, 석공들의 작업장

검은색의 매끄럽고 단단한 바위 앞에 긴장한 표정의 석공이 서 있습니다. 이제 그는 신과 왕의 뜻을 받들어 글자들을 새겨넣어야 합니다. 단 한 번의 실수에도 목이 날아갈 수 있기에 그는 숨조차 편히 쉬지 못하죠. 그러나 단지 실수가 두려운 것만은 아니었을 겁니다. 그의 떨리는 손끝에서 완성될 글자들은 이전의 그 어떤 창이나 칼보다도 더 매섭고 가혹하게 사람들의 목을 겨누게 될 운명이었기 때문이죠.

　　당시 메소포타미아 일대를 통일한 '함무라비Hammurabi 왕'은 '법'을 바위에 새겨 넣었습니다. 바위는 강철 나이프로도 흠집 내기 힘든 섬록암이었죠. 너무 단단해서 조각하기는 굉장히 어렵지만 대신 부서지거나 훼손될 염려가 적었기에 뭔가 중요한 것, 영원히 변치 않았으면 하는 것을 새기기엔 좋은 소재였습니다. 석공들은 비지땀을 흘려가며 2m 크기의 검은 바위 위에 쐐기문자 하나하나를 깊고 날카롭게 새겨 넣었고 수천 년이 흐른 지금도 그 쐐기들은 날카로움을 전혀 잃어버리지 않고 있죠.

　　바위에 새겨진 법은 절대 너그럽거나 부드럽지 않았습니다. 도둑질은 사형으로 다스렸고, 집에 무단 침입해도 사형, 노예를 도망가게 도와도 사형, 아버지를 때리면 손목을 자르고, 노예가 귀족의 뺨을 때리면 귀를 자르고, 의사가 수술하다 실수해도 의사의 손목이 잘릴 수 있었죠. 강대한 제국의 왕이 새긴 글자는 냉혹한 칼날이 되어 사람을 겨눴고 수많은 이들의 목숨과 손, 귀들이 떨어져 나갔습니다. '법'은 글자로 만들어진 '칼'이었죠.

그러나 글자는 무시무시한 공포의 존재이기만 한 것은 아니었습니다. 법에 따라 강도에게 약탈당한 자는 국가로부터 배상을 받을 수 있었고, 국방의 의무를 돈으로 때우려는 자는 사형에 처했고, 병사들의 봉급을 빼돌리는 자도 사형에 처했고, 포로가 된 군인의 몸값을 국가가 책임졌고, 아무리 빚을 많이 졌어도 빚쟁이가 마음대로 재산을 빼앗을 수 없었고, 빚을 갚기 위해 가족을 볼모로 넘겼다고 해도 4년이 지난 뒤엔 풀려나야 했고, 불치병에 걸린 아내는 끝까지 부양해야 했죠. 국가는 사회적 약자들을 나 몰라라 하지만은 않았고 법을 통해 나름 '정의'를 실현하고자 했던 겁니다. 함무라비 왕은 "나는 이 법을 통해 강자가 약자에게 해를 끼치는 일이 없도록 악을 뿌리 뽑겠노라"라고 비석에 새겨놓기도 했죠.

함무라비의 법은 단순히 왕의 힘으로만 뒷받침되는 것은 아니었습니다. 법은 신에게서 온 것이었죠. 비석의 맨 윗부분엔 정의의 신인 '샤마쉬Shamash'가 새겨져 있는데, 샤마쉬는 함무라비에게 권능의 상징인 홀을 주고 있습니다. 법은 우주를 다스리는 신의 명령이었고 법을 어기는 자는 신의 명령을 어기는 것이나 마찬가지였죠. 그리고 신은 글자를 통해 자신을 알리고 힘을 발휘할 수 있었습니다.

우루크의 신 '아누Anu'는 하늘의 신으로 돔처럼 생긴 하늘 바깥에 존재했습니다. 그는 신들의 왕이자 하늘 왕국의 최고 통치자였죠. 아누를 비롯한 신들의 손에 세상만사가 전부 달려 있었습니다. 태양이 뜨는 것부터 바람이 부는 것, 비가 오는 것, 풍년이 드는 것, 사람이 죽고 사는 것까지 모두 신의 영역이었죠. 세상을 모르는 갓난아기가 부모에게 의지하듯 과학을 몰랐던 인간은 신에게 의지할 뿐이었습니다.

우루크인들은 더럽고 힘겨운 삶 속에서도 구름 위 하늘 어딘가에서 신들이 자신들을 지켜보고 있다고 생각했고 그들에게 구원을 빌었죠.

위대한 신은 하늘에만 있는 것이 아니었습니다. 신의 핏줄을 이어받았다고 하는 반인반신들이 그들과 함께했죠. 전설에 따르면 우루크의 왕이었던 '길가메시Gilgamesh'는 인간인 왕과 들소의 여신 사이에 태어났으며 거슬러 올라가면 아누의 후손이기도 했습니다. 온 세상에서 그보다 강한 사람이 없었는데 신은 그의 꿈에 나타나 그에게 특별히 명예와 부, 승리를 보장하는 신탁까지 주었죠. 그는 신이 부여한 능력으로 시민들을 이끌며 이웃 도시와의 싸움에서 우루크를 지켜냅니다. 신은 통치자들에게 아주 유용했던 겁니다. 거대한 도시를 이끌기 위한 권위를 만들어내는 데는 신만큼 효과적인 도구가 없었죠. 그래서 통치자들은 더욱더 거대한 신전을 만드는 데 집착했습니다.

5,400여 년 전, 우루크

눈부시도록 하얗게 빛나는 건물이 보입니다. 건물은 높이 솟은 벽돌 기단 위에 서 있어 도시 어디서나 볼 수 있고 심지어 성벽 밖에서도 볼 수 있죠. 건물은 중동의 뜨거운 햇볕 아래 또 하나의 태양처럼 빛나고, 시민들은 경외심 어린 눈으로 빛나는 건물을 바라봅니다.

우루크의 통치자들은 '지구라트Ziggurat'라고 불리는 높은 기단 위에 하얗게 빛나는 신전을 세웁니다. 지구라트는 건물을 받쳐주는 축대 같은 역할을 하는데 시민들은 수천만 개의 흙벽돌을 차곡차곡 쌓

아 가로세로 길이 50m가 넘고 높이는 21m에 달하는 지구라트를 만들어냈습니다. 약 1,500명이 강렬한 태양 아래 비지땀을 흘리며 매일 힘들게 일해도 5년이 걸렸을 것으로 추측되는 대규모 공사였죠. 게다가 그 많은 사람을 임금을 주고 동원할 수는 없었을 테니 무보수 노동이었을 것이 확실합니다. 노예를 이용했을 수도 있지만, 시민들은 하늘의 신인 아누를 믿고 있었기 때문에 조금이라도 신과 가까워지려면 높은 지구라트가 필요하다고 생각했고 기꺼이 벽돌을 쌓는 데 동참했을 겁니다.

　　헌신적 노동 끝에 완성된 지구라트 위의 높은 테라스는 지상과 구분된 다른 세상이었고 그들의 위대한 신이 내려와 머물 수 있는 신성한 장소였습니다. 오로지 좁고 가파른 계단 하나로만 그곳에 오를 수 있었고 신을 대리하는 신관들만이 조심스럽게 출입했죠. 지구라트 위에 지어진 신전은 그리스 산토리니의 하얀 집들처럼 순백, 그 자체였습니다. 새하얀 석고가 안팎으로 둘리어 있어 강렬한 중동의 햇빛을 그대로 반사해 내뿜었고, 사람들은 빛을 보며 신이 그곳에 있음을 확신했죠. 도시가 냄새나고 더럽고 추악할수록 시민들은 그 빛에서 위안을 얻고 구원을 간절히 빌었을 겁니다.

　　사람들의 신앙이 깊을수록 신을 대리하는 통치자들의 힘도 더 강해졌죠. 신의 핏줄을 이어받았거나 신의 뜻을 받든다고 하는 통치자들은 거대한 신전에 임재한 신의 힘을 이용해 기름진 땅을 차지하고, 세금을 걷고, 식량을 나누고, 거대한 신전을 만들고, 글자로 쓰인 법을 만들고, 수만 명의 시민을 이끄는 지도자가 될 수 있었습니다.

2,000년 전 이집트와 로마

양피지에 쓴 호메로스Homeros라니!
《일리아스Iliad》의 그 많은 모험들
율리시스, 프리아모스 왕국의 적
한 장의 가죽 안에 모두 들어 있다.
작게 접은 몇 조각에!
_코덱스codex를 최초로 언급한 이의 칭송

새로운 글자의 무대가 나타난 데는 이집트의 프톨레마이오스 왕의 욕심이 중요한 역할을 했습니다. 그는 세계 지식의 저장고로 유명했던 이집트 알렉산드리아 도서관을 매우 자랑스러워했는데, 다른 나라의 왕이 더 멋진 도서관을 세우려 하자 당시 두루마리 책을 만드는 데 핵심적인 재료였던 파피루스papyrus의 반출을 막아버렸죠. 파피루스는 이집트 나일강에서만 자랐기 때문에 다른 나라의 왕은 대체 수단을 찾았고 그것이 양의 가죽인 '양피지parchment'였습니다.

그러나 양피지는 파피루스처럼 긴 두루마리로 만들 수 없었기에 다른 방식으로 책을 만들어야 했죠. 그렇게 해서 탄생한 것이 '코덱스', 지금처럼 낱장들이 묶인 책이었습니다. 지금 우리 입장에선 딱히 대단한 변화가 아닌 것 같지만 당시 사람들에게는 혁명적 발명이었습니다. 양가죽은 쉽게 구할 수 있었기 때문에 파피루스에 비해 훨씬 쌌고 더 튼튼해서 보관하기도 좋았죠. 그리고 파피루스와 달리 양면에 기록할 수 있어서 많은 내용을 담을 수 있다는 장점도 있었습니다.

호메로스의 《일리아스》는 이제 24개의 두루마리가 아닌 단 한 권의 코덱스에 담길 수 있었죠. 만약 지금도 두루마리 책을 읽어야 한다면 참 끔찍합니다. 글을 쓸 때는 빨리빨리 필요한 내용을 찾아야 하는데 그 긴 두루마리를 일일이 펼쳐가면서 원하는 부분을 골라내는 건 상상하기도 싫죠. 옛날 사람들 역시 비슷했던 것 같습니다. 코덱스는 각종 치료 및 처방법을 빨리 찾아야 했던 의사들이 특히 더 선호했다고 합니다. 그러나 여전히 책에는 중요한 문제가 있었습니다.

수백 년 전만 해도 책은 길거리에서 쉽게 살 수도 없거니와 함부로 만지거나 읽을 수도 없었습니다. 이는 책에 쓰이는 재료의 특성 때문이었습니다. 먼저 고대 메소포타미아인들은 크고 육중한 진흙판을 사용했기에 흙이 굳기 전에 글자를 새겨넣으며 책을 만들었고, 이를 보관하고 다시 꺼내 읽는다는 것도 보통 일이 아니었습니다. 좀 나아진 것이 파피루스였지만 비싸고 희귀했으며, 양피지는 파피루스보다는 구하기 쉬웠지만 역시나 가죽을 써야 했으니 비싼 재료였죠. 유명한 구텐베르크의 42행 성서 중 가죽에 인쇄한 것의 경우 한 권당 최소 송아지 10마리의 희생이 필요할 정도였습니다.

게다가 인건비도 문제였죠. 인쇄술이 발명되기 전이므로 글자는 하나하나 일일이 손으로 써야 했고, 중세시대에도 만약 필경사 1명이 300쪽 정도 분량을 베껴 쓴다면 216일이 걸릴 정도였습니다. 시간도 시간이지만 노동강도도 무척 셌죠. 사실 한 페이지 분량만 정성 들여 글씨를 써봐도 연필을 쥔 주먹이 얼얼할 정도로 힘듭니다. 그러니 책 한 권 분량을 온 신경을 집중해서 똑같은 모양과 질서정연한 형태를 유지하며 써야 하는 필경사들은 얼마나 힘들었을까요. 그래서인지

중세시대 책의 뒷부분에는 베껴 쓰느라 애썼던 필경사들의 한풀이가 남아 있기도 합니다.

"이것을 쓴 자, 천국으로! 펜의 대가로 예쁜 아씨를 주소서!"

그러니 책의 가격은 상상 그 이상으로 비쌌죠. 파피루스 두루마리로 책을 만들었던 로마시대에는 책 한 권이 하루 임금의 5만 배나 됐다고도 하니 책 한 권 사려면 한 푼도 안 쓰고 137년을 모아야 할 정도였습니다. 요즘 임금 수준으로 치면 40억 원 정도 되죠. 책 한 권이 강남아파트 몇 채 가격일 때가 있었던 겁니다. 너무 비싸다 보니 로마 최고부유층 거주 지역에서도 두루마리는 매우 적은 수만 발견되죠. 너무 소중한 것이라 금고에 잘 보관했다가 특별한 날이나 행사가 있을 때만 꺼냈을 테니 읽고 싶을 때 마음껏 볼 수도 없는 것이 책이었죠.

중세 수도원의 예배실

어두운 예배실, 촛불의 일렁이는 불빛 아래 사제가 조심스럽게 두루마리를 펼쳐 양손에 잡습니다. 신도들은 경외심 가득한 눈빛으로 두루마리를 바라보며 경건히 두 손을 모읍니다. 긴장한 수도사의 입이 달싹거리더니 이윽고 소리가 입술 사이로 새어 나옵니다. 신성한 신의 말씀이 낮고 묵직한 소리에 실려 예배실 가득 울려 퍼집니다.

책은 눈 앞에 있다 해도 편히 읽을 수 있는 것이 아니었습니다.

지금처럼 편리한 띄어쓰기와 구둣점이 사용되던 시절이 아니었기 때문에 모든 글자는 붙여 쓰여 있었고 눈으로만 봐서는 무슨 내용인지 알기가 힘들었죠. 소리를 내어 읽어봐야 그 의미가 비로소 와 닿을 수 있었습니다. 고대의 '읽기'는 지금처럼 혼자 조용히 글자들을 눈으로 훑어나가는 것이 아니라, 주로 많은 사람들 앞에서 크게 읽어주는 '낭독'이었습니다. 글을 의미하는 영어단어 '텍스트text'도 어원을 따져보면 직물을 뜻하는 라틴어 '텍스투스textus'에 뿌리를 두고 있는데, '문자'라는 날줄에 '음성'이라는 씨줄이 같이 짜여 완성되는 것이라는 의미가 있습니다. 글자는 사람의 입을 통해 소리로 말해져야지만 제대로 된 텍스트, 직물로서 완성될 수 있었죠.

그런데 이렇게 쉽게 읽을 수 없었던 책이 유럽을 쑥대밭으로 만든 비극적 사건을 거치면서 평범한 사람들의 손에 쥐어지게 됩니다.

1347년, 흑해에 위치한 도시 카파

음산한 하늘, 성벽 너머로 시체들이 날아옵니다. 시커멓게 썩어 죽은 시체들이 진창에 처박히고 시체의 악취는 도시로 퍼져나갑니다. 공포에 휩싸인 사람들은 도시를 탈출하기 위해 한꺼번에 항구로 모여들고 순식간에 항구는 아비규환의 지옥이 됩니다. 몰려드는 군중들에게 경비병은 칼을 휘두르고, 부모를 잃어버린 아이들은 울음을 터뜨리고, 사람들은 서로 배에 올라타기 위해 밀치고 욕설을 퍼붓습니다.

카파는 이탈리아의 제노바인들이 무역을 위해 개척한 거점 도시로 당시 몽골군의 포위공격을 받고 있었죠. 제노바인들은 몽골군의 공격에 맞서 끈기 있게 버텼으나, 사실 진짜 적은 몽골군이 아니었습니다. 제노바인들뿐 아니라 전 유럽인들을 위협하게 될 진짜 적은 몽골군인들 사이에서 퍼지기 시작한 전염병 '흑사병Black Deat'이었죠. 흑사병으로 인해 공격을 포기한 몽골군은 퇴각하며 병에 희생당한 시체들을 투석기로 날려보냈고, 심상치 않은 전염병이 돌고 있다는 정보를 입수했던 제노바인들은 갤리선을 타고 도주합니다.

1347년 10월 초 제노바 갤리선 12척이 시칠리아 메시나 항구에 도착했습니다. 햇빛이 부담스러울 정도로 내리쬐는 전형적인 지중해 도시 메시나는 언제나 그랬듯이 평온했고 선원들은 항상 그래왔듯이 닻을 던지고 판자를 내렸습니다. 그리고 선원과 승객들은 삐걱거리는 판자를 밟고 부두에 올랐죠. 전 유럽을 공포로 몰아넣은 흑사병이 유럽에 도착한 순간이었습니다.

흑사병은 순식간에 메시나를 휩쓸었습니다. 감염된 사람들은 극심한 고통을 유발하는 큰 종기가 온몸 여기저기에 돋아났고 피를 토하며 발작에 시달리다 수일 내로 죽었죠. 고통 속에 미쳐버린 사람들은 아무리 물을 마셔도 갈증을 해소할 수 없었고, 발가벗은 채로 소리지르며 달려나가 저수지에 몸을 던지거나 창밖으로 뛰어내리기도 했습니다. 병마는 환자뿐만 아니라 환자를 돌본 사람, 잠시 이야기 나눈 사람, 환자의 물건에 손대거나 훔친 사람도 모두 같은 운명으로 만들었죠.

역병은 단시간에 도시 전체로 퍼져나갔습니다. 죽은 사람의 수가 셀 수 없을 정도였고, 살아있는 사람도 이미 죽었다고 생각하고 스스로 묻힐 곳을 마련했죠. 사망자의 수가 감당할 수 없을 정도로 불어나자, 마을의 공터를 모조리 공동묘지로 삼아야 할 정도였습니다.

> 유언을 남기고자 했던 한 사람은 고해신부를 비롯해 유서 작성에 필요한 공증인들을 불렀다. 그들 모두는 바로 다음 날, 유언을 남기고 죽은 사람과 같이 묻혔다.
> 죽음을 알리는 조종이 아침부터 시작해 저녁을 넘은 늦은 밤까지 계속해서 울렸다. 시도 때도 없이 울리는 조종 소리에 남자 여자 할 것 없이 두려움에 떨기 시작했다.
> _흑사병에 대한 당시 유럽의 기록들

사망자가 걷잡을 수 없이 늘어나자 아직 목숨이 붙어 있는 사람들은 메시나를 탈출하기 시작했습니다. 그러나 그들도 이미 감염자였고 시칠리아 섬의 들판과 포도밭엔 도망치다 쓰러져 죽은 시체들이 나뒹굴었죠. 인접한 항구도시 카타니아로 피신한 사람들도 있었지만 그들 역시 살아남지 못했고 병마는 카타니아를 넘어 시칠리아섬 전역에 퍼지게 됩니다.

그러나 시칠리아섬에서 끝날 일이 아니었습니다. 시칠리아는 지중해의 한가운데에 위치해 있었고 메시나와 카타니아는 해상 무역선들이 쉴 새 없이 지나다니던 항구였죠. 메시나에 상륙한 흑사병은 이내 북아프리카, 스페인, 프랑스, 이탈리아 반도를 향해 빠르게 퍼져나갔고 그곳에서도 마찬가지로 사람들은 탈출에 탈출을 거듭하며 병을 퍼뜨렸습니다. 흑사병은 거센 바람에 불길이 사방으로 번져나가듯 무서운 속도로 퍼져나갔죠. 사람들은 병의 원인이 무엇인지 몰랐기에 영문도 모른 채 죽음을 당해야 했고, 전염병의 전파를 막기는커녕 오히려 퍼뜨리는 행동을 할 수밖에 없었습니다.

> 신부와 의사조차도 공포에 사로잡혀 병자를 멀리 했고,
> 아무도 죽은 사람들을 거들떠보지 않았다.
> 이윽고 사람들은 서로를 미워하기 시작했고,
> 병에 걸린 아들을 내팽개치는 아버지까지 생겨났다.
> _흑사병에 대한 당시 유럽의 기록들

지옥은 다른 곳에 있지 않았습니다. 도시는 쑥대밭이 됐고 인간성은 황폐화됐죠. 신부도 신자를 만나지 않았고 부모도 자식을 멀리했으며 의사도 환자를 보지 않으려 했습니다. 친인척 중에 한 명이라도 병에 걸린 사람이 있으면 말조차 하지 않았죠.

극도의 공포는 잔인한 증오가 되어 목표물을 찾아 헤맸고 수많은 유대인과 나병 환자들이 희생당했습니다. 독일에서는 유대인들이 끔찍한 고문을 당한 끝에 우물에 독을 넣어 병을 퍼뜨렸다는 자백을 했고, 자백 내용이 알려지면서 학살이 시작됐죠. 어떤 도시에서는 모든 유대인들을 집에 몰아넣고 산 채로 화형시켰으며, 화형을 피해 도망 온 유대인들을 감금시켜 질식해 죽거나 굶어 죽도록 만들기도 했고, 다른 도시에서는 수만 명이 한꺼번에 처형되기도 했습니다. 흑사병이 퍼지는 속도만큼이나 증오도 빠르게 퍼져나갔고, 둘은 합심해 사람들을 잔인하게 죽여 나갔죠.

흑사병이 돌기 전 1200년대까지만 해도 유럽은 사람들로 북적 거리는 땅이었습니다. 1000년경 무렵부터 기온이 오르고 기후가 살기 좋게 바뀌면서 수확이 늘고 인구가 급격히 증가했기 때문이죠. 특히 인구밀도 면에서는 일부 지역의 경우 1900년대와 비슷할 정도로 폭증했습니다. 유럽 전체적으로 봐도 살기 비좁다는 표현이 어울릴 정도로 인구는 많이 늘어난 상태였죠. 그러나 흑사병이 마치 진공청소기처럼 사람들을 휩쓸어가면서 유럽은 텅 비어버렸습니다.

남은 것이라곤 몰이꾼도 없이 소 떼가 몰려다니는 벌판, 버려진 마을과 땅, 아무도 살지 않는 집, 가도가도 인적을 찾기 힘든 길이 전부이다. 인구 2만 명이던 여러 도시에서 2천 명이라도 남은 곳을 찾기 힘들다. 나라 곳곳에 경작되지 않는 땅이 즐비하다.
집이 텅 비고, 도시가 버려지고, 국가가 방치되며, 죽은 자를 묻을 곳이 없고, 공포와 고독이 지구 전체를 덮은 경우는 역사책의 어느 구석에도 없지 않느냐.
_당시 유럽의 기록들

그러나 이런 진공 상태는 살아남은 사람들에게 기회이기도 했습니다. 특히 영주에게 속박되어 노예처럼 일하며 살아가던 농부인 농노들이 그랬죠. 흑사병 이전에는 농노들이 주인에게서 쫓겨날까 봐 걱정했지만, 이젠 지주가 농노들이 도망갈까 봐 불안에 떨어야 했습니다. 버려진 땅이 지천이다 보니 땅을 놀릴 수 없었던 영주들은 좀 더 좋은 조건으로 다른 영주의 농노들을 유혹했고, 이들은 살 길을 찾아

도망가는 일이 비일비재했죠. 물론 중세의 법도에 따르면 농노들은 도망갈 수 없었지만 새로운 영주들은 도망 온 농노들을 감싸줬습니다. 농노들은 이전보다 더 넓은 땅을 경작하며 더 많은 수확을 얻을 수 있었고, 영주에게도 덜 빼앗길 수 있었으며, 심지어 흑사병으로 상속인도 없이 죽은 영주의 땅은 그들이 나눠 가질 수도 있었죠.

또한 노동자와 농민의 수가 줄어들면서 떨어진 물가와 올라간 임금 역시 그들에게는 좋은 점이었습니다. 살 사람이 없으니 물건 가격은 떨어지고 일할 사람이 모자라니 임금은 올라갔던 것이죠. 영국 어떤 지방의 경우 소 한 마리 가격은 13분의 1까지 떨어졌고, 쟁기질하는 사람의 임금은 흑사병 이전보다 5배나 올랐다는 기록도 있습니다. 흑사병으로 인해 하층민들의 삶은 오히려 더 나아졌던 거죠. 그리고 이러한 여유의 확산은 책의 전파에도 도움을 줍니다.

1400년대, 책 속에 빠진 유럽

삶의 여유가 생긴 사람들은 최상위 계층의 전유물이었던 책에 대해 관심을 가지게 됩니다. 흑사병 이후 시간이 지나면서 읽기와 쓰기를 배우는 것은 거의 시민의 의무가 되었으며 소리 내어 읽기는 가정의 좋은 소일거리이기도 했죠. 큰 동네는 집집마다 책을 돌려 읽으면서 새롭고 자극이 되는 문화를 가족과 이웃이 서로 공유하고 전파했습니다. 종교재판 기록을 보면 어떤 지방의 한 농부는 자기 어머니에게 이단작품을 읽어주었다는 이유로 체포되어 재판을 받을 정도였죠. 지금처럼 영화, 게임, 음악 같은 즐길 거리가 있는 것도 아니고, 거의 평생을 한 지역에서 똑같은 일만 하며 살아야 하는 사람들에게 독서만큼 재미난 일도 없었을 겁니다. 책 속에서 독자는 얼마든지 전설의 세계를 활보하고 슬픈 드라마의 주인공이 될 수 있었죠. 이제 책은 돈을 벌려는 상인들에 의해 대량으로 생산되는 '상품'이었습니다. 그 책들은 예전처럼 수도원 필경사가 경건한 마음으로 한 글자 한 글자 신의 계시를 옮겨 적어 만들어내는 '성물'이 아니었죠.

종이의 보급과 인쇄기술의 발전도 책이 퍼져나갈 수 있는 중요한 토대였습니다. 거의 2,000년 전 중국에서 발명된 종이는 1,000년의 세월이 지난 후에야 유럽에 그 제조 기술이 전달됐고, 1400년대에 이르러서는 유럽 여기저기에서 좋은 종이가 대량으로 생산됐죠. 종이는 양피지에 비해 가격도 매우 저렴했지만 문자를 선명하게 인쇄할 수 있는 장점도 지니고 있었습니다. 동물가죽에는 잉크가 잘 스며들지 않기 때문에 양피지 위의 글자들은 흐릿할 수밖에 없었지만 종이는 달랐죠. 인쇄하기도 쉬웠지만 읽기도 쉬웠기 때문에 성직자나 학자가 아닌 평범한 사람들도 좀 더 수월하게 독서를 할 수 있게 된 겁니다.

그런데 이렇게 좋은 종이가 대량생산될 수 있었던 것은 우연한 기술의 발전 때문이기도 했죠. 종이를 만든다는 것은 옷감이나 식물에서 얻어낸 실 뭉치 같은 섬유질 조각들을 곱게 빻아서 물에 불려 얇게 편 뒤 말려내는 과정인데 섬유질 조각들을 빻으려면 일일이 절구질을 해야 했습니다. 그런데 지금으로부터 1,000년 전쯤 사람들은 물레방아의 힘을 빌어 절구질을 해낼 수 있는 방법을 알아냅니다. 바퀴를 돌려 공이를 내려찍는 방식을 고안해냈던 것이죠. 절구질을 하는 기계는

곡물을 빻기 위한 발명이었지만 종이의 가격을 낮추는 데도 결정적 요인이 되어준 겁니다.

인쇄기술의 혁신은 금속활자 인쇄가 이끌었습니다. 그전에는 마치 도장 파듯 목판에 글자와 그림을 새겨서 찍어내는 목판 인쇄가 있었고, 이는 필사에 비해서는 빠르고 저렴했지만 강도가 약해 역시 많은 양을 인쇄하기엔 부족했죠. 사람들은 단단한 금속활자들을 조합해서 찍어내는 활판 인쇄를 생각했으나 아이디어를 실제로 적용하는 일은 쉽지 않았습니다. 금속활자에 잘 묻는 잉크도 새로 개발해야 했고, 녹슬지 않으면서 단단한 금속으로 이루어진 활자도 만들어야 했으며, 수많은 활자 조각들을 튼튼하게 끼워 넣을 수 있는 판도 만들어야 하는 등 해결하기 어려운 난제들이 많았죠.

특히 적당한 활자를 만들기 위해 합금 비율을 알아내는 것은 아주 까다로운 일이었는데, 납으로 만들면 녹슬기 쉬웠고 납과 주석의 합금은 강도가 약했습니다. 활판 인쇄의 발명가로 유명한 구텐베르크 Johannes Gutenberg가 금속세공사였던 것도 다 이유가 있었던 거죠. 그는 수많은 시행착오와 연구 끝에 지금도 사용되는 납과 주석, 안티몬의 '3중 합금'을 발견해 활자를 만들어냅니다.

이러한 기술의 발전에 힘입어 인쇄산업은 확대되기 시작합니다. 1450년 유럽에서 가동한 인쇄기는 단 한 대였지만 1500년대에는 1,700대의 인쇄기가 250여 곳에서 약 27,000종에 달하는 책을 1,000만 부 이상 찍어냈습니다.

> 파리에서는 모두 책을 읽는다. 모든 사람, 특히 여성들은 주머니에 책한 권씩을 넣고 다닌다. 사람들은 마차에서도, 산책길에서도, 극장의 막간에서도, 카페에서도, 목욕탕에서도 읽는다. 부인, 어린이, 장인, 견습공은 가게와 공방에서 읽고, 일요일이면 가족들이 현관 앞으로 나와 앉아서 읽는다. 제복을 입은 종복들은 뒤편에 앉아서, 마부는 마부석에서, 병사는 보초 서면서 읽는다.
> _1700년대 목격된 파리 풍경

책 읽는 사람은 남녀를 불문하고 책을 손에 든 채 기상하고 취침하며, 식사할 때도 책을 손에서 놓지 않는다. 일할 때도 옆에 놓아두고, 산보할 때도 가지고 다닌다. 일단 시작한 독서는 끝날 때까지 잠시도 중단하려 하지 않는다. 그뿐만이 아니다. 그들은 책의 마지막 쪽을 읽고 일어서자마자 당장 다른 책을 찾아 걸신들린 것처럼 이곳저곳을 기웃거리며 다닌다. 화장실이나, 책상 앞이나, 기타 여러 장소에서나 자기의 취미에 맞게 읽을 만한 책을 우연히 발견하며, 잽싸게 펼쳐 들고는 책에 환장한 사람처럼 게걸스럽게 읽어댄다. 어떤 애연가도, 커피 애호가도, 포도주 애호가도, 도박광도, 독서에 굶주린 사람들이 책에 집착하는 것만큼 파이프나, 와인병이나, 게임기나, 커피 테이블에 애착을 갖지는 않을 것이다.

_독일 성직자 요한 루돌프 고틀리프의 기록

1700년대에 이르면서 독서는 마치 전염병처럼 급속히 퍼져나갔고 가히 '독서혁명'이라는 말이 어울릴 만큼 삶의 모습을 바꾸어 놓았죠. 마치 최근의 스마트폰 열풍처럼 책의 인기는 대단했습니다. 필경사의 손에서 벗어난 글자는 무섭게 빠른 속도로 종이에 찍혀나갔고, 사방으로 퍼져 사람들의 마음속에 스며 들어갔죠. 글자가 책이라는 새로운 무대에서 마음껏 자신의 능력을 펼치고 있었던 겁니다.

그리고 글자는 이제 자연의 또 다른 재난과 맞물리며 사회를 바꾸는 데도 큰 역할을 하게 됩니다.

1783년 6월, 아이슬란드 남부

태양이 핏빛으로 변하면서 세상도 핏빛으로 물들었다. 풀들은 불타고 말라 비틀어졌고 회색으로 변했다. 방목하는 가축의 코와 콧구멍, 발굽이 밝은 노란색으로 변했고 껍질이 벗겨졌다.

하늘에선 유성들이 날아다녔고 극심한 천둥·번개가 내리쳐서 수많

은 소들이 죽었다. 한 번도 본 적 없는 뜨겁고 진한 안개가 나타나 계곡에 가득 찼다. 진한 안개 때문에 배는 출항할 수 없었다.

날씨는 찌는 듯이 더워서 어제 잡은 소의 고기도 바로 상해버렸다. 파리들이 떼를 지어 몰려다녔고 말들을 반쯤 미치게 만들었다. 사람들은 이상한 날씨와 붉은 해 때문에 미신에 의지하기 시작했다.

마치 긴 머리카락이 흘러내리듯 하늘에서 독물질 범벅이 된 화산재가 부슬부슬 쏟아져 내렸다.

_당시 유럽의 기록들

막대한 양의 용암이 밀고 올라오며 지하수와 만나 수증기 폭발이 일어나면서 순식간에 130개의 화산이 생겨나 대폭발을 일으킵니다. 화산에선 뜨거운 용암과 함께 쉴 새 없이 유독가스가 뿜어져 나왔는데 둘 다 그 양이 엄청났죠. 용암은 $12km^3$에 달했고 유독가스는 불화수소 800만 톤, 이산화황 1억 2,000만 톤이나 됐습니다.

이산화황은 달걀 썩는 고약한 악취를 풍기는데, 물과 만나면 황산이라는 독한 산이 되어 눈에 들어가거나 호흡기를 통해 들이마시면 그대로 인체조직을 녹여버리죠. 불화수소 역시 물과 만나면 불산이 되므로 마찬가지의 효과를 냈습니다. 이런 독가스에 노출되면 피부와 입속, 목 안에 물집이 생기고 부풀어오르며 심하면 산 성분이 몸속으로 파고들어가 뼈를 녹이고 심장마비까지 일으킬 수 있었죠. 유독가스는 동물뿐만 아니라 식물에게도 치명적이었으며 황산의 경우 공기 중 농도가 0.003%만 되도 식물들이 말라 죽었습니다. 화산 폭발이 몰고 온 재앙은 아이슬란드에서 가축 수십만 마리와 인구 4분의 1을 몰살시켰고, 죽음의 독가스는 수증기와 뒤섞여 유럽 전역으로 퍼져나갔죠.

재앙은 단순히 독가스에 그치지 않았습니다. 기상이변이 속출하기 시작했고 사람들은 혼돈에 빠졌습니다. 영국은 혹독한 추위로 6,000명 이상이 사망했고, 미국의 겨울은 역사상 가장 길고 추웠죠. 거대한 눈폭풍이 따뜻한 남부 뉴올리언즈까지 강타했고 항상 따뜻한 멕시코 만에 얼음이 떠다닐 정도였습니다. 프랑스에는 기상이변 가운데 참혹한 대기근이 몰아 닥쳤죠. 1785년엔 겨울이 길어지며 봄을 잡아먹더니 1786년부터 3년 연속 극심한 가뭄이 국토를 휩쓸었고 1788년엔 강한 폭풍과 초대형 우박이 떨어져 그나마 살아남은 농작물까지 강타했습니다.

지금도 저 정도 상황이면 대혼란이 벌어졌을 텐데 당시엔 말도 못할 정도로 심각했습니다. 곳곳에서 최악의 식량폭동이 발생했고 창고가 습격 당했으며 폭력과 강탈이 여기저기서 일어났죠. 영주들의 저택은 습격당했고 치안이 붕괴됐으며 국가의 권위는 땅에 떨어졌습니다. 물론 기근은 이번이 처음이 아니었고 폭동도 종종 일어나는 일이었죠. 그러나 이번 폭동은 단순한 폭동에서 끝나지 않고 민주주의의 시발점이 된 '프랑스 대혁명'으로 이어졌으며 그 밑바탕엔 책이 있었습니다.

1700년대 후반, 프랑스

인쇄술의 발전이 있기 전엔 수많은 사람의 마음을 움직이려면 직접 말을 하는 수밖에 없었습니다. 장소를 마련해 사람들을 불러 모아놓고 연설을 하든지, 일일이 찾아가 생각을 전달하는 번거로움을 감수해야 했죠. 그러나 인쇄물이 범람하면서 사람의 마음을 뒤흔드는 것은 이전보다 훨씬 쉬운 일이 됩니다.

독일 문학의 거장 괴테Johann W. von Goethe가 쓴 베스트셀러《젊은 베르테르의 슬픔The Sorrows of Young Werther》같은 경우 소설 속 두 청춘 남녀의 비극적 사랑을 모방한 수많은 자살 사건을 불러왔고, 주인공 베르테르가 즐겨 입었던 푸른색 연미복과 노란색 반바지까지 유행했습니다. 또 다른 베스트셀러《신엘로이즈Nouvelle Héloïse》를 쓴 프랑스의 저자 루소Jacques Rousseau의 경우 워낙 여성들에게 인기가 좋아서 자신이 유혹하지 못할 여자는 세상에 없다는 식으로 서슴없이 자랑하고 다니기도 했으며, 한 독자는 너무나도 격렬하게 울어서 감기가 떨어졌다고 고백할 정도였습니다. 별다른 즐길 거리가 없었던 당시 독자들은 마치 메마른 대지에 물이 흡수되듯 글자들이 만들어내는 세계 속으로 완전히 푹 젖어들 준비가 되어 있었던 거죠. 저자가 의도한다면 얼마든지 자신이 원하는 교훈과 사상을 수많은 사람들에게 주입할 수 있었습니다.

책이 마구 퍼져나가던 시기에 사제들은 실제로 인쇄본에 대한 두려움을 가졌죠. 빅토르 위고Victor Hugo의 작품《노트르담 드 파리 Notre-Dame de Paris》를 보면 한 사제가 인쇄본을 손에 들고 창밖의 노트르담 대성당을 바라보며 이런 말을 합니다.

"이 인쇄본이 저것을 멸하게 할 것이다."

글자들은 재난 속에서 무기력한 정부에 대한 프랑스인들의 불만을 한층 더 증폭시킵니다. 당시에 인기 있었던 책은 지금으로 말하면 삼류 해적판 소설이라고 볼 수 있는데, 이야기 속에서 왕과 귀족, 성직자들은 온갖 중상비방과 욕설, 성적인 조롱을 당했고 그들의 권위는 무참히 짓밟혔죠. 사람들은 사실 여부와 상관없이 이야기에 열광했고, 떠돌이 서적상들은 처벌 위협에 아랑곳하지 않고 열심히 책을 팔아댔습니다. 사실 1700년대 후반까지도 일반인들에게 왕은 신의 대리인이었고 손길 한 번이면 병도 낫게 해주는 신성한 존재로 여겨졌으나, 이러한 믿음도 삼류 해적판 서적들의 범람 속에서는 흔들릴 수밖에 없었죠.

사람들은 책에서 순수하게 재미만 추구하진 않았습니다. 유익한 정보나 지식에 대한 욕구도 강했고 출판업자와 서적상들은 돈을 벌기 위해 열심히 그 요구에도 부응했죠. 그 결과 하층민들의 지적 능력도 무섭게 성장합니다. 1700년대 프랑스의 신부들은 '시골 사람들이 너무 독서에 심취해 휴일에 놀지 않고 독서하기를 선호하며 자신들보다 헌법을 더 잘 이해하고 있다'는 기록을 남길 정도였죠. 이렇게 형성된 시민들의 저력은 프랑스 혁명의 주요한 동력 중 하나가 되어 결국 정부를 무너뜨렸고, 그토록 신성한 존재로 추앙 받던 국왕을 단두대에서 처형하는 놀라운 사건을 일으킵니다. 책에 실린 글자들의 힘은 왕정 체제를 뒤엎고 민주주의 시대를 열 정도로 강력했던 것이죠.

글자들의 활약은 이후에도 계속되어, 약 200년이 지나 인류에게 특별한 도구를 제공합니다.

1957년, 소련의 로켓 발사장

로켓 R-7이 불을 뿜으며 우주로 발사됩니다. 로켓에 실려 있던 인류 최초의 인공위성 스푸트니크Sputnik는 성공적으로 우주궤도에 자리 잡았고 93분에 한 번씩 지구를 돌며 '삐삐' 신호음을 냈죠. 그 신호음이 안테나를 통해 미국 전역의 텔레비전과 라디오에서 들리기 시작하자 사람들은 깜짝 놀라 방송국에 전화를 해댔습니다.

　　이 사건으로 인해 소련 사람들은 환호했고 미국 사람들은 충격에 빠집니다. 로켓에 위성을 실어 저 멀리 우주 공간으로 날려보낼 수 있다는 것은 로켓에 핵폭탄을 실어 미국으로도 날려보낼 수 있다는 것을 의미했기 때문이죠. 실제 로켓 R-7은 5톤에 달하는 핵폭탄을 탑재할 수 있었습니다. 미국인들은 핵전쟁 공포에 사로잡혔고 어떤 사람들은 자기 집에 핵 대피소를 만들기도 했죠.

제2차 세계대전의 영웅이자 장군 출신 대통령이었던 아이젠하워는 이 상황을 '스푸트니크 위기'라고 부르면서 대책 마련에 나섰는데, 그중 하나가 바로 전쟁이 터져도 쓸 수 있는 통신망이었습니다. 전화국 같은 시설이 전쟁으로 인해 타격을 입어도 통신이 가능한 시스템으로 만드는 것이 목표였죠. 당시의 전화선은 모두 전화국에 일방적으로 연결되어 있어서 내가 친구에게 전화를 하면 전화국에서 내 전화선과 친구의 전화선을 연결해주는 식이었습니다. 따라서 전화국이 폭격당하면 모든 전화가 끊어질 수밖에 없었죠. 집과 집을 이어주는 길이 하나밖에 없는 상황이었던 겁니다.

과학자들이 생각해낸 새로운 통신 방법은 바로 컴퓨터와 컴퓨터들을 거미줄처럼 연결해서 데이터를 보내는 방식이었죠. 이렇게 하면 길 하나가 끊어져도 다른 길로 돌아갈 수 있었습니다. 그런데 여기서 문제가 생깁니다. 바로 '데이터를 어떻게 보낼 것인가'였죠. 예전엔 한 길을 따라 데이터를 흘려 보내면 그만이었습니다. 정보데이터는 다른 곳으로 새지 않고 잘 전달됐죠. 그런데 이제는 길이 여러 갈래였습니다. 여기서 그냥 흘려 보냈다간 데이터가 엉뚱한 데로 갈 수도 있었

죠. 이 문제를 해결한 것이 마치 택배처럼 데이터에 주소를 붙여 보내는 것이었습니다. 그러면 길을 돌아가더라도 제 집을 찾아가는 데 문제가 없었죠.

그런데 문제가 또 발생했으니 바로 길이 막히는 정체 현상이었습니다. 컴퓨터들끼리 통신하다 보면 어떤 길은 데이터를 실은 택배 트럭들이 너무 많아 길이 꽉 막혀 있고, 어떤 길은 인기가 없어 한산한 경우가 생기는 것이죠. 그래서 또 생각해낸 것이 데이터를 나눠서 보내는 것이었습니다. 예를 들어 컴퓨터를 택배로 보내는데 한꺼번에 보내는 게 아니라 모니터 따로, 본체 따로, 키보드 따로, 마우스 따로 택배상자에 넣어 각기 다른 택배기사에게 보내는 것이죠. 그러면 택배 기사들은 막히는 길을 피해 다른 길을 이용하면서 교통량을 분산시킬 수 있고 더 빨리 데이터를 전송하게 됩니다. 물론 나눠어서 왔기 때문에 다시 조립해야 하는 번거로움이 있지만 길이 꽉 막혀서 데이터가 안 오는 것보단 훨씬 낫죠. 과학자들은 그렇게 나눠어서 오는 데이터

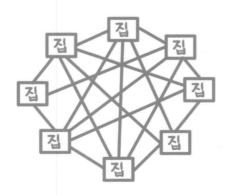

를 '패킷packet'이라고 불렀습니다.

　이렇게 해서 만들어진 것이 바로 인터넷입니다. 오늘날 수십억 명의 사람들을 연결해주는 통신망인 인터넷이 핵전쟁의 공포로부터 탄생했던 것이죠. 그리고 인터넷은 새로운 글자의 무대가 되어줍니다.

　그러면 이제 글자들은 인터넷을 기반으로 어떻게 이 사회를 바꾸게 될까요? 글자들의 활약을 상상해볼 수 있는 사건이 아이슬란드에서 있었습니다.

2016년 10월 29일, 아이슬란드의 수도 레이카비크

해적 깃발이 휘날리고 수많은 사람들이 환호합니다. 그러나 이곳은 해적선이 아니고 환호하는 사람들도 해적이 아닙니다. 선거 결과가 발표되는 텔레비전 방송 앞에 있는 사람들은 '해적당Pirate Party'이라는 정당의 당원들이었죠. 2016년 아이슬란드 총선에서 해적당은 14.5%를 득표하며 국회의석 10석을 차지해 제3당의 자리에 오릅니다. 3당이긴 하지만 다른 정당과 힘을 합친다면 집권세력이 될 수도 있는 무시못할 힘을 가진 정당이었죠. 그런데 이름이 왜 해적당일까요?

　해적당의 해적들이 활동하는 바다는 진짜 바다가 아니라 인터넷이라는 정보의 바다입니다. 그들은 인터넷의 자유를 위해 싸우죠. 예를 들어 인터넷 사이트에 가입할 때 실명을 기입해야 한다거나, 특정한 인터넷 사이트에 접속하지 못하도록 정부에서 막거나, 일정 시간 동안만 게임을 할 수 있도록 하는 등의 규제는 그들이 볼 때 인터넷의

자유를 해치는 것이 됩니다. 그런 규제를 없애고자 만들어진 정당이 바로 해적당이죠. 그렇다고 꼭 인터넷 문제만 다루진 않습니다. 해적당의 해적들은 인터넷을 이용해 새로운 형태의 정치를 하죠.

바로 '리퀴드피드백LiquidFeedback'이라는 인터넷 시스템이 그 주인공입니다. 이 시스템은 사람들의 의견을 액체처럼 자유롭게 흐를 수 있도록 만들어 여러 의견이 교차하고 합쳐지는 과정에서 정치적인 의사결정을 내릴 수 있게 합니다.

예를 들어 어떤 사람에게 "해적당의 선거 홍보 모델을 영화배우 소지섭으로 하자"라는 의견이 있다고 해보죠. 그러면 그는 간단하게 해적당 사이트에 접속해서 자신의 의견을 근거와 함께 올리면 됩니다. 이것이 첫 번째 단계죠. 여기서 두 번째 단계로 넘어가려면 당원들의 10%가 인터넷으로 해당 의견에 찬성을 표시해주어야 합니다. 그러면 토론주제로 채택이 되고, 수많은 사람에게 해당 의견이 노출되면서 새로운 의견도 추가됩니다. 소지섭과 함께 수지도 홍보모델로 하자는 식의 수정된 의견을 낼 수 있는 것이죠. 여러 가지 의견들이 충분히 제시되면 이제 세 번째 단계인 투표로 넘어갑니다. 투표로 선정된 다수 의견은 실제로 실행에 옮겨집니다. 이렇게 인터넷을 통해 다양한 사람들의 의견을 아주 간편하게 모으고 나누면서 정치적 결정이 이루어지는 것이죠.

기존의 정치 시스템에서는 의견을 내고 토론하는 것이 불편하고 쉽지 않은 일이었습니다. 그래서 평범한 사람들은 선거 때만 잠깐 관심을 가지고 정치인들을 뽑는 것이 정치활동의 전부였을 따름이죠. 하지만 해적당은 다른 가능성을 보여줬습니다. 인터넷을 이용한 리퀴드 시스템을 잘 활용하면 평범한 사람들도 얼마든지 직접 정치에 참여할 수 있죠.

프랑스 혁명을 통해 민주주의가 탄생했듯이, 어쩌면 미래에는 '인터넷'이라는 새로운 글자의 무대에서 전혀 다른 차원의 민주주의가 탄생할지도 모릅니다. 왕 한 명에서 국회의원과 대통령으로, 이젠 전 국민 개개인에게 권력이 넘어오는 세상이 펼쳐질 수도 있는 거죠. 모두의 관심과 행동이 필요한 환경보호 문제도 어쩌면 새로운 민주주의를 통해 해결할 수 있을지 모릅니다.

◆

3부

생명, 문명, 우주로
나아간 과학

10장

컴퓨터

창조자의 두뇌를 닮아가다
이를 넘어서기까지

거대한 우주가 작디작은 한 점에서 시작된 것처럼, 컴퓨터의 시작도 작고 소박했습니다. 하지만 작은 눈덩이가 눈밭을 구르며 점점 커져가듯, 컴퓨터는 역사의 우연들 속에서 놀라운 변신을 거듭하며 지금의 모습으로 성장할 수 있었죠. 그리고 이제 눈덩이는 걷잡을 수 없이 커져서 그 창조자인 인간조차 두려워할 정도가 되었습니다. 과연 컴퓨터는 인류에게 번영과 행복을 가져올까요, 아니면 공포와 혼란을 가져올까요? 우리에겐 선택권이 있을까요?

1700년대, 유럽 사람들의 고민

당시 방직공들에게는 한 가지 고민이 있었습니다. 옷감으로 쓰이는 천을 만들어낼 때 무늬를 짜 넣고 싶은데 무늬를 넣는 것이 여간 까다로운 일이 아니었거든요. 씨실과 날실이 서로 교차하면서 천이 만들어질 때 날실들을 일일이 무늬에 맞춰 들어 올려줘야 하다 보니 간단한 무늬조차도 손이 너무 많이 갔죠. 복잡한 무늬는 아예 시도조차 할 수 없었습니다.

당시 프랑스의 지도자였던 나폴레옹도 고민이 많았죠. 그때 프랑스는 천을 만들어내는 면직물 산업 분야에서 영국과 치열한 경쟁을 하고 있었거든요. 영국을 이기려면 뛰어난 기술이 필요했습니다. 나폴레옹은 발명가들에게 큰 상금을 주면서 기술발전을 이끌어내려고 노력했죠.

그러던 어느 날 나폴레옹에게 좋은 소식이 들려옵니다. 조셉 마리 자카드Joseph Marie Jacquard라는 사람이 천에 무늬를 쉽게 짜 넣는 기

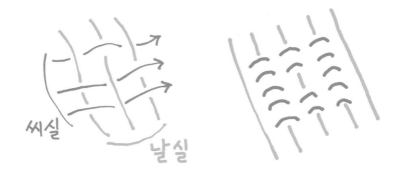

씨실
날실

계를 발명했다는 얘기였죠. 훗날 '자카드 방직기'라고 불리게 된 이 기계를 쓰면 사람이 손으로 일일이 씨실을 들어 올릴 필요가 없었습니다. 대신 구멍이 뚫려 있는 천공판이 있어서 그 구멍 밑에 있는 씨실만 자동으로 들어 올려지는 방식이었죠. 방직기의 천공판만 잘 이용하면 아무리 복잡한 무늬도 쉽게 새겨 넣을 수 있었습니다.

이 기술 덕분에 자카드는 24,000장의 천공판으로 자신의 얼굴 무늬를 정교하게 만들어 넣을 수 있었죠. 영국과의 산업 경쟁에서 이겨야 했던 프랑스 입장에서 자카드 방직기는 꼭 필요한 무기였고, 나폴레옹은 면직물 산업이 발달했던 리옹을 직접 방문해서 자카드 방직

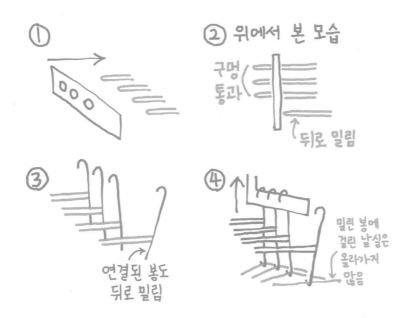

①

② 위에서 본 모습
구멍
통과
← 뒤로 밀림

③
연결된 봉도
뒤로 밀림

④
밀린 봉에
걸린 날실은
올라가지
않음

기를 살펴봤습니다. 나폴레옹은 그 뛰어난 성능에 감탄하면서 자카드 방직기에 대한 특허권을 승인했죠. 그 대가로 자카드는 평생 3,000프 랑의 연금을 받았고, 1805년부터 1811년까지 사용된 방직기마다 50프랑의 로열티까지 챙길 수 있었습니다.

그런데 자카드 방직기에는 자카드가 몰랐던 큰 의미가 숨어 있었죠. 자카드 방직기는 단순히 무늬만 잘 만들어내는 기계가 아니라 현대 컴퓨터의 기원이라고 볼 수 있거든요. 컴퓨터는 기본적으로 입력된 정보를 처리해서 출력해주는 기계인데 자카드 방직기도 마찬가지죠. 천공판에 새겨진 구멍들은 프로그래밍된 '입력'이고 무늬가 새겨진 천은 '출력'이라고 볼 수 있으니까요. 그리고 천공판의 구멍이 뚫린 부분과 막힌 부분은 0과 1 두 가지로 이루어진 디지털 정보의 기원이라고도 볼 수 있고요. 거리가 멀어 보이는 천과 컴퓨터가 이런 밀접한 관계가 있었던 겁니다.

1884년, 미국 정부의 고민을 해결해준 기계

천공카드를 이용한 컴퓨터는 미국에서도 만들어졌습니다. 당시 미국은 산업이 발달하면서 인구가 크게 늘어났는데, 인구가 늘어날수록 정부가 국민들을 관리하는 일은 더 힘들어질 수밖에 없었죠. 예를 들어 세금을 거두려면 개개인의 소득과 지출이 얼마인지 알아야 하고 전체 국민의 소득과 지출도 합산해야 하는데, 이 정보들을 일일이 손으로 장부에다가 써서 관리하기가 쉽지 않았던 겁니다.

이 문제를 해결한 사람이 컬럼비아대학교의 교수였던 허먼 홀러리스Herman Hollerith였습니다. 홀러리스는 천공카드에 구멍을 뚫어서 사람들에 대한 정보를 기록했고, 천공카드를 기계에 넣으면 정보가 처리되면서 사람 눈에 보이도록 만들었죠. 예를 들어 구멍이 뚫린 천공카드를 기계에 넣으면 소득이 더해지면서 기계의 바늘이 그만큼 움직이는 방식이었습니다. 출력을 바늘로 한다는 점만 다를 뿐, 홀러리스의 기계도 정보를 입력하면 처리해서 출력해주는 컴퓨터였죠. 홀러리스의 기계는 우수한 성능을 인정받아 영국, 독일, 프랑스, 러시아 등 유럽의 많은 나라에서 쓰였습니다.

1935년, 폴란드와 독일의 암호 전쟁과 컴퓨터

폴란드는 강대국 독일과 러시아 사이에 위치해 있다 보니 늘 불안했습니다. 1795년엔 독일, 러시아, 오스트리아에 의해 분할 점령되면서 아예 나라가 사라져버렸습니다. 제1차 세계대전에서 독일이 패한 덕분에 1918년에야 간신히 독립할 수 있었지만, 독일은 굴하지 않고 다시 힘을 모으며 노골적으로 군사력을 키워갔습니다. 결국 1935년 독일은 베르사유 평화조약을 폐기해버리며 전쟁에 대한 강력한 의지를 보여줬죠. 폴란드는 그야말로 바람 앞에 등불이었습니다. 유럽은 언제라도 전쟁이 다시 터질 수 있는 일촉즉발의 위기에 처했고, 첫 번째 희생양은 바로 옆 나라 폴란드가 될 가능성이 높았죠.

이러한 상황 속에서 폴란드가 매달린 일 중 하나가 바로 암호해독이었습니다. 독일이 정말 폴란드를 침공할지, 만약 그렇다면 언제, 어떻게, 어디로 침공할지와 같은 중요한 정보들을 알아야 했기에 폴란드는 독일군의 암호를 해독하기 위한 일에 온 힘을 기울였습니다.

하지만 독일 역시 암호가 다른 나라에 의해 해독되면 치명타를 입기 때문에 최선을 다해 암호를 풀기 어렵게 만들었죠. 당시 독일은 '에니그마Enigma'라는 기계를 통해 자동으로 암호를 만들었어요. 에니그마는 마치 타자기처럼 생긴 기계였는데, 타자기와 다른 독특한 점은 자판 위쪽에 불이 들어오는 글자표시가 있다는 것이었죠. 그래서 자판을 하나 누르면 전혀 다른 글자표시에 불이 들어왔어요. A를 누르면 Z 글자표시에 불이 들어오는 방식이었죠. APPLE을 자판으로 입력했다면 ZSECR이 출력되는 거예요. 암호를 해독할 줄 모르는 사람에게는 전혀 엉뚱하고 의미 없는 글자들일 뿐이었죠.

물론 그렇다고 항상 A가 Z로 바뀐다면 금방 암호가 들통나겠죠? 그래서 에니그마 속에서는 자판과 글자표시가 하나의 전선으로 이어져 있지 않았어요. 자판을 눌렀을 때 생성된 전기는 기계 속에서 돌아가는 회전판들 덕분에 매번 다른 길로 흘러갔고 항상 다른 글자표시에 불이 들어올 수 있었죠. 마치 전기 신호 앞에 여러 개의 갈림길이 있고 그중 하나를 선택해서 전기가 흘러가는 것과 비슷했습니다. 어떤 길을 선택할지는 돌아가는 회전판이 결정해주는 것이고요. 이런 갈림길이 많을수록 암호를 풀기란 힘들어질 수밖에 없었어요. 에니그마에서 길을 만드는 방법을 수치화하면 100경의 150배나 됐죠. 길이 만들어진 방법만 알면 쉽게 암호를 해독할 수 있지만, 그 방법을 모르면 우주가 끝날 때까지 풀어 봐도 시간이 모자랄 정도였어요. 설령 기적적으로 길이 만들어진 방법을 하나 알아냈다 해도 손쉽게 또 다른 길을 만들어내면 되었기 때문에 별 쓸모가 없었죠. 실제로 독일은 매일 길 만드는 방법을 바꿨어요.

그러나 폴란드도 이대로 포기할 수는 없었죠. 폴란드는 나라에서 가장 뛰어난 수학자들을 불러들였어요. 아무리 에니그마가 풀기 어려운 암호를 만들어낸다 해도 어쨌든 수학적인 규칙에 따라 만들어지는 것이기 때문에 수학자들이라면 그 규칙을 알아낼 수 있으리라 생각했던 거예요. 결국 1938년 폴란드의 수학자들은 암호해독에 성공했고 암호를 풀어내는 기계인 '봄바Bomba'를 만들어냈죠. 하지만 기쁨도 잠시, 독일 역시 가만히 있지 않았어요. 회전판을 5개로 늘리고 그 중에서도 3개만 골라서 쓰는 방식으로 에니그마를 개량시켰죠. 새로운 에니그마의 성능 앞에 봄바는 무력화됐어요. 결국 1939년 독일은 폴란드를 침공했고 폴란드는 또다시 나라를 잃게 돼요. 그래도 폴란드의 노력은 헛되지 않았어요. 봄바는 영국으로 건너가서 영국이 에니그마의 암호를 풀어내는 데 도움을 주게 되거든요.

인간의 편리를 위해 쓰이는 컴퓨터가 끔찍한 전쟁을 치르는 과정에서 개발되었다는 사실이 참 역설적입니다. 전쟁은 상대방을 이겨야 하는 일이기 때문에 상대방보다 더 뛰어나고 빠른 컴퓨터 개발이 필요했고, 그 치열한 경쟁 속에서 컴퓨터과학 역시 비약적인 발전을 이루게 됩니다.

1937년, 컴퓨터도 생각을 할 수 있게 되다

클로드 섀넌Claude Shannon은 미국 매사추세츠공과대학MIT의 대학원생이었습니다. 그는 전류가 흐르거나 흐르지 않게 하는 스위치 기능을 이용해 정보가 담긴 신호를 만들고, 그 정보 신호를 처리할 수 있을 것이라고 생각했죠. 그는 그것이 구체적으로 어떻게 가능할지 고민했고, 그 힌트를 1800년대 중반, 영국의 수학자 조지 불George Boole이 만든 논리대수(불대수)에 관한 내용에서 찾아냈습니다. 논리대수는 기호논리학의 시발점이라고 볼 수 있는데, 수학 시간에 배운 참과 거짓에 관한 명제 같은 것들이 논리대수에 그 뿌리를 두고 있죠.

불은 인간의 사고 과정을 수학으로 나타내고자 했습니다. 예술가들이 그림이나 음악으로 다양한 생각과 감정을 표현하는 것처럼, 수학자 불은 수학으로 인간의 논리적인 사고방식을 표현할 수 있다고 생각했죠. 그는 인간의 판단이나 행동을 최대한 단순하게 보려 했습니다. 애매모호하고 불분명한 부분은 걷어내고, 가장 중요하고 핵심적인 요소가 뭔지 알아내려고 했죠. 그리고 결론에 도달합니다. '예, 아니오', '참, 거짓', '한다, 안 한다' 같은 이분법적 논리로 인간의 사고를 단순화할 수 있다고요.

예를 들어 모든 조건에 '예'라는 답이 나와야 행동하는 경우가 있습니다. 짜장면을 먹으려면 대개 세 가지 조건에 '예'라는 대답을 얻어야 하죠. "짜장면을 먹고 싶은가?" "예." "짜장면 값에 해당하는 돈이 있는가?" "예." "근처에 중국집이 있는가?" "예." 그러면 "짜장면을 먹으러 가자"는 결론이 내려집니다. 이렇게 모든 조건에 '예'라는 대

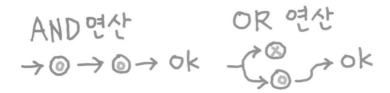

답을 얻어야 행동하는 연산을 'AND 연산'이라고 해요.

하지만 한두 가지 조건이 모자라도 행동하는 경우가 있죠? 그것은 'OR 연산'입니다. 예를 들어 친구와 함께 중국집에서 식사를 마치고 나가야 해요. "나는 계산할 돈이 있는가?" "예." "친구는 계산할 돈이 있는가?" "아니오." 이렇게 되면 둘 다 '예'는 아니더라도 내가 친구의 것까지 계산하고 나갈 수 있습니다. 물론 여기서 좀 더 파고들면 복잡한 내용이 나오겠지만, 인간의 사고와 행동은 이렇게 몇 가지 질문과 이원화된 대답으로 단순화할 수 있습니다. 이것이 바로 섀넌에게 필요한 내용이었죠. 잘 응용하면 '스위치 기능'으로 이런 사고 과정을 표현하고 판단과 처리, 동작을 가능하게 할 수 있을 것 같았습니다.

1945년, 생각하는 거대한 컴퓨터 에니악

그 스위치 기능을 할 수 있었던 것이 바로 전구 모양의 진공관이었습니다. 진공관은 전기의 흐름을 조절할 수 있기 때문에 스위치 역할이 가능했죠. 그리고 전기의 흐름을 조절하는 것만으로도 컴퓨터로 하여금 '생각'을 하게 만들 수 있었습니다. AND 연산은 진공관을 직렬로 연결하는 것으로 표현할 수 있죠. 모두 전류가 흘러야 마지막 진공관에도 전류가 흐르니까요. OR 연산의 경우는 병렬로 진공관을 배열합니다. 하나만 전류가 흘러도 마지막 진공관에 전류가 흐르니까요. 이렇게 잘 배열하면 진공관으로 인간의 사고 과정을 흉내 낼 수 있었죠.

　　이런 진공관의 기능을 이용해서 만들어낸 컴퓨터가 바로 에니악ENIAC, Electronic Numerical Integrator And Calculator 입니다. 에니악에 들어간 진공관만 해도 약 18,000개에 달했고, 버스 두 대만한 크기에, 무게 30톤에 달했죠. 에니악은 매초 5,000회의 덧셈, 14회의 곱셈을 실행할 수 있는, 당시로선 놀라운 성능의 컴퓨터였습니다.

하지만 진공관은 컴퓨터를 만드는 데 어울리는 부품은 아니었습니다. 가장 핵심적인 문제는 '열'이었죠. 열에너지가 있어야 필라멘트에서 전자가 튀어나올 수 있기 때문에 진공관이 많아지면 그 열기가 엄청났습니다. 열을 만들기 위한 전기 소모가 엄청나서 에니악이 가동되면 도시의 가로등이 희미해지고 신호등이 꺼져버리기까지 할 정도였죠. 그리고 그 과정에서 열을 내는 필라멘트나 부품이 녹아내려서 고장 나기 일쑤였습니다. 부품 하나하나가 전구나 마찬가지라서 부피도 꽤 많이 차지했죠. 게다가 아주 간단한 계산을 위해서도 수많은 진공관이 필요했습니다.

예를 들어 스위치의 켜짐과 꺼짐을 1과 0으로 하고, 그것으로 간단한 숫자만 표현하려 해도 진공관이 상당히 많아집니다. '0'은 0이고 '1'은 1, 여기까지는 간단해요. 그런데 '2'는 10으로 표시합니다. 0과 1만 쓰는 이진법을 사용해야 하기 때문에, 0과 1 다음으로 큰 수는 '10'으로 표현하는 것이죠. '3'은 11, '4'는 100, '5'는 101… 이런 식으로 표시합니다. '206'은 이진법으로 표기하면 11001110이에요. 십진법으로 세 자릿수를 표현하기 위한 진공관이 여덟 개나 필요하죠.

하지만 겨우 세 자릿수의 덧셈이나 뺄셈을 하려고 컴퓨터를 만들 순 없습니다. 천문학적으로 복잡한 계산을 하는 컴퓨터를 만들려면 진공관 개수가 기하급수적으로 늘어나야 했고, 엄청난 열기와 부피를 감당해야 했으며, 고장의 문제도 커졌습니다. 섀넌의 아이디어도 당시에는 컴퓨터로 만들어질 것이라 감히 상상하기 힘들었습니다. 하지만 불가능한 일도 가능하게 만드는 역사적 사건이 바로 전쟁이었죠.

사실 에니악은 제2차 세계대전 덕분에 탄생하게 된 겁니다. 독일의 로켓이 어디로 어떻게 날아올지 빠르게 계산해서 방공망에 이용하려고 미군이 의뢰해서 에니악이 만들어지고 가동되었죠. 집채만 한 시설에 꽂힌 진공관은 엄청난 열기를 냈고, 밖에서는 수시로 망가지는 진공관을 교체하기 위한 '교체 부대' 군인들이 진공관을 들고 대기했습니다. 그래도 전쟁에 이기려면 그 정도 수고와 노력은 감당해내야 했죠. 그러나 '전기 먹는 하마'와 같은 컴퓨터의 성능은 작은 전자계산기 정도에 불과했습니다. 지금의 핸드폰과는 비교조차 할 수 없을 정도였죠. 진공관의 한계가 성능의 한계이기도 했던 겁니다.

1947년, 진공관을 대체한 트랜지스터

이런 진공관의 단점을 극복한 것이 '트랜지스터'입니다. 이것을 만든 사람들은 벨전화연구소BTL, Bell Telephone Laboratories의 윌리엄 쇼클리William Shockley, 존 바딘John Bardeen, 월터 브래튼Walter H. Brattain이에요. 이들이 발명한 트랜지스터는 화학물질의 성질을 이용해 전류의 흐름을 조절할 수 있었습니다. 덕분에 열이 필요 없고 진공상태를 유지할 필요도 없으며 크기도 작았죠. 진공관 때문에 애먹던 기술자들은 트랜지스터를 보고 환호했습니다. 그 공로로 세 발명가는 1956년 노벨 물리학상을 받게 되죠.

트랜지스터는 진공관처럼 과열이나 유리 파손, 전기 소모를 걱정할 필요가 없어 순식간에 진공관을 대체하고 수많은 전자 제품에 쓰이게 됩니다. 하지만 여전히 컴퓨터에 사용되기에는 문제가 있었습니다. 진공관보다 훨씬 작아졌지만, 여전히 부피가 있었기 때문에 처리 용량이 큰 컴퓨터를 만들기엔 불편한 점이 있었죠.

더 큰 문제는 '연결'이었습니다. 수만 개가 넘는 트랜지스터를 전선으로 이리저리 연결하고 납땜하는 것은 보통 고역이 아니었죠. 게다가 수많은 전선을 연결하다 보니 한두 개는 실수가 발생하기 마련이고, 그 실수 때문에 전체가 작동하지 않는 참사가 일어났습니다. 복잡한 전선의 정글 속에서 뭐가 잘못 연결됐는지 찾아내는 일은 거의 불가능했습니다. 한마디로 고장 나면 끝이었죠.

처음에 기술자들은 부품의 소형화로 문제를 해결하려고 했습니다. 트랜지스터와 다른 부품을 전부 작게 만드는 거죠. 하지만 이런 노력은 오히려 나쁜 결과를 가져왔습니다. 부품이 작다 보니 전선을 더 세심하게 연결해야 했고, 전선의 정글은 더 빽빽하고 복잡해졌거든요.

1958년, 컴퓨터다운 컴퓨터를 만들어낸 집적회로IC의 탄생

문제는 텍사스인스트루먼트TI, Texas Instruments의 연구원 잭 킬비Jack S. Kilby가 해결해냅니다. 초짜 직원이라 휴가도 못 가고 실험실에 남아 있던 킬비는 이런저런 생각을 하다가 '트랜지스터 그리기'라는 아이디어를 떠올립니다. 종전의 트랜지스터처럼 화학물질을 이용해 전류의 흐름을 조절하는 것은 똑같지만, 그 화학물질을 실리콘 판에 직접 새겨 넣는 방식이었죠. 그렇게 하면 그야말로 트랜지스터를 '그려서' 만들어낼 수 있었습니다. 정교하게 새겨 넣을 수만 있다면 실리콘 판 위에서 얼마든지 트랜지스터가 나타날 수 있었죠. 전선도 전도성이 좋은 물질로 새겨 넣으면 되기 때문에 복잡한 연결 문제로 고민할 필요가 없었습니다. 눈에 보이게 잘 그려 넣으면 어느 전선이 잘못 연결됐는지 알아내는 것도 어렵지 않았죠. 간단한 발상의 전환으로 그 어려운 문제를 해결한 겁니다.

이렇게 해서 '집적회로IC'가 만들어집니다. 덕분에 에니악 같은 거대한 괴물이 아니라 제대로 된 컴퓨터가 탄생할 수 있었죠. 지금 우리가 사용하는 모든 휴대전화와 컴퓨터는 IC가 적용된 것입니다. 우리나라 기업이 잘 만드는 것으로 유명한 반도체 DRAM, 컴퓨터 핵심 부품인 펜티엄 칩 같은 CPU도 모두 IC죠.

하지만 사람들의 욕심은 끝이 없었습니다. 컴퓨터가 처음 만들어지기 시작할 때부터 이미 몇몇 학자들은 컴퓨터로 인간의 뇌를 흉내 내고 싶어 했죠. 그들은 진짜 인간처럼 세상을 느끼고 생각하고 인간과 대화할 수 있는 '인공지능'을 만들어내려고 노력했습니다.

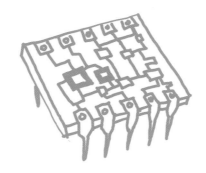

1935년 어느 날 오후, 도서관으로 피신한 천재

작은 몸집의 소년이 도서관으로 다급하게 뛰어 들어갑니다. 그 소년에게 도서관은 동네 친구들의 괴롭힘을 피할 수 있는 안식처였죠. 소년의 이름은 월터 피츠Walter Pitts였습니다. 피츠는 도서관에서 홀로 공부하며 스스로 그리스어, 라틴어, 논리학, 수학을 익혔습니다. 피츠는 도서관 문이 닫힐 때까지 최대한 오래 머물며 책 보는 것을 좋아했죠. 집에 가봐야 좋을 것도 없었습니다. 아버지는 피츠에게 별 관심이 없었고, 빨리 학교 그만두고 돈이나 벌어오라며 피츠를 밖으로 내모는 사람이었죠.

그런 피츠에게 어느 날 눈에 띈 책이《수학 원리Principia Mathematica》였습니다.《수학 원리》는 영국의 철학자이자 수학자였던 버트런드 러셀Bertrand Russell이 알프레드 노스 화이트헤드Alfred North Whitehead와 쓴 2,000페이지나 되는 두껍고 어려운 책이었죠. 하지만 피츠는 3일에 걸쳐 책을 다 읽어냈고, 그것도 모자라 책에서 틀린 부분을 찾아냈어요. 그리고 틀린 부분을 바로잡을 수 있도록 그 부분에 대해 자세히 설명하는 편지를 써서 러셀에게 보냈죠. 영국의 대학자였던 러셀은 피츠의 편지에 깊은 감명을 받았고, 피츠가 영국 케임브리지대학의 대학원생으로 공부할 수 있도록 초대했습니다. 하지만 피츠는 고작 열두 살 소년이었기 때문에 영국에 갈 수가 없었죠. 그러나 3년 뒤, 러셀이 미국 시카고대학교로 강의 때문에 온다는 소식을 듣고 피츠는 집을 나옵니다. 시카고로 가는 차편에 몸을 실은 피츠는 다시는 집으로 돌아가지 않았죠.

하지만 피츠는 시카고대학교에 입학한 학생도 아니었고 시카고에 집도, 아는 사람도 없었으므로 그저 떠돌이 노숙자에 불과했습니다. 러셀의 강의도 강의실에 몰래 들어가서 들어야만 했고, 하루하루 허드렛일을 하며 간신히 끼니를 때웠죠. 하지만 그의 천재성은 숨겨질 수 없는 것이었습니다. 신경생리학자 워렌 맥컬록Warren S. McCulloch은 피츠의 재능을 알아본 사람들 중 하나였죠. 맥컬록은 뇌의 신경세포인 뉴런을 수학적으로 흉내 내고 싶어 했어요. 뉴런은 다른 뉴런들로부터 신호를 받아서 또 다른 뉴런으로 신호를 전달하는 일을 하는데, 이를 수학적으로 생각하면 값을 방정식에 넣어서 해를 구하는 것으로 볼 수도 있거든요. '값'은 받은 신호이고, 다른 뉴런에게 전달하는 신호는 '해'라고 보는 방식이죠.

물론 이는 지극히 단순화된 설명일 뿐이고, 자세히 살펴보면 뉴런이 신호를 받는다고 꼭 다 전달하는 것도 아닐뿐더러, 뉴런들로 연결된 신경망을 통해 어떻게 뇌에서 복잡한 생각이 가능한 것인지, 이를 수학적으로 어떻게 나타낼 수 있는지 등등 어려운 문제는 많았습니다. 그래서 천재가 필요했는데 때마침 피츠가 짜잔 하고 나타난 거죠. 맥컬록과 피츠는 힘을 합쳐 연구를 진행했고 뉴런들로 이루어진

신경망을 수학적으로 나타내는 데 성공합니다. 하지만 사람의 뇌 속 신경망은 너무나도 복잡해서 그 신비가 다 밝혀진 것이 아니었기에 맥컬록과 피츠의 연구가 완벽하진 않았습니다. 다만 인공지능이 발달하는 데 있어 튼튼한 기초가 되어준 것만은 확실하죠.

1958년 7월 8일, 인공지능의 화려한 데뷔

"걷고, 말하고, 보고, 쓰고, 스스로 재생산하고 자신의 존재를 의식할 수 있을 것으로 기대된다…."

《뉴욕타임스》기사 중 일부입니다. 기자가 한 컴퓨터를 보고 감탄하며 쓴 내용이죠. 도대체 어떤 컴퓨터이길래 지금으로부터 무려 60여 년 전 이런 기사를 썼을까요?

코넬대학교에서 심리학을 전공한 프랭크 로젠블랫Frank Rosenblatt 은 IBM 컴퓨터를 이용해 맥컬록과 피츠의 수학적 신경망을 컴퓨터로 구현한 '인공신경망'을 만들어내는 데 성공합니다. '퍼셉트론Perceptron'으로 알려져 있는 이 인공신경망 컴퓨터의 목표는 이미지를 보고 무엇인지 알아맞히는 것이었죠. 로젠블랫은 사람처럼 세상을 바라보고 그것이 무엇인지 '인식'하는 인공신경망을 만들고자 했습니다. 그렇게 인식을 할 수 있으면 생각도 할 수 있게 되고, 결국 생각대로 말하고 움직이는 그야말로 '사람' 같은 인공지능이 탄생할 수도 있는 것이었죠. 퍼셉트론은 실제로 간단한 이미지를 본 뒤 그것이 삼각형인지, 사각형인지, 원인지를 맞출 수 있었습니다. 사람에 비하면 정말 단순한

'인식'이었지만 어쨌든 인공신경망도 사람처럼 세상을 볼 수 있다는 것에 사람들은 큰 충격을 받았죠. 그리고 인공신경망이 발전하면 사람처럼 생각하는 인공지능이 곧 현실화되리라 생각하기도 했습니다.

그런데 퍼셉트론은 사람을 닮아서뿐만 아니라 또 다른 부분에 있어서도 충격적이었습니다. 원래 컴퓨터 프로그램은 사람이 일일이 한 줄 한 줄 짜 넣은 코드, 즉 명령을 수행하는 것이죠. 이것은 지금도 마찬가지입니다. 여러분의 사용하는 핸드폰의 각종 앱이나 컴퓨터의 운영체제인 윈도우 같은 프로그램들 거의 대부분이 코드로 만들어져 있죠. 마이크로소프트 윈도우의 코드는 10억 줄이나 될 정도입니다. 그것을 수많은 프로그래머들이 한 줄 한 줄씩 만들어냈던 거죠. 그런데 퍼셉트론에는 그런 의미의 코드가 없습니다. 사람이 일일이 명령을 내리지 않아도 목표에 도달할 수 있었죠.

그 비결은 수학적인 뉴런들이 연결된 신경망 속에 있었습니다. 뉴런들은 서로 연결되어 단순히 신호만 전달하는 것이 아니라 입력받은 신호를 어떻게 전달할지 '판단'을 내리죠. 판단은 '기준'에 따라 이루어지는데 입력받은 신호들을 합쳐봐서 '기준'에 못 미치면 무시해버렸고 '기준'을 넘어가면 다른 뉴런으로 신호를 출력해서 내보냈습니다. 자신만의 판단기준이 있는 스위치와 비슷하죠. 신경망은 스위치들이 서로 연결되어 신호를 주고받고 있는 겁니다. 그리고 그 연결이 모아져서 최종적으로 답을 만들어내죠.

그런데 스위치들이 어떤 방식으로 연결되어 있느냐에 따라 결과가 달라집니다. 정답을 만들어내는 연결방식도 있고, 오답을 만들어내는 연결방식도 있죠. 오답이 나온 연결방식의 경우는 정답이 나올 때까지 교정합니다. 그런 작업을 계속하면 정답이 나올 확률이 올라가게 되죠. 이 연결방식이 왜 정답을 만들어내는지는 굳이 사람이 몰라도 되고 알기도 힘듭니다. 연결방식이 복잡해지면 아예 알 수도 없고요. 사람은 그냥 신경망에 맡기고 결과만 보는 겁니다. 틀리면 맞을 때까지 교정시키고요. 마치 부모님이 시험점수 100점 맞으면 용돈 준다는 약속만 하고 공부는 알아서 하라는 것과 비슷하죠. 실제 뇌에서 일어나는 일도 비슷합니다. 우리가 어떤 행동을 했을 때 기분이 좋으면 그 행동에 관련된 뉴런들은 서로 연결이 강화되기 때문에 자꾸 그 행동을 더 하게 됩니다. 게임이나 유튜브를 끊지 못하는 것도, 맛있는 음식을 계속 먹고 싶은 것도 다 그런 이유 때문이죠.

　　퍼셉트론의 인공신경망이 유명해지자 수많은 연구자들이 인공신경망 연구에 뛰어들었고, 각종 연구 지원도 물밀듯 쏟아져 들어오게 됩니다. 그러나 인공신경망 붐은 오래 지나지 않아 사그라들었습니다. 퍼셉트론의 성능이 기대에 훨씬 못 미쳤거든요. 생각하고 말하기는커녕 사물을 보는 것조차도 너무나 어려운 일이었습니다. 조금만 모양이

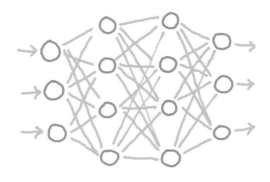

바뀌거나 달라져도 퍼셉트론은 자기가 뭘 봤는지 인식조차 하지 못했죠. 사람들이 너무나도 쉽게 알아보는 숫자·글자도 인공신경망에게는 난공불락의 어려운 문제였습니다.

사실 간단한 해법은 있었습니다. 진짜 사람처럼 뉴런을 많이 만들어내는 거죠. 그러면 성능이 올라갈 수 있거든요. 사람은 약 1,000억 개의 뉴런이 있고 뉴런들 사이의 연결은 100조 개 정도라 합니다. 로젠블랫의 퍼셉트론은 400개의 이미지 센서와 연결된 단 1개의 뉴런이었기 때문에 성능이 뛰어날 수 없었죠. 하지만 뉴런의 수를 늘려서 인공신경망이 복잡해지면 계산해야 할 것이 너무 많아져서 또 문제였습니다. 주고받는 신호들의 계산부터 오답을 내는 연결방식의 교정 계산까지 다 해줄 만한 컴퓨터가 그 당시엔 없었죠. 그런 계산들을 자동으로 어떻게 해줘야 할지도 몰랐고요.

1980년대, 되살아난 인공신경망

퍼셉트론 붐이 사그라들긴 했지만 인공신경망에 대한 희망을 포기하지 않은 사람들이 있었습니다. 대표적으로 요슈아 벤지오Yoshua Bengio, 얀 르쿤Yann LeCun, 제프리 힌턴Geoffrey Hinton 같은 컴퓨터과학자들은 꾸준히 연구를 계속했고 서서히 문제해결 방법에 다가서고 있었죠. 그들은 인공신경망의 뉴런 수를 늘렸고 '오차역전파Backpropagation'라는 중요한 비법도 찾아냈습니다. 오차역전파는 만약 오답이 나왔을 경우 자동으로 인공신경망을 거꾸로 되짚어가며 틀린 답을 만들어낸 뉴런을

교정하는 방법이죠. 이를 통해 인공신경망은 실패에서 스스로 배우며 성장해나갈 수 있었습니다. 그리고 집적회로IC 기술이 발전한 것도 결정적이었죠. 컴퓨터 성능이 매우 빠르게 좋아졌기 때문에 그들이 만들어낸 해법을 실제로 적용할 수 있었거든요.

이런 발전을 바탕으로 프랑스 컴퓨터과학자 얀 르쿤은 숫자를 인식할 수 있는 신경망을 만들어내는 데 성공했고, 실제 우체국에서 우편번호를 자동으로 인식하는 시스템에 쓰이게 됩니다. 인터넷 메일이 없던 당시엔 편지봉투에다가 우편번호를 손으로 써서 편지를 보냈는데, 우편번호를 컴퓨터가 자동으로 인식해서 편지를 분류해주니까 사람이 일일이 분류할 필요가 없어서 굉장히 편리했죠.

하지만 안타깝게도 되살아난 인공신경망도 벽에 부딪히게 됩니다. 컴퓨터 성능이 좋아지긴 했지만 여전히 부족했거든요. 우편번호 인식을 위해서 숫자 10개를 인공신경망으로 익히는 데 3일이나 걸렸으니, 더 복잡하고 다양한 특징이 있는 것들은 얼마나 걸릴지 가늠하기도 힘들었습니다.

그리고 인공신경망의 성능을 높이기 위해 뉴런의 수를 많이 늘리자 오차역전파가 끝까지 제대로 작동하지 않는 현상도 일어났죠. 처음엔 잘 되는 듯하다가도 출발점에서 멀어지면 멀어질수록 오차역전파가 희미해지면서 그냥 0이 되어 사라져버리는 일이 생깁니다.

또한 인공신경망의 적응력도 문제가 됩니다. 예를 들어 여러 과일 중에서 사과를 알아맞히는 인공신경망을 만들기 위해 과일 이미지들을 계속 보여주면서 학습을 시키면 아주 잘 맞춥니다. 그러다가 실전에서 학습할 때와는 다른 이미지들을 보여주면 완전히 엉뚱한 소리를 하거나 못 맞추는 일들이 생깁니다. 이런 문제를 인공신경망 연구자들은 '과적합'이라고 부르는데, 컴퓨터가 기존의 학습된 상황에만 익숙해져서 조금만 변화가 생겨도 당황해서 문제를 틀리는 것이라 볼 수 있죠. 한마디로 적응력이 떨어지게 되는 겁니다.

하지만 과학자들의 노력으로 이 문제들 역시 하나씩 풀려나갑니다. 과적합 문제는 인공신경망의 연결을 중간중간에 끊어줌으로써 연결을 약화시켰더니 해결이 되어버렸죠. 아무리 연결이 중요해도 과하면 문제였던 겁니다. 이 방법을 '드롭아웃drop out'이라 부르죠.

오차역전파 문제는 오차를 희미하게 만드는 수학식(함수)을 바꿔줌으로써 해결해냅니다. 새로운 수학식으로 렐루함수ReLU를 쓰니 끝까지 쌩쌩하게 오차역전파가 잘 진행됐죠. 렐루함수는 양수 값은 그대로 출력하고 음수 값은 0으로 출력하는 함수이므로 값의 출력 범위가 매우 넓습니다. 그래서 출력값이 0으로 수렴하며 사라져버리는 문제에서 벗어날 수 있었죠.

컴퓨터 성능 문제는 그래픽처리장치, 즉 GPU가 나오면서 해결됩니다. GPUGraphic Processing Unit는 인공신경망을 위해 만들어진 것이 아니라 원래는 이름처럼 그래픽 연산을 빠르게 처리하기 위해 만들어진 컴퓨터 부품이었죠. 그래서 지금도 게임을 가동할 때 나타나는 화려하고 실감나는 장면은 다 이 GPU 덕분이라 할 수 있습니다. 거대한 성이 나타나고 괴물이 날아오고 총을 쏴서 괴물을 맞추는 등 게임화면 속 복잡한 장면을 실감나게 표현하려면 한꺼번에 수많은 등장요소에 대한 계산을 해내야 하죠. '병렬 계산'이라 불리는 이러한 작업이 바로 인공신경망에게 꼭 필요한 것이었습니다. 수많은 뉴런과 그 사이를 왔다 갔다 하는 신호들을 한꺼번에 다 계산해줘야 했거든요. GPU 덕분에 인공신경망은 비약적인 발전을 했고, 지금도 GPU는 인공신경망의 핵심적인 하드웨어입니다.

2012년, 퍼셉트론의 꿈을 이루다

이미지넷 챌린지 ILSVRCImageNet Large Scale Visual Recognition Challenge는 이미지 인식 프로그램의 성능을 겨루는 대회로 2010년 시작되었습니다. 여러 팀이 참여해 자신들의 프로그램으로 수많은 이미지를 인식하여 분류하고, 그중에서 가장 정확도가 높은 팀이 우승하는 대회였죠. 2011년까지는 정확도가 75% 정도였습니다. 80%대를 뚫고 올라가는 것을 기대하긴 힘든 분위기였죠. 그런데 2012년 이변이 일어납니다. 제프리 힌턴과 알렉스 크리제프스키Alex Krizhevsky가 공동 설계한 인공신경망 알렉스넷AlexNet이 갑자기 80%의 벽을 뚫고 올라가 84%의

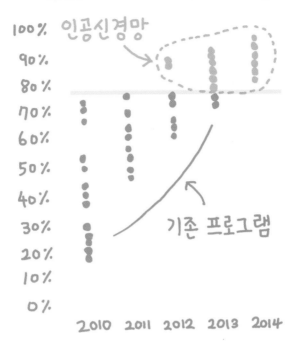

정확도를 보이며 우승했거든요. 사람이 일일이 코딩한 프로그램들을 인공신경망이 월등한 차이로 눌러버린 겁니다. 예상치 못한 결과에 컴퓨터과학자들은 충격을 받았습니다. 그리고 인공신경망 연구에 뛰어들게 되죠.

    2014년이 되자 대회는 인공신경망 팀들의 경쟁으로만 치러지게 됩니다. 치열한 경쟁 속에 인공신경망의 성능은 96%까지 올라가서 이젠 사람보다 더 이미지 분류를 잘 할 정도가 됐죠. 세모, 네모, 원을 구분하려고 노력하다 결국 한계를 드러내며 실패했던 퍼셉트론의 꿈이 60여 년 만에 드디어 현실이 된 겁니다. GPU라는 날개를 단 인공신경망은 이제 보는 것을 넘어 다양한 영역으로 발을 넓히게 됐죠.

2020년, 인공신경망 보행로봇의 등장

인공신경망과 로봇이 만나면 어떻게 될까요? 과거엔 로봇이 움직이려면 사람이 동작 하나하나를 다 코딩해서 만들어줘야 했습니다. 조금만 잘못돼도 로봇은 제대로 움직이지 못했죠. 사람이 보기엔 너무나 쉬워 보이는 걷고 뛰는 동작도 로봇에겐 매우 어려운 문제였습니다. 조금만 균형이 안 맞아도 넘어지기 일쑤고 그나마도 편평한 땅에서는 엉거주춤 걷지만 조금만 울퉁불퉁해도 균형을 못 잡아 쓰러졌죠.

사실 사람도 어린 아기를 보면 걷는 것이 쉬운 일은 아닙니다. 수없이 넘어지면서 오랜 시간 연습해야 가능한 일이긴 하죠. 두 발로 서려면 몸이 앞으로 나아갈 때마다 균형을 잘 맞춰줘야 하는데 그게 쉬운 일이 아니거든요. 어쨌든 컴퓨터과학자들의 수많은 노력 끝에 지금은 사람처럼 걷고 뛰는 로봇이 간신히 나오긴 했습니다. 하지만 걷고 뛰는 것 외에도 사람은 수많은 동작을 하고, 이를 모방하려면 또 그만큼 엄청난 노력이 들어가야 합니다. 그런데 이 역시 인공신경망의 도움을 받으면 쉽게 풀릴 수도 있습니다.

2020년 구글 연구진은 인공신경망을 탑재한 4족 보행로봇 '레인보우 대시Rainbow Dash'를 공개했습니다. 강아지와 비슷한 모습을 한

레인보우 대시는 네 다리로 균형을 잡고 움직이는 것이 목표였죠. 사람이 일일이 그 동작을 가르쳐주려면 한참 걸렸겠지만 인공신경망 덕분에 레인보우 대시는 앞뒤로 움직이고 좌우로 도는 방법까지 스스로 터득해냈습니다. 그것도 불과 몇 시간 만에 말이죠.

인공신경망 스스로 꼭 움직일 필요가 없을 수도 있습니다. 2023년 8월 《네이처》에 발표된 엘리아 카우프만Elia Kaufmann 교수 연구팀의 연구 결과에 따르면 인공신경망 기반의 인공지능 조종 시스템이 인간과의 드론 조종 대결에서 압도적인 승리를 거두었다고 합니다. 드론 조종 국제경기 챔피언 출신 인간 3명과 인공지능은 놀이공원의 롤러코스터처럼 구불구불한 경주로에서 일주일간 연습한 뒤 대결을 펼쳤는데, 25번의 경주 중 무려 15번을 인공신경망 조종 시스템이 이겼다고 하죠. 그리고 시속 100km가 넘는 속도전이 펼쳐진 한 경주에서는 인간이 보유한 세계 최고 신기록을 0.5초나 단축해냈습니다. 2017년에 펼쳐졌던 경기에서는 인공지능이 완패했었는데 불과 6년 만에 상황이 뒤바뀐 겁니다.

　　　사실 드론 조종은 경기장 형태뿐만 아니라 바람이나 조명 등 다양한 환경 변수들을 잘 계산해서 위치를 바꿔야 하고, 계산 자체도 워낙 빠르게 해내야 하기 때문에 인공지능이 인간을 넘어서기 힘들다고 생각돼온 분야였죠. 하지만 수없이 많은 드론 조종 선수들의 데이터를 학습한 결과 인공지능은 결국 인간을 넘어설 수 있었습니다. 그러면 드론을 넘어 전투기도 조종 가능할까요? 네, 맞습니다. 미공군은 2023년 7월 인공지능이 조종하는 무인전투기 'XQ-58A 발키리Valkyrie'의 시험비행을 성공적으로 마쳤습니다. 인간의 간섭 없이 3시간 동안 작전 목표에 따라 스스로 비행방향을 결정하며 조종을 잘 해냈죠.

2022년, ChatGPT와 인공지능의 창의력

외국 여행을 나갔을 때 통역사가 옆에 항상 있어준다면 참 좋겠죠? 이젠 인공신경망이 그 꿈도 이루어주고 있습니다. 내가 하는 말을 바로 알아듣고 1초도 안 되서 다른 나라 말로 통역해주죠. 예전 같으면 말을 알아듣는 것부터 어렵고 통역도 이상하게 되는 경우가 많았지만, 인공신경망이 발전하면서 정말 쓸 만하게 통역이 됩니다. 복잡한 기계나 마이크도 필요 없습니다. 그저 핸드폰만 있으면 되고 앱 하나만 설치하면 됩니다. 물론 통역사가 해주는 것처럼 자연스럽고 완벽한 수준의 통역은 아니지만 대신 인공신경망은 무료로 24시간 언제나 통역을 해줄 수 있으니 나름의 충분한 강점이 있죠. 개인적으로 통역사를 고용하려면 어마어마한 돈이 들었을 테니까요. 사실 이젠 보고 듣고 통역해주는 일은 인공신경망에게 좀 단순한 일처럼 느껴질 정도입니다. 인공신경망은 창의력도 발휘할 수 있거든요.

인공신경망의 창의성은 글을 쓰거나 보고서를 작성할 때 큰 도움을 줄 수 있습니다. 마치 비서처럼 내 생각을 정리해주고 글도 대신 써줄 수 있는 거죠. 2022년 11월 출시되어 세상을 깜짝 놀라게 한 채팅서비스 ChatGPT Generative Pre-trained Transformer가 바로 그 주인공입니다. 예를 들어 '대한민국 역사에 대해 10가지 중요 사건을 중심으로 정리해줘'라고 하면 10초 만에 A4 한 장 분량의 글이 뚝딱 나오죠.

물론 문제가 없는 것은 아닙니다. 틀린 내용도 꽤 있고 최신 데이터는 인공신경망에 학습되어 있지 않아서 엉뚱한 대답을 하기도 하죠. 하지만 역시 '쓸 만' 합니다. 아무것도 없는 상태에서 혼자 힘으로 글을 쓰려면 일단 머리부터 지끈거리고 눈앞이 캄캄해지지만 인공신경망이 써준 글을 고치는 것은 마음부터 여유롭게 하죠. 글 쓰는 데 들어가는 시간도 비교도 안 될 만큼 적게 들고요. 그림을 그리거나 음악을 만드는 일도 마찬가지입니다. 인공신경망한테 시켜놓고 작품이 나온 뒤 적당히 손을 보면 사람이 혼자서 할 때보다 시간과 노력이 훨씬 적게 듭니다.

"너 어디 사니?"
"우크라이나에 살아요."
"우크라이나에 가본 적 있니?"
"우크라이나에 가본 적 없어요."

2014년, 사람처럼 말한다고 잠시 화제가 됐던 채팅 프로그램 '유진 구스트만Eugene Goostman'과의 대화입니다. 유진 구스트만은 우크라이나에 사는 13세 소년으로 설정돼 있었는데, 몇 마디만 대화를 나눠도 엉뚱한 소리를 해서 실망감만 안겨줬었죠. 그런데 당시만 해도 이 정도 수준이면 대단한 거라며 뉴스에 오를 수 있었습니다. 사람처럼 대화하는 프로그램을 만들기 워낙 어렵다 보니 어쩔 수 없었던 거죠. 딱 정해진 내용만 물어보면 대답을 해낼 수 있었지만, 조금만 단어를 바꾸거나 변화를 주어도 채팅 프로그램은 제대로 대응할 수 없었습니다. 당시로서는 어떻게 물어봐도 대답을 술술 해내는 ChatGPT와 같은 채팅 프로그램이 불과 10년이 채 지나기 전에 나오리라고는 상상도 할 수 없었습니다.

하지만 지금은 채팅은 기본이고 글쓰기, 그림 그리기, 작곡하기, 움직이기, 비행기 조종 등 대체 못하는 게 무엇인지 찾아봐야 할 정도죠. 이렇게 발전 속도가 빠르다면 10년 뒤 인공지능은 어떤 모습일까요? 영화에서처럼 정말 사람과 구분하기 힘든 모습의 인조인간일까요? 그 인조인간은 지치지 않고 항상 친절한 만능 도우미일까요, 사람의 일자리를 빼앗고 전쟁터를 휘젓는 파괴의 화신일까요? 미래는 확실히 알 수 없지만 무엇이 됐든 상상 그 이상일 겁니다.

•

✦

11장

생명
공학

유전자 발견을 넘어
신의 설계도에 다가선 인간

생명의 가장 깊숙한 근본에 있는 비밀, '그것'은 누구도 상상하지 못한 모습이었습니다. 사실 그것이 존재할 것이라고 생각조차 하기 힘들었죠. 그저 신의 영역이었고 막연한 신비로움으로 둘러싸여 있을 뿐이었습니다. 하지만 과학자들은 그 신비를 향해 한 걸음씩 전진했고 결국 그 실체가 드러나게 됐죠. 그렇게 인간은 생명의 설계도를 손에 쥐게 됐습니다. 그리고 이제 그 힘을 이용하려고 합니다. 과연 인류는 그 힘으로 무엇을 해낼 수 있을까요? 어떤 미래가 인간을 기다리고 있을까요?

1500년대, 살아 있는 태엽인형

전설처럼 전해져 내려오는 이야기에 따르면, 스페인의 왕 펠리페 2세는 아들이 병에 걸려 위독한 상태가 되자 아들의 회복을 위해 신께 간절히 기도했습니다. 아들이 낫기만 한다면 무엇이라도 할 준비가 되어 있었죠. 다행히 아들이 병에서 회복하자 펠리페 2세는 신의 은혜에 보답하고자 시계제작자 후아넬로 투리아노Juanelo Turriano를 불렀습니다. 투리아노는 왕의 명령을 받고 신께 기도하는 '시계태엽 수도승 몽크Automaton of a Monk'를 만들어냈죠.

현재 미국 스미스소니언 박물관에 남아 있는 몽크는 태엽의 힘으로 다양한 동작을 하며 돌아다닐 수 있습니다. 50cm 정도 움직일 때마다 몸의 방향을 바꾸고, 고개를 왼쪽·오른쪽으로 돌리며 두리번거리고, 입도 중얼거리며 기도하는 것처럼 움직이고, 오른팔이 가슴을 치는 동안 십자가와 묵주를 들고 있는 왼손을 올렸다가 내렸다 합니다. 진짜 수도승이 기도하는 모습을 최대한 본 따 만든 이 태엽인형은 어찌나 정교하게 만들었는지 500년이 지난 지금도 큰 문제없이 잘 작동합니다. 그 움직임은 지금 기준에서 볼 때도 로봇의 움직임과 큰 차이가 없습니다. 아마 신이 보기에도 꽤 흡족한 모습이었을 겁니다.

"나는 생각한다, 그러므로 나는 존재한다"라는 말로 유명한 르네 데카르트_{René Descartes}도 태엽인형에 관심이 많았다는 이야기가 있습니다. 태엽인형을 좋아해서 가지고 다니다가 한번은 배에 태웠는데 선장이 깜짝 놀라 바다에 던져버렸다고도 하죠. 이런 태엽인형의 영향 때문인지 데카르트는 생명체도 하나의 기계라고 생각했습니다. 당시 많은 사람들이 생명체에는 뭔가 특별한 게 있다는 '생기론'을 믿었지만, 데카르트는 그렇지 않았던 겁니다. 데카르트는 생명 현상도 다른 물질과 똑같이 물리·화학 법칙이 적용된다고 생각했죠. 다만 그중에서도 사람은 다른 동물과 구별되는 '영혼이 있는 존재'로 보긴 했습니다. 그래도 이렇게 생명체를 하나의 기계로 보는 시각은 생명공학의 중요한 출발점이 되죠. 생명공학은 마치 기계를 다루듯 생명체를 들여다보고 분석하고 그 원리를 알아내서 다양하게 이용하는 학문이니까요.

1800년대, 생명의 신비로운 기운을 가진 물질

1800년 독일에서 태어난 프리드리히 뵐러Friedrich Wöhler는 다른 과목에는 별 관심이 없었고 실험하는 것을 매우 좋아하는 학생이었습니다. 그는 수의사였던 아버지를 따라 의대에 진학했고 산부인과를 전공으로 선택하게 됐죠.

그런데 뵐러를 유심히 지켜봤던 학과장 레오폴드 그멜린Leopold Gmelin은 뵐러에게 화학자로서의 재능이 있다는 것을 발견합니다. 그멜린은 뵐러에게 화학 공부를 계속 해보라고 격려하면서 당시 유럽에서 가장 유명한 화학자였던 옌스 야코브 베르셀리우스Jöns Jakob Berzelius 밑에서 공부할 수 있도록 도움을 주었죠.

스웨덴의 화학자 베르셀리우스는 우리가 지금도 쓰고 있는 원소기호를 만들어낸 사람입니다. '보일의 법칙'으로 유명한 로버트 보일Robert Boyle, '원자론'의 존 돌턴John Dalton, '질량보존의 법칙'의 앙투안 라부아지에Antoine Lavoisier와 함께 화학의 창시자로 여겨지죠. 뵐러는 베르셀리우스의 실험실에서 일하면서 화학자로서 성장해나갈 수 있었고 독일에 돌아와서는 괴팅겐대학 화학과 교수가 됩니다. 이렇게 화학자가 된 뵐러의 업적으로 가장 유명한 것이 '요소'를 인위적으로 만들어낸 것입니다.

요소는 우리 몸속의 간이 암모니아를 변형시켜 생성한 물질입니다. 암모니아는 단백질이 분해되면서 생겨나는 독성물질인데 간에서 해독이 안 되면 의식불명이나 간성혼수 같은 병에 걸리게 됩니다. 간은 암모니아를 요소로 바꾸어 소변을 통해 배출될 수 있도록 돕습

프리드리히 뷜러   그레고어 멘델

니다.

하지만 당시에는 이런 구체적인 과학지식이 없었습니다. 요소는 오로지 생명체에게서만 발견되는 물질이기에 뭔가 신비로운 기운으로 만들어졌을 것이라는 막연한 관념만 있을 뿐이었죠. 바로 그 고정관념을 깬 사람이 뷜러입니다.

사실 뷜러가 처음부터 그러한 의도를 가지고 연구한 것은 아닙니다. 뷜러는 실험실에서 시안산암모늄을 만들어내려고 시안산납과 수산화암모늄을 결합시켰는데, 생성된 물질은 시안산암모늄의 성질을 가지고 있지 않았죠. 대신 엉뚱하게도 요소와 똑같은 성질을 가지고 있었습니다. 생명체의 신비로운 기운 없이 화학실험을 통해 몸속의 물질 요소를 만들어낸 것은 과학자들에게 큰 충격이었습니다. 생명체가 지니고 있다 여겨져 왔던 '신비로움'에 큰 균열이 생기고 그에게도 다른 물질들과 똑같은 자연법칙이 적용된다는 의미였으니까요. 이렇게 해서 뷜러는 겨우 스물여덟 살의 나이에 화학의 역사를 바꾸는 큰 일을 해내게 됩니다.

1856년, 오스트리아 브륀 수도원의 정원

가톨릭 신부 그레고어 멘델Gregor Mendel이 수도원의 조그마한 뜰에서 완두콩을 유심히 관찰합니다. 어릴 때부터 아버지를 도와 농사와 원예를 도왔던 멘델은 자연현상에 관심이 많았죠. 대학에 진학해서 과학연구를 할 수도 있었겠지만, 안타깝게도 멘델은 그 꿈을 포기해야 했습니다. 몸이 약했던 데다가 경제적인 어려움 때문에 학비를 제대로 낼 수 없었거든요. 결국 대학 진학은 물거품이 되었고 나중에 신학교에 입학해 신부님이 되죠. 하지만 멘델은 꿈을 포기하지 않았습니다. 신부님이 되고 수도원 생활을 하는 와중에도 자연현상 뒤에 숨겨진 원리를 발견하려고 끊임없이 노력했죠.

　멘델이 관심을 가졌던 분야 중 하나는 유전이었습니다. 당시 사람들은 고대 그리스 철학자 아리스토텔레스의 주장을 따라 '자식이 부모를 닮는 것은 피를 물려받기 때문'이라고 생각했죠. 흔히들 말하는 '피는 못 속인다'는 속담도 비슷한 뜻입니다. 하지만 멘델의 관찰에 따르면 그렇지 않았죠. 피를 통해 유전이 된다면 부모에게서 받은 성질이 섞여야 합니다. 이를테면 키가 큰 완두와 키가 작은 완두가 교배하여 낳은 '자식 완두콩(열매)'에서는 중간 키의 완두가 나와야 하는 거죠. 그러나 멘델이 관찰을 해보니 전혀 그렇지 않았습니다. 자식 완두콩들을 심어서 키워보니 키가 큰 완두와 작은 완두의 비율이 3 대 1이었습니다. 성질이 전혀 섞이지 않았던 거죠.

완두콩의 사례로 볼 때 부모의 성질은 물감처럼 서로 섞이는 것이 아니라 색구슬처럼 딱 분리되어 섞이지 않는 것이었습니다. 어떤 구슬을 물려받느냐에 따라 성질이 결정되는 것으로 보였죠. 이 색구슬이 바로 훗날에 발견한 'DNA 유전자'였고, 멘델은 그 실마리를 최초로 찾아낸 사람이었습니다. 멘델은 계속해서 여러 식물을 교배하며 연구를 열심히 했고, 무려 12,000종에 달하는 잡종을 만들어내기까지 했죠. 그는 자신의 발견을 논문으로 정리해서 발표하고 인쇄해 책으로도 만들었습니다. 하지만 너무 앞서 갔던 것일까요? 그의 연구는 당시에 별 관심을 받지 못했고, 멘델이 죽은 후 좀 더 과학이 발전한 뒤에가서야 인정을 받게 되죠.

1869년, DNA의 발견

멘델의 유전자를 실제로 찾아낸 사람은 독일 튀빙겐대학의 과학자 프리드리히 미셔Friedrich Miescher였습니다. 미셔는 유전자를 찾으려 했던 사람은 아니었죠. 그는 병원에서 쓰고 버린 수술용 붕대를 모아 와 거기서 고름을 채취했습니다. 고름 속 세포들을 현미경으로 관찰하려 했던 겁니다. 그런데 고름 표면 위에 뭔가 멀겋고 불그스름한 물이 생겼고, 미셔는 그게 도대체 뭔지 궁금해 했죠. 그래서 맛을 보았는데 신맛이 났습니다. 산성 물질이었던 거죠. 미셔가 보기에 그것은 보통의 세포 속에서 흔히 볼 수 있는 단백질이 아니었습니다. 그 물질은 연구 과정에서 세포의 핵이 터지면서 빠져나온 것이었고, '세포핵nucleus에서 나왔다'고 해서 그는 그것의 이름을 '뉴클레인nuclein'이라 붙였죠. 이것이 바로 오늘날의 DNADeoxyribo nucleic acid 유전자입니다.

미셔는 뉴클레인이 유전과 관련이 있을 수 있다고 생각했지만 그것을 입증할 수 있는 연구를 해내지는 못했습니다. 오히려 과학자들은 DNA보단 단백질이 유전자 역할을 할 것이라 생각했죠. DNA는 4가지 염기물질로 이루어져 있을 뿐이지만 단백질은 20가지 아미노산으로 이루어져 있기 때문에 복잡한 유전 정보를 나타내기에 더 적합하다 여겼던 겁니다.

DNA에 유전 정보가 담겨 있다는 것을 알아낸 사람은 캐나다의 세균학자 오즈월드 에이버리Oswald Avery였습니다. 어느 날 그는 폐렴쌍구균에 관한 이상한 연구 결과를 접하게 됩니다. 폐렴쌍구균은 표면이 매끄러운 균과 울퉁불퉁한 균으로 나뉘어 있는데, 매끄러운 균은 폐렴을 일으키는 유독한 균이고, 울퉁불퉁한 균은 폐렴을 일으키지 못하는 무해한 균입니다. 실험에서는 유독한 균을 가열해서 죽인 뒤 무해한 균과 함께 쥐에게 주사했죠. 상식적으로 유독한 균은 이미 죽은 상태고 무해한 균은 원래 폐렴을 일으키지 않으니까 쥐는 폐렴에 걸리지 않아야 했습니다. 그런데 이상하게도 쥐가 폐렴에 걸리게 됩니다. 무언가가 무해한 균을 유독한 균으로 바꿔놓은 것이라 생각할 수밖에 없는 상황이었죠.

에이버리는 이 실험 결과를 보고 도대체 무엇이 무해한 세균을 변신시켰는지 찾아내려고 했습니다. 그는 유독한 세균의 세포 속에 있는 단백질들을 하나씩 추출해서 무해한 세균에 넣어보며 어떤 단백질이 무해한 세균의 성질을 바꿨는지 연구했죠. 그의 연구 결과 단백질 중에는 그런 역할을 하는 물질이 없었습니다. 결국 남은 것은 DNA였죠. 이렇게 해서 DNA가 유전자라는 것이 밝혀지게 됐고, 과학자들은 DNA의 신비를 밝히기 위해 집중적으로 연구하기 시작합니다.

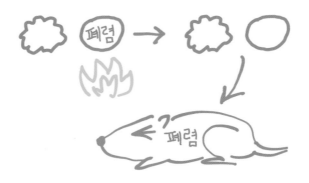

1951년, DNA를 향한 치열한 경쟁

미국에서 태어난 제임스 D. 왓슨James D. Watson은 당시 박사학위를 받은 지 1년밖에 안 된 젊은 청년 과학자였고, 생물학자였던 프랜시스 크릭 Francis Crick은 나이는 많았지만 학위도 없는 연구자였죠. 이렇게 별 볼 일 없는 경력의 소유자였던 '왓슨&크릭 팀'은 감히 DNA 연구에 뛰어듭니다. 그들은 당대 최고의 과학자로 유명했던 미국 화학자 라이너스 폴링Linus Pauling은 물론이고 훨씬 먼저 연구를 시작한 '모리스 윌킨스 Maurice Wilkins&로절린드 프랭클린Rosalind Franklin 팀'과 경쟁해서 이겨야 했죠. 예상대로 경쟁은 쉽지 않았습니다. 현미경을 아무리 들여다봐도 DNA가 어떻게 생겼는지는 보이질 않았고 그저 기다란 실뭉치에 불과했죠.

제임스 D. 왓슨   프랜시스 크릭

돌파구는 미국의 생화학자 어윈 샤가프Erwin Chargaff의 연구 결과에서 나옵니다. 샤가프의 연구 결과에 따르면 DNA는 아데닌(A), 티민(T), 구아닌(G), 사이토신(C) 4가지 물질로 이루어져 있는데, 아데닌(A)과 티민(T)도 1 대 1, 구아닌(G)과 사이토신(C)도 1 대 1로 서로 짝을 지어 똑같은 양이 존재했습니다. 왓슨과 크릭은 이 연구 결과를 보고 물질들이 서로 짝을 지어 결합한다고 생각했죠. 그들은 양쪽에 뼈대가 있고 가운데에 물질들이 짝을 지어 결합한 모형을 만들어냅니다. 'DNA' 하면 떠올리는 바로 그 이중나선이 이때 처음 만들어진 거죠. 이중나선은 가운데가 끊어지면 새로운 물질들로 짝을 만들어 또 다른 이중나선을 만들어낼 수 있기 때문에 부모가 자식에게 유전정보를 복사해서 넘겨주기에도 딱 좋은 형태였습니다. 어찌 보면 간단한 아이디어인데 아무도 그것을 먼저 생각해낸 사람이 없었고 이를 발견한 왓슨&크릭 팀은 너무나도 기뻐했죠.

하지만 기쁨도 잠시, 합리적인 근거도 없이 이중나선이 옳다고 주장해봐야 인정해줄 사람은 아무도 없었습니다. 왓슨과 크릭은 그 근거가 먼저 연구를 시작한 윌킨스&프랭클린 팀에 있을 것이라 생각했죠. 윌킨스와 프랭클린은 정밀한 X선 사진을 찍으면서 DNA를 연구했기 때문에 이중나선의 근거가 될 사진도 있을 것이라 생각했던 겁니다. 그러나 서로 경쟁하는 상황에서 순순히 연구 결과를 보여줄 리는 없었고, 왓슨은 고민 끝에 자신의 예쁜 여동생까지 윌킨스에게 소개시켜주며 정보를 알아내려 했죠. 그 전략이 통한 것은 아니었지만, 어쨌든 왓슨은 프랭클린과의 관계가 소원해진 윌킨스의 틈을 파고들며 그와 친해지는 데 성공했고, 윌킨스는 결국 X선 사진을 왓슨에게

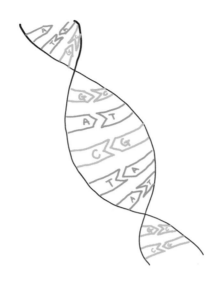

보여주게 됩니다. X선 사진은 왓슨과 크릭의 예상 그대로였습니다. DNA의 이중나선이 증명된 순간이었죠.

1953년 왓슨&크릭 팀은 자신들의 연구 결과를 발표했고, 9년 뒤인 1962년 이중나선 구조를 알아낸 공로로 윌킨스와 함께 노벨상을 타게 됩니다. 그러나 결정적 근거가 된 X선 사진을 찍었던 당사자 프랭클린은 38세의 젊은 나이에 먼저 죽었기 때문에 상을 탈 수 없었죠. 아마도 X선 사진을 찍느라 방사선에 많이 노출되어 그 부작용으로 암에 걸려 죽었을 것이라 추측됩니다. 어쨌든 이들의 노력 덕분에 인류는 생명체의 설계도에 더 가까이 다가서게 되었고, 언젠가는 설계도를 이용할 수 있으리라는 꿈을 꾸게 되었죠.

1970년대, 설계도를 이용하는 바이러스의 발견

1934년, 미국 펜실베이니아에서 태어난 하워드 마틴 테민Howard Martin Temin은 매우 활동적이고 두각을 나타내는 학생이었습니다. 고등학생 때 한 과학 연구소에서 열리는 프로그램에 참여했는데 프로그램 책임자가 부모에게 '이 소년은 참여한 모든 학생 중 가장 뛰어나며 미래의 훌륭한 과학자가 될 운명을 갖고 있다'고 말할 정도였죠. 또한 테민은 졸업식장에서 졸업생 대표로 연단에 서서 수소폭탄과 경쟁적인 달 탐사 등 당시 과학기술과 사회문제에 관한 자신의 생각을 거침없이 연설하기도 했습니다. 당당하고 자기주장이 강한 학생이었던 거죠.

훗날 캘리포니아공과대학CIT에 진학한 테민은 바이러스를 연구하면서 이상한 점을 발견하게 됩니다. 바이러스에 감염된 세포의 특성이 바뀌었는데, 그 특성이 유전된다는 것을 발견한 거죠. 마치 강아지가 바이러스에 감염되어 병을 앓으면서 털이 다 빠져버렸는데, 그 뒤에 낳은 새끼조차 털이 없는 강아지가 된 상황과 비슷했죠. 바이러스에 감염되면 병에 걸릴 수는 있어도 유전자까지 바뀔 수는 없다고 여겼던 당시로서는 누구도 상상하지 못한 결과였습니다. 하지만 테민은 계속된 연구를 통해 이것을 증명해냈죠.

테민의 연구 결과에 따르면 바이러스는 세포 속 설계도를 조작해서 세포가 엉뚱하게도 바이러스를 만들어내도록 할 수 있었습니다. 수많은 과학자들이 그의 연구를 무시하고 불가능한 일이라고 강하게 비판했지만 테민은 굴하지 않았죠. 그는 계속해서 증거를 찾아냈고 결국 모두가 인정할 수밖에 없도록 만들었습니다. 1975년 테민이 노벨

생리의학상을 수상하면서 이제 과학자들은 꿈을 꾸게 됩니다. 이 바이러스를 잘만 이용한다면, 인간이 원하는 대로 생명체의 설계도를 바꿀 수도 있게 될 테니까요.

2001년, '보디빌더 쥐'의 탄생

바이러스를 이용해 유전자를 바꾸는 기술은 꾸준히 발전했습니다. 미국의 생리학자 리 스위니Lee Sweeney는 쥐의 근육세포 유전자를 바꾸는 실험을 통해 '근육질 쥐'를 만들어내는 데 성공했죠. 2001년 선보인 쥐의 근육량은 무려 60%나 증가한 상태였고, 자기 체중의 3배에 달하는 짐을 등에 지고도 아주 가볍게 사다리를 올라갔습니다. 기자들은 이 근육이 울퉁불퉁한 쥐를 보고 '근육질 남자'라는 의미의 '히맨He-Man'이란 별명을 붙여줬죠. 쥐는 특별히 운동을 한 것도 아닌데 유전자를 바꾼 것만으로 근육이 확 늘어날 수 있었습니다. 나이가 든 쥐도 마치 어린 쥐처럼 근육이 튼튼하고 건강했죠. 만약 사람에게도 이런 일이 가능하다면, 힘들게 근육을 늘리기 위해 운동할 필요가 없게 되는 것이었습니다.

아니나 다를까 스위니의 연구실 전화는 운동선수들의 연락으로 쉴 새 없이 울려댔습니다. 아예 어떤 고등학교 미식축구팀 감독은 자신의 팀 선수들 유전자를 통째로 다 바꿔주면 거액의 돈을 주겠다고 할 정도였죠. 하지만 스위니는 운동선수들을 위해 이 실험을 한 것이 아니었습니다.

사람은 나이가 들수록 근육이 점점 줄어듭니다. 스위니의 할머니도 마찬가지였죠. 정원에서 식물 가꾸는 일을 좋아했던 할머니는 점점 근육이 약해지고 몸이 너무 쇠약해지면서 정원 일을 할 수 없게 되었습니다. 할머니는 '더 이상 사는 의미가 없다'는 말을 스위니에게 남기고는 얼마 뒤 세상을 떠나고 말죠. 스위니는 할머니의 죽음을 계기로 근육에 대한 깊이 있는 연구를 했고, 유전자 돌연변이로 듀셴 근이영양증DMD, Duchenne Muscular Dystrophy을 잃는 사람들도 만나게 됩니다.

듀셴 근이영양증은 근육을 만들어내는 유전자가 잘못되어 근육이 점점 손상되고 약해지는 병입니다. 어릴 때는 똑바로 일어서서 잘 걷기도 하지만, 움직일 때마다 근육이 조금씩 손상되기 때문에 점점 근육이 약해지면서 잘 넘어지고 쉽게 지치게 되죠. 12세 정도가 되면 근육 손상이 누적되어 대부분 휠체어 신세를 지게 되고 15세가 되면 호흡기와 심장에도 문제가 생기게 됩니다. 결국 신체의 모든 근육이 약해질 대로 약해져서 제대로 숨도 못 쉬게 되고 25세를 넘기지 못하고 대부분 죽게 되죠. 근이영양증을 잃는 자식을 둔 부모들은 스위니의 연구 결과를 보고 빨리 사람에게도 적용되는 치료법이 개발되길 절실히 바랐습니다.

그러나 쥐와 사람은 엄연히 다릅니다. 쥐에게서 효과를 본 치료법이 사람에게는 별 효과가 없는 경우가 대부분이죠. 그리고 유전자를 바구는 기술 역시 완벽한 것이 아니었습니다. 바이러스가 기존의 유전자를 망가뜨려 암이 유발될 수 있었고, 바이러스 자체가 갑자기 독성을 띄면서 큰 부작용이 나타날 수도 있었죠. 1999년 유전 질환을 치료하고자 유전자를 바구는 유전자교정 실험 대상이 된 한 소녀는 실험이 시작되고 며칠 뒤 체온이 급격히 상승하며 온몸이 염증으로 뒤덮였습니다. 바이러스 때문에 격렬한 면역반응이 일어난 것이었죠. 상황은 시시각각 나빠졌고 4일 뒤에는 인공심폐기를 몸에 연결해야 했습니다. 중환자실에서 소녀의 신체장기들은 멈추기 시작했고 결국 사망하고 말았죠. 과학자들은 좀 더 안전하고 효과적인 기술을 찾아내야 했습니다.

2007년, 유전자가위의 등장

덴마크의 요구르트 회사 다니스코Danisco 연구원들은 어느 날 유산균에서 특이한 현상을 발견했습니다. 보통 요구르트를 만드는 유산균들은 파지바이러스(박테리오파지bacteriophage) 감염에 취약합니다. 파지바이러스도 다른 바이러스들처럼 자신의 DNA를 세균에 주입해서 세균이 파지바이러스를 만들어내도록 하죠. 파지바이러스에 감염된 유산균은 자신의 에너지를 열심히 써서 바이러스를 계속 만들어내게 됩니다. 그렇게 파지바이러스들은 유산균 속에서 점점 불어나다가 유산균의 상태가 좋지 않으면 균의 세포막을 뚫고 나와 또 다른 곳으로 퍼져

유전자

나가죠. 그런데 연구원들은 일부 유산균들이 파지바이러스에 잠식당하지 않는 모습을 관찰하게 됩니다.

연구원들은 호기심에 가득 차서 이 유산균의 DNA를 살펴봤습니다. 그랬더니 모두 특정 유전자가 활성화되어 있었죠. 뿐만 아니라 더 신기한 것은 이 특정 유전자에는 유산균을 못살게 구는 파지바이러스의 DNA가 들어 있었습니다. 바로 이 특정 유전자가 요즘 생명공학계에서 뜨거운 이슈가 되고 있는 '크리스퍼 유전자'입니다. 크리스퍼 유전자는 마치 현상수배 전단지 같은 역할을 합니다. '이런 형태의 유전자는 세균에게 피해를 주는 바이러스의 유전자이니 없애버려야 한다'는 의미죠.

그런데 이 세균 속 전단지를 이용해 아예 바이러스를 잡는 전문경찰까지 만들어낼 수 있습니다. 크리스퍼 유전자로 만들어진 경

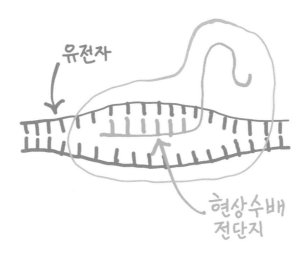

유전자

현상수배
전단지

찰은 DNA를 살펴보며 순찰을 돌다가 전단지에 나와 있는 바이러스의 DNA가 보이면 잘라내 버립니다. 마치 가위 같은 역할을 한다고 해서 '유전자가위'라는 별명도 붙었죠. 이로써 세균의 DNA는 바이러스 DNA의 침입으로부터 보호받을 수 있고 엉뚱하게 헛수고하지 않을 수 있게 되죠.

그러면 만약 이 경찰이 가진 현상수배 전단지를 인간이 바꿀 수 있다면 어떻게 될까요? 바이러스의 DNA 대신 뭔가 문제가 있는 DNA를 현상수배 전단지에 그려 넣을 수 있다면? 그리고 문제의 DNA 대신에 인간이 원하는 '좋은' DNA를 바꿔치기해서 넣을 수 있다면?

2012년, 캘리포니아대학교UC의 제니퍼 다우드나Jennifer Doudna 박사팀은 바로 그렇게 할 수 있다는 것을 발견해냅니다. 바이러스가 아닌 세포 속의 경찰을 이용해 생명의 설계도를 좀 더 정확하게 바꿀 수 있는 길이 열린 것이었죠. 이 발견은 즉시 엄청난 화제가 되었고 제니퍼 다우드나와 그의 연구 파트너 에마뉘엘 샤르팡티에Emmanuelle Charpentier는 2020년 공동으로 노벨화학상을 수상합니다. 그리고 수많은 과학자들이 유전자교정 연구에 뛰어들게 되죠.

2014년, 아픈 아이를 위한 노력

감기만 걸려도, 작은 상처만으로도 죽을 수 있는 병이 있습니다. 중증복합면역결핍증SCID, Severe Combined Immunodeficiency이라는 이름으로 불리는 이 병에 걸린 아이들은 태어날 때부터 세균이나 바이러스에 저항하는 면역체계가 잘 작동하지 않습니다. 그래서 병이 심한 경우 완전히 멸균된 환경에서 지내야만 하죠. 1971년 미국 텍사스에서 태어난 데이비드 베터는 바로 그런 아이였습니다. 베터에게는 단 하나의 세균조차 위험할 수 있기 때문에 베터는 완전히 멸균된 보호막 안에서만 살아야 했습니다. 가족들과 만날 때도, 이야기를 나눌 때도 베터는 언제나 보호막 안에 갇혀 있어야 했죠. 커다란 풍선처럼 생긴 보호막 때문에 베터는 '버블보이'라는 별명으로 불리게 됩니다.

어린 베터에게 풍선 안 생활은 견디기 힘든 것이었습니다. 풍선 안으로 공기를 불어넣는 기계와 살균을 위해 끊임없이 작동하는 장비들 때문에 너무 시끄럽고 답답했죠. NASA에서는 베터를 위해 특수 제작한 우주복까지 만들어서 선물로 줬습니다. 이 우주복을 입으면 세균의 공격으로부터 보호받으면서 밖으로 나갈 수 있었죠. 하지만 이것도 쉬운 일은 아니었고, 베터가 우주복을 이용한 것은 겨우 6번에 불과했습니다.

베터의 병을 완전히 치료하는 유일한 방법은 골수를 이식받는 것밖에 없었죠. 정상적인 골수에서 만들어지는 백혈구 같은 면역 세포들이 있어야만 세균 및 바이러스들과 싸워 이길 수 있거든요. 그렇지만 베터에게 잘 맞는 골수를 찾을 길이 요원했습니다.

적잖은 위험성이 있지만 누나의 골수로도 이식 성공 가능성이 있다는 연구 결과가 나오자, 베터에게 이식수술이 감행됐습니다. 처음에는 수술 결과가 좋아 보였습니다. 그러나 며칠 후 베터는 고열에 시달렸고 피를 토하기 시작했습니다. 골수가 몸에 맞지 않았던 거죠. 상황은 점점 나빠졌고 베터는 결국 난생 처음 보호막 바깥으로 나오게 됩니다. 도저히 보호막 안에서 치료를 이어갈 수 없었던 거죠. 그렇게 처음으로 베터는 가족과 살을 맞대어 만날 수 있었고, 몇 시간 뒤 안타

까운 죽음을 맞이했습니다.

만약 베터의 골수를 고칠 수 있다면 어땠을까요? 골수 속에 있는 유전자들을 정상적인 유전자로 바꿀 수 있었다면 베터는 위험한 골수이식수술을 받을 필요 없이 완치될 수도 있었을 겁니다. 2014년 과학자들은 그것을 해냅니다. SCID에 걸린 아이들의 골수를 뽑아내어 유전자의 결함을 고친 뒤 다시 집어넣은 것이었죠. 18명의 아이들에게 이 치료법을 시행했고 18명이 모두 완치되었습니다. 아이들은 힘겨운 수술을 마치고 이제 새 삶을 살 수 있게 됐죠.

하지만 사실 이런 치료법이 모든 아이들에게 적용되기는 힘듭니다. 특정한 종류의 SCID에만 효과가 있는 치료법인 데다 뼈 속에 있는 골수를 모두 긁어내야 하고 면역치료 등 복잡한 과정이 필요하기 때문에 비용과 시간이 굉장히 많이 듭니다. 한 명을 치료하는 데 수십억 단위의 돈이 들 정도죠. 그러면 이렇게 고통스러운 과정과 많은 돈, 시간을 들여 수술을 꼭 해야만 할까요? 좀 더 효과적인 방법은 없을까요?

2018년, AIDS에 걸리지 않는 아기

만약 아빠가 후천면역결핍증후군AIDS 바이러스를 가지고 있고 태어난 지 얼마 안 된 아기와 같이 생활한다면, 그 아기는 바이러스에 감염될 위험이 있습니다. 그런데 유전자교정으로 애초에 AIDS에 걸리지 않는 사람으로 태어날 수 있다면, 여러분은 어떤 선택을 하실 건가요?

2018년 중국의 과학자 허젠쿠이賀建奎는 AIDS에 걸리지 않도록 유전자를 교정한 쌍둥이 아기를 탄생시켰다고 발표해서 충격을 주었습니다. 세계 최초의 유전자교정 아기였죠. 허젠쿠이는 아직 세포들 덩어리일 뿐인 배아 상태에서 유전자를 교정해 AIDS바이러스가 인간세포에 들러붙지 못하도록 만들었습니다. 허젠쿠이는 아기의 아빠가 AIDS바이러스를 가지고 있어서 아기의 감염을 막기 위해 이런 시술을 했다고 주장했죠. 그의 주장에 따르면 이 시술 덕분에 앞으로 아기는 AIDS 감염으로 고생하며 치료를 받아야 할 필요도 없고, 감염에 대한 공포 없이 아빠와 함께 생활할 수 있다고 합니다. 하지만 전 세계 과학자들은 그가 생명윤리를 심각하게 침해했다고 비난했고, 그는 불법의료행위로 기소돼서 징역 3년형을 선고받았으며 근무하던 대학에서도 해임됐습니다. 허젠쿠이의 불법의료행위는 비판받아 마땅하지만, 만약 유전자교정을 잘만 이용한다면 오히려 인류에게 좋을 수도 있지 않을까요?

암과 치매를 피해 건강하게 장수할 수 있는 확률은 얼마나 될까요? 80세가 넘어가면 암에 걸릴 확률은 거의 40%에 육박하고 치매는 20%에 달합니다. 암에 걸리면 대부분 마약성 진통제에 의존하면서 끔찍한 고통 속에 삶을 마감해야 하고, 치매에 걸리면 자신의 소중한 기억을 상실해가며 가족뿐 아니라 나 자신이 누군지도 모르게 되면서 세상을 떠납니다. 누구든 장수를 누리는 사람은 둘 중 하나를 피하기가 정말 쉽지 않죠.

그러나 분명 누군가는 100세가 넘어서까지도 건강하게 잘 살아남습니다. 프랑스의 잔 칼망 할머니는 122세까지 건강하게 장수한 세계 최고령자입니다. 21세부터 117세까지 담배를 피웠다는데 폐암에 걸리지 않고 건강하게 잘 살았죠. 85세에 펜싱을 시작했고 110세에 자전거를 탔을 정도입니다. 이 정도 되면 유전자에 뭔가 특별한 게 있다고 생각할 수밖에 없습니다. 이렇게 건강한 유전자로 모든 아기의 유전자를 교정한다면 어떨까요? 태어난 지 얼마 되지 않아 소아암으로 고생하면서 세상을 제대로 누려보지도 못하고 죽어가는 아이도 더 이상 없게 되고, 각종 희귀병으로 고생하는 사람들도 사라지며 암, 치매 등 병 치료를 위해 쓰이는 어마어마한 돈과 노력도 획기적으로 줄일 수 있지 않을까요? 정말 그게 가능하다면 윤리적인 문제가 있더라도 시도해볼 만한 가치가 있지 않을까요?

그런데 생각보다 현실적으로는 매우 어렵습니다. 유전자가 사람을 만들어내는 과정을 보면 그게 정말 쉽지 않다는 걸 금방 알 수 있죠. 인간의 유전자는 약 4만 개 정도 되는데 이 4만 개의 유전자는 마치 피아노의 건반처럼 쓰입니다. 수많은 건반들의 소리가 어우러져 하나의 음악을 만들어내듯이 유전자들도 서로 영향을 주고받으며 인간을 만들어내죠. 수많은 유전자들이 어우러져 심장을 만들어냈다면, 또 수많은 유전자들이 힘을 모아 폐를 형성하고, 그다음엔 뼈, 그다음엔 손톱 등 크고 작은 인간 몸의 각 부분을 유전자들의 협력이 이루어냅니다.

게다가 유전자 하나는 결코 한 번만 쓰이지 않습니다. 지극히 작은 유전자 하나가 인체의 수많은 부분에 영향을 줄 수 있죠. 그러니 단 하나의 유전자를 고치면 그 영향력이 어디로 어떻게 퍼져 나갈지 매우 알기 힘듭니다. 비교적 단순해 보이는 사람의 키도 수많은 유전자들이 관여하고 93,000여 가지 유전변이의 영향을 받죠. 키를 키우기 위해 어떤 한 유전자를 바꾸면, 그 유전자가 심장에 영향을 줄 수도 있는 겁니다. 실제로 머리카락을 붉게 만드는 유전자인 MC1R은 피부암 발병 확률을 높이기도 하고, 눈 색깔에 영향을 주는 OCA2와 HERC2는 암, 파킨슨병, 치매 등의 발병과 관련이 있습니다. 인간의 유전자를 바꾼다는 것은 하나의 건반을 바꿔 곡조를 이루는 수많은 음 배열과 화음에 심각한 영향을 끼치는 것이나 마찬가지죠.

그리고 건반 자체도 정확하게 바꿀 수 있다는 보장이 없습니다. 크리스퍼 유전자가위의 경우 엉뚱한 유전자를 손상시킬 확률이 1~5% 정도 되고, 설사 정확하게 교정을 해낸다 해도 유전자교정이 완료되기 전 수정란이 분열하기 시작하면 인체에는 유전자교정이 된 세포와 안 된 세포가 섞여서 존재하게 됩니다. '모자이키즘mosaicism'이라 불리는 이런 현상이 심화되면 오히려 다운증후군 같은 선천적 기형을 가질 수 있으며 여러 질병에도 취약해지죠. 인간이 유전자를 완벽히 통제한다는 것은 아직 머나먼 미래의 일인 겁니다.

그러면 유전자교정은 현재로선 인류에게 큰 도움을 주기 힘든 기술일까요? 시선을 인간에게서 다른 곳으로 돌리면 큰 기회를 발견할 수도 있습니다.

2022년, 지구를 구하는 벼

농사를 지으려면 비료를 많이 줄 수밖에 없습니다. 식물이 흙속 영양분을 다 빨아들이기 때문에 비료를 주지 않으면 땅의 영양분이 금방 고갈되기 때문이죠. 특히 질소비료는 식물이 잘 자라게 하는 데 꼭 필요한 비료입니다. 질소비료가 없었으면 우리는 아직도 굶주림에 허덕이며 보릿고개를 간신히 넘는 신세였을 겁니다.

그런데 질소비료는 환경을 오염시킵니다. 질소 영양분이 땅속에 스며들어 지하수를 통해 강이나 바다에 흘러 들어가면 세균이나 조류가 영양분 때문에 너무 많이 번성하게 되거든요. 덕분에 물속에 작은 생명체들이 넘쳐나면 물고기들은 산소 부족으로 죽게 됩니다.

그런데 질소비료 없이도 잘 자라는 식물이 있습니다. 바로 '콩'이죠. 콩은 뿌리혹박테리아의 도움을 받아 문제를 해결합니다. 뿌리혹

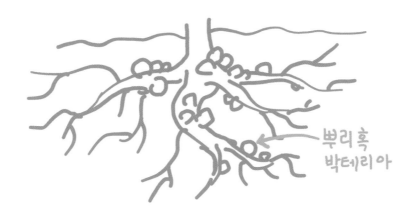

뿌리혹
박테리아

박테리아는 공기 중의 질소를 콩이 흡수할 수 있도록 만들어주는 고마운 세균이죠. 대신 콩은 화학물질을 분비해서 뿌리혹박테리아가 질소를 흡수하는 일을 잘 할 수 있게끔 도와줍니다. 벼도 콩과 비슷한 방식으로 성장할 수 있다면 비료도 필요 없고 참 좋겠죠?

2022년, 미국 데이비스 캘리포니아대학교의 에두아르도 블룸왈드Eduardo Blumwald 교수팀이 바로 그 일을 해냈습니다. 벼의 유전자를 교정해서 콩의 생장방식과 유사하게 만든 겁니다. 이 벼는 뿌리혹박테리아를 이용해 공기 중의 질소를 흡수할 수 있었고, 질소비료 없이도 많은 양의 쌀을 생산해냈습니다. 이 벼를 재배하면 당장 미국에서만 수십억 달러의 비룟값을 아낄 수 있고, 질소비료로 인한 토양오염 해결에도 큰 도움이 되죠. 유전자교정을 통해 환경을 보호할 수 있는 겁니다.

2023년, 우리나라에서 세계 최초로 온실가스를 줄이는 데 큰 도움이 되는 벼를 개발해냈습니다. 사실 벼농사는 그 평화로운 모습과 달리 막대한 양의 메탄가스를 내뿜습니다. 생산과정에서 나오는 온실가스 배출량을 따져 보면 모든 곡식 중에서 쌀이 압도적 1위죠. 그 이유는 벼를 재배할 때 논에 물을 채우기 때문입니다. 벼가 물속의 산소를 흡수했을 때, 산소가 부족한 물속 상황을 좋아하는 세균이 있습니다. 이 세균들이 메탄가스를 만들어내죠. 메탄가스는 이산화탄소보다 21배나 강력한 온실가스입니다. 세계은행에 따르면 인간이 만들어내는 메탄가스 배출량 중 10%가 벼농사에서 나온다고 합니다.

그런데 이 메탄가스 배출을 줄일 수 있는 벼 품종을 우리나라 농촌진흥청에서 만들어낸 거죠. '밀양360호'라는 이름의 이 벼는 벼

뿌리에서 배출되는 세균의 먹이 물질(삼출물)을 줄여서 세균이 잘 자라지 못하게 만듭니다. 게다가 벼 낟알도 더 굵어져서 쌀 수확에도 도움을 줍니다. 기존 벼에 비해 최대 24%까지 메탄가스 배출을 줄일 수 있다고 합니다. 이런 일이 가능했던 것은 'GS3'라는 유전자를 도입했기 때문이죠.

2023년, 필리핀 정부는 세계 최초로 '황금쌀'의 재배를 정식 승인했습니다. 황금쌀은 옥수수에 들어 있는 비타민A 관련 유전자를 벼 유전자에 넣어서 만들어낸 종자입니다. 비타민A는 부족할 경우 실명에 이르거나 면역력이 약해지면서 생명이 위험해질 수 있는 중요한 영양소입니다. 신선한 채소나 우유, 계란 등에 많이 들어 있죠. 우리나라 같은 선진국은 문제가 없지만 남아시아, 아프리카, 동남아시아를 중심으로 무려 1억9,000만 명의 어린이들이 비타민A 부족으로 인한 건강 문제에 시달리고 있습니다. 매해 25~50만 명에 이르는 어린이들이 시력을 잃고 그중 절반이 죽을 정도로 심각한 문제죠. 황금쌀이 고통 속에 있는 아이들을 구할 수도 있는 겁니다.

하지만 아무리 그 효과가 좋다 한들 유전자가 바뀐 벼를 재배하는 것은 쉬운 일이 아닙니다. 필리핀 정부도 많은 사람들의 반대를 간신히 무릅쓰고 2023년이 되어서야 재배를 승인했죠.

2023년, 유전자변형식품에 대한 두려움과 주키니호박 사태

짜장면이나 짬뽕을 먹다 보면 양파 말고도 부드럽게 씹히는 호박을 먹게 됩니다. 이 호박은 '주키니호박'이라 불리는데 생김새는 애호박과 비슷하지만 과육 중심부까지 단단하고 씨앗이 없어서 볶음밥 재료로도 많이 쓰입니다. 일반 가정에서는 잘 쓰진 않지만 급식시설이나 음식점, 식품업체에서 대량으로 많이 쓰죠.

그런데 2023년 3월, 갑자기 농림축산식품부에서 주키니호박 씨앗 2종이 승인되지 않은 유전자변형생물체GMO, Genetically Modified Organism라며 판매와 출하를 갑자기 중지시켰습니다. 그동안 별 문제없이 주키니호박을 재배해온 농민들은 애써 키워온 호박을 팔지도 못하게 됐고, 그동안 급식시설과 음식점에서 호박을 먹어온 시민들도 불안에 떨었죠. 시민단체들은 유전자변형식품이 인체에 해를 줄 수도 있다면서 시위를 벌이며 관리를 제대로 못한 정부를 강하게 비판했습니다. 그런데 왜 하필이면 농민들은 유전자가 변형된 호박을 재배했을까요?

호박은 바이러스들 때문에 키우기가 쉽지 않습니다. 녹반모자이크바이러스에 감염되면 호박이 쭈글쭈글해져서 팔 수 없게 되고, 흰가루병을 일으키는 바이러스에 감염되면 이파리에 밀가루를 뿌린 듯흰 가루가 내려앉아 작물이 말라죽게 되죠. 바이러스 피해를 막으려면 농약을 많이 뿌리는 수밖에 없습니다. 하지만 농약을 많이 쓰면 토양도 오염되고 호박의 수정을 도와주는 벌, 나비 같은 곤충들도 죽게 되죠. 그래서 정부에서는 바이러스에 강한 품종을 만들어내기 위해 노력했고 2017년 그 결실로 '가야금'이라는 주키니호박 종자를 개발합니다. 가야금 쥬키니호박을 심으면 10번 뿌릴 농약을 1~2번만 뿌려도되고, 30일 이상 수확 기간도 늘어나 더 많은 호박을 수확할 수 있었죠. 농민들은 가야금 주키니호박을 재배하지 않을 이유가 없었습니다.

그런데 문제는 품종 개량을 할 때 외국에서 들여온 씨앗을 이용한 것에서 생겼죠. 정부 지원으로 품종 개량을 하던 회사는 바이러스에 강한 씨앗을 외국에서 들여왔고, 그 씨앗을 이용해 교배를 하면서 가야금 주키니호박 종자를 만들어냅니다. 그러나 그 외국 씨앗은실험실에서 유전자를 교정해 만들어낸 종자였고, 그 유전자가 뒤늦게정부의 조사에서 발견되면서 2023년 갑자기 판매와 출하가 중단되는 사태가 일어난 겁니다. 우리나라에서 허가받지 않은 유전자변형식품(GMO 또는 LMO)의 판매와 거래는 불법이거든요. 7년의 시간 동안수많은 사람들이 먹어온 식재료가 하루아침에 불법이 되어버리니 많은 사람들이 혼란스러워할 수밖에 없었습니다. 그리고 혹시 내가 먹은유전자변형식품 때문에 몸에 문제라도 생길까 봐 두려워해야 했죠.

수많은 사람의 노력 끝에 생명의 설계도에 다가선 인간은 이제 어떻게 해야 할까요? 신의 영역이니 이쯤에서 멈춰야 할까요? 간혹 영화에 나오는 것처럼 이상한 생명체가 나타나 인간을 공격하는 일이 일어날 수도 있지 않을까요?

가장 큰 두려움은 그것에 대해 잘 모를 때 찾아옵니다. 유전자는 애초에 끊임없이 바뀌도록 만들어져 있습니다. 엄마, 아빠의 유전자는 서로 뒤섞여서 자식에게 전달되고 전달된 유전자 역시 환경에 따라 활성화되는 부분이 달라집니다. 더군다나 식물은 자연 상태에서도 다른 종의 유전자를 받아들여서 모습을 확 바꾸는 경우까지 (아주 드물지만) 있습니다. 생명체를 둘러싸고 있는 환경이 언제 어떻게 바뀔지 모르기 때문에 유전자 역시 끊임없이 자신의 모습을 바꾸는 것이죠. 그렇기에 지금 이 지구에는 수없이 다양한 생명체들이 살고 있는 겁니다.

유전자 입장에서는 그것이 실험실에서 이루어지든 자연에서 이루어지든 별 차이가 없습니다. 사람이 뒤섞었느냐, 자연이 뒤섞었느냐의 차이일 뿐이죠. 그러니 유전자변형식품이라 해서 특별히 다른 무언가가 첨가된 것이 아닙니다. 디지털 정보가 0과 1의 다양한 조합으로 이루어져 있듯, 유전자는 아데닌, 티민, 구아닌, 사이토신 4가지 물질의 조합으로 이루어져 있고 그 조합이 다를 뿐이죠.

유전자변형식품과 일반 식품을 먹는 것에는 어떤 차이가 있을까요? 소화 과정에서 유전자를 이루는 물질들이 다 쪼개져서 뒤섞이기 때문에 인체의 입장에서도 사실 큰 차이가 없습니다. 마치 바둑판의 바둑돌들을 어떻게 뒤섞어 놓든 별 차이가 없는 것과 똑같죠.

물론 새로운 특성을 가진 생물이 나타나면 생태계에 예기치 못한 영향을 줄 수 있습니다. 유전자를 교정한 벼를 심는 경우 메탄가스를 만들어내는 세균이 논에서 확 줄어들면서 그 세균의 빈자리는 다른 종류의 세균으로 대체될 수 있죠. 유전자교정으로 해충이나 바이러스에 강한 식물을 만들어내면, 그런 식물조차 이겨낼 수 있는 더 강한 해충이나 바이러스가 나타날 수도 있고요. 그렇다고 해서 살충제를 뿌려 토양의 미생물이나 벌, 나비들을 죽이는 것은 과연 생태계에 이로울까요? 무엇이 더 환경 보호에 적합할지는 지속적인 연구를 통해 그 위험성과 득실을 따져봐야 알 수 있습니다. 바로 이럴 때 과학이 빛을 발하는 것이고, 기술의 적용과 그로 인한 여러 난점들에 대한 합리적 토론이 요구되는 것이죠. 두려움 때문에 당장 눈앞에 닥친 문제를 외면하고 완전히 기회를 놓칠 수는 없는 겁니다.

두려움을 이기는 것이 지혜의 시작이다.
_버트런드 러셀

●

12장

천문학

천상의 질서를 뒤흔든
도전과 혁신의 지성사

사회가 발전하고 사람들이 먹고살기 편해진다고 해서 자동으로 인류가 똑똑해지는 것은 아닙니다. 불과 몇백 년 전만 해도 많은 사람들이 지구는 편평해서 바다 저 멀리 항해하면 절벽에서 떨어져 죽는다고 생각했고, 해나 달은 신비로운 천상의 존재이기 때문에 영원히 떨어지지 않고 돈다고 생각했죠. 호랑이에게 쫓기던 오누이가 동아줄을 잡고 올라가 해님, 달님이 됐다는 이야기나 별반 차이가 없었던 겁니다. 그러면 왜 지금은 저런 이야기들이 진짜가 아니라 상상 속 옛날이야기로 여겨지게 됐을까요? 어쩌면 작은 아이들의 장난이 그 변화의 중요한 도화선이었을지 모릅니다.

1600년대 초반, 네덜란드의 한 골목

아이들이 렌즈를 가지고 놀고 있습니다. "신기하다! 렌즈 두 개를 겹쳐서 보니까 저 멀리 있는 건물이 크게 보여!"

이 모습을 지켜보고 있던 안경 기술자 한스 리퍼세이Hans Lippershey는 아이디어가 떠올랐죠. 렌즈 두 개를 아예 통에 끼워서 멀리 있는 물체를 크게 보는 도구를 만들면 꽤 유용할 것 같다는 생각이었습니다. 우리가 익히 잘 아는 망원경의 발명이 시작된 순간이었죠.

물론 그 이전에도 렌즈를 이용해서 멀리 있는 물체를 밀착해서 보는 방법을 알고 있는 사람들이 있었습니다. 모나리자를 그린 화가이자 발명가로 유명했던 레오나르도 다 빈치도 그 사실을 알고 있었다고 하죠. 문제는 렌즈의 품질이었습니다. 렌즈는 조금만 울퉁불퉁하거나 형태가 정확하지 않으면 물체가 흐릿해 보였기 때문이죠. 아무리 멀리 있는 물체를 크게 확대해 볼 수 있다 해도 흐릿하게 보이면 쓸모

가 없었습니다. 그러나 리퍼세이는 뛰어난 렌즈기술자였기 때문에 선명하게 보이는 망원경을 만들 수 있었죠.

　　같은 시대 이탈리아에 살고 있던 과학자 갈릴레오 갈릴레이Galileo Galilei는 망원경에 대한 소문을 듣고 아주 중요한 발명이라고 생각했습니다. 별과 달을 관측하는 용도로도 쓸 수 있겠지만 당시엔 전쟁이 벌어지던 시기였기에 망원경은 적군의 배를 발견하는 데 아주 유용할 것임에 틀림없었죠. 잘하면 아주 큰 돈벌이가 될 수 있었습니다. 그런데 얼마 지나지 않아 리퍼세이가 갈릴레오가 사는 나라에 왔다는 소식이 들려왔죠. 마음이 급해진 갈릴레오는 자기가 먼저 망원경을 만들어 고위 관료들에게 보여줘야겠다는 생각에 급히 작업에 착수했죠.

　　갈릴레오는 열심히 유리를 깎아 렌즈를 만들고 렌즈의 위치를 이리저리 바꾸는 등 여러 가지 궁리 끝에 60배나 확대해서 볼 수 있는 뛰어난 망원경을 만들어냅니다. 그리고 기술자를 불러 최고급 가죽으로 망원경 장식까지 아름답게 하죠. 과학자지만 꼼꼼한 사업적 감각도 있었던 겁니다. 발 빠른 갈릴레오는 공무원 친구를 이용해 리퍼세이보다 먼저 고위 공직자들과 약속을 잡는 데 성공했고 망원경 덕분에 돈도 벌고 유명해지게 됩니다. 리퍼세이도 망원경을 보여주긴 했지만 갈릴레오의 것보다 성능이 떨어졌기 때문에 인정받지 못합니다.

　　하지만 갈릴레오를 훨씬 더 유명하게 만든 것은 망원경을 이용한 천체 관측이었습니다. 갈릴레오는 달을 관측하면서 깜짝 놀랐죠. 망원경으로 본 달 표면은 매우 흠이 많고 울퉁불퉁했던 겁니다. 지금 우리 입장에서는 아주 당연한 상식이지만 당시 사람들은 그렇게 생각하지 않았죠. 그때 사람들은 천상과 지상이 전혀 다른 종류의 세계라고 생각하고 있었습니다.

　　일단 하늘에 있는 해, 달, 별은 영원한 존재였죠. 규칙적으로 변하거나 움직이긴 했지만 사라지진 않았습니다. 언제나 태양은 떠올랐고 달은 차고 기울었으며 별은 반짝였죠. 그에 비해 지상의 존재들은 끊임없이 변하고 사라져갔죠. 힘껏 던진 공은 땅에 떨어져 더 이상 움직이지 않았고, 사람은 아무리 열심히 살아도 늙어 죽었으며, 거대한 산조차도 세월이 지나면 원래의 모습을 잃어갔습니다.

　　대개 천상은 완벽하고 신성한 세계, 지상은 불완전하고 비천한 세계로 여겼고 그 대표적인 예가 바로 아리스토텔레스의 우주관이었습니다. 그러니 천상의 존재인 달도 표면이 매끈할 것이라 생각했던 것이죠. 그러나 갈릴레오는 망원경을 통해 전혀 그렇지 않다는 사실을 밝혀냈고 사람들은 충격을 받게 됩니다.

　　갈릴레오는 목성도 관찰했는데 여기서도 놀라운 발견이 나옵니다. 바로 목성을 돌고 있는 위성 4개를 처음으로 발견한 것이었죠. 그때만 해도 모든 해, 달, 별은 지구를 중심으로 돈다고 믿는 '천동설'이 상식이었는데 목성의 위성들은 지구 주변을 돌지 않고 목성을 중심으로 돌고 있었습니다. 천동설에 큰 금이 가는 순간이었죠.

　　뿐만 아니라 갈릴레오는 태양의 흑점도 발견하게 되죠. 천상에서 가장 완벽한 존재로 오래전부터 신앙의 대상이기도 했던 태양마저 흠이 있던 겁니다. 이러한 갈릴레오의 발견들 덕분에 지구가 태양 주위를 돈다는 '지동설'이 힘을 얻기 시작합니다. 그리고 이제 과학자들은 왜 행성들이 다른 곳으로 날아가지 않고 태양 주위를 도는지 그 이유를 알아내야 했습니다.

1660년대 중반 영국

한 청년이 나무 밑에 앉아 생각에 잠겨 있습니다. 대학생이었던 이 청년은 흑사병을 피해 시골집에 머무르고 있었죠. 딱히 할 일 없이 이런저런 생각에 잠겨 있던 청년이 하루는 사과나무 밑에 앉아 차를 마시고 있었습니다. 바로 그때 청년 앞에 사과가 뚝 떨어집니다. 청년은 사과를 보며 '왜 위도 아니고 옆도 아니고 아래로 떨어질까' 하는 의문에 빠지게 되죠. 이 청년의 이름이 바로 그 유명한 아이작 뉴턴Isaac Newton이었습니다.

뉴턴이 만유인력, 즉 '중력'을 발견하게 된 아주 유명한 일화죠. 오랫동안 가짜다 아니다 논쟁이 있었는데 최근 뉴턴 자신이 이 일화를 언급했다는 기록이 발견되면서 논쟁이 일단락됐습니다. 지구가 사과를 끌어당기고, 사과도 지구를 끌어당기며, 모든 질량을 가진 물체

는 서로 끌어당기는 힘이 있다는 만유인력, 즉 중력의 발견은 사과가 떨어지는 것뿐만 아니라 왜 행성들이 태양 주위를 돌고 달이 지구 주위를 도는지 설명해줄 수 있었고 그래서 사람들에게 큰 충격을 줬죠.

예를 들어 사과를 들고 있다고 해봅시다. 사과를 살짝 던지면 바로 앞에 떨어지지만, 세게 던지면 꽤 멀리 날아갑니다. 그리고 아주 세게 던질 수 있다면 저 멀리 우주 공간으로 날아가겠죠. 그런데 여기서 좀 어중간하게 던진다면 어떻게 될까요. 적당한 세기로 던진다면 사과는 우주로도 날아가지 않고 지구로도 떨어지지 않고 지구 주위를 뱅글뱅글 돌 수 있게 됩니다. 지구가 중력으로 당기는 힘과 우주로 날아가려는 힘이 균형을 이룬 것이죠. 달 역시도 마찬가지의 힘의 균형 때문에 지구 주위를 도는 것이고, 지구나 다른 행성들이 태양 주위를 도는 것도 같은 이유에서인 것이죠.

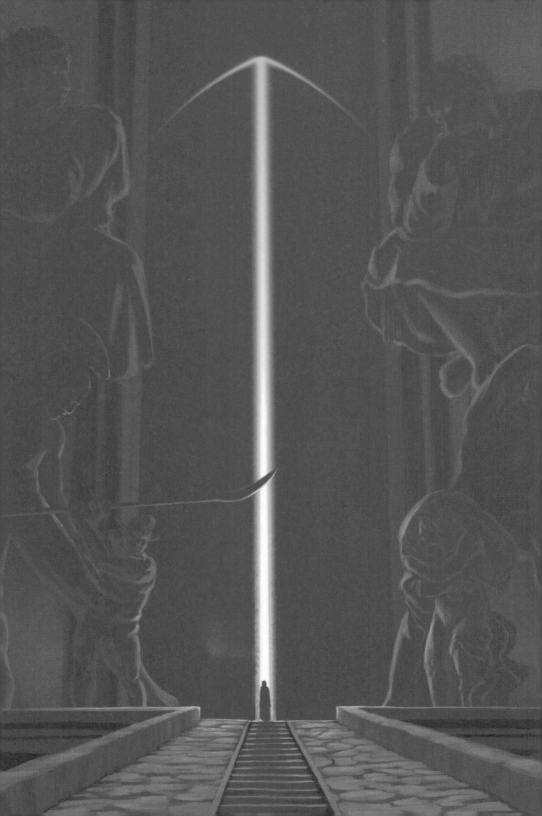

중력은 지금이야 당연한 원리로 받아들여지지만 당시엔 고정관념이 부숴지는 일이었습니다. 뉴턴에 따르면 천상과 지상은 같은 물질, 같은 질서에 의해 움직이고 있었죠. 해, 달, 별은 신비로운 천상의 질서에 따라 운행하는 존재가 아니라 지구와 별다를 것 없이 질량을 가지고 중력의 영향을 받는 물질 덩어리였습니다.

갈릴레오가 무너뜨려 놓은 천상세계에 대한 환상은 이제 뉴턴에 의해 확실하게 짓밟혔습니다. 뉴턴은 단순한 과학자가 아니라 새로운 시대로 가는 문을 활짝 연 개척자이기도 했습니다.

그러나 뉴턴의 중력에도 문제가 있었으니 바로 어떻게 작용하는지를 알 수 없다는 것이었죠. 지구와 달 사이엔 아무것도 없습니다. 심지어 공기도 없죠. 그런데 어떻게 달을 끌어당기는 것일까요? 투명 팔이라도 있는 걸까요? 천재 뉴턴도 여기에 대해선 해답을 내놓지 못했습니다. 그래서 중력은 '유령 같은 원격작용'이라고 불리기도 했죠.

1915년, 아인슈타인의 발견

뉴턴도 풀지 못한 문제를 해결해낸 것은 청년 아인슈타인이 발견해낸 '일반 상대성이론general relativity'이었습니다. 내용은 잘 몰라도 그 이름은 모르는 사람이 없을 정도로 유명한 이론이죠. 그 시작은 아인슈타인의 머릿속에서 일어난 작은 생각의 불꽃이었습니다. 지금부터는 최대한 간단히 비유로 그 불꽃의 열기를 살짝 느껴보겠습니다.

여러분은 멈춰 있는 엘리베이터에 타 있습니다. 옆의 벽을 보니 눈 정도 높이에 구멍이 뚫려 있죠. 그리고 그 구멍을 통해 엘리베이터 바깥의 빛이 들어와서 반대쪽 벽, 즉 왼쪽에 닿습니다. 빛이 오른쪽 벽에서 나와 왼쪽 벽에 가서 닿게 되는 것이죠. 엘리베이터에 탄 사람이나 엘리베이터 밖에 있는 사람에게나 빛은 똑같이 직선으로, 수평방향으로 나아가고 있습니다. 여기까지는 아무 문제 없죠.

자, 그런데 엘리베이터가 이제 올라가기 시작하면 문제가 생깁니다. 바깥에서 보는 사람 입장에서는 분명히 빛이 직선으로, 수평으로 날아가는 것처럼 보이는데, 엘리베이터 안에 탄 사람은 눈높이에서

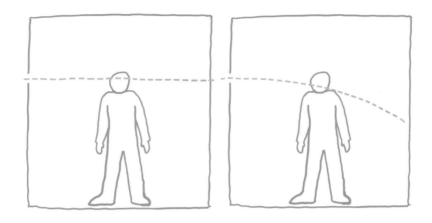

나온 빛이 구부러지더니 어깨, 그 다음 허리 쪽으로 곡선을 그리며 휘어져 내려갑니다. 똑같은 빛인데 보는 사람 입장에서 빛의 진행방향이 달리 보이는 것이죠. 한 사람에게는 직선, 다른 한 사람에게는 구부러진 곡선입니다.

　　물론 그 정도로 구부러지려면 엘리베이터가 굉장히 빨라야 하고 빛의 속도는 아주 느려야 하겠지만 휘어지는 건 사실이니 설명을 위한 과장된 비유로 이해해주시기 바랍니다. 어쨌든 다시 돌아가서 그 빛이 휘어지는 것은 사실 당연합니다. 바깥에서 볼 때 빛은 그냥 아까부터 직선으로 날아가고 있습니다. 그런데 엘리베이터가 갑자기 올라가면서 엘리베이터 속에서 상대적 위치가 변한 것뿐이죠. 길을 가다가 귀여운 아기가 있어서 보려고 무릎을 굽히고 앉으면 그 아기가 눈높이에 있게 되지만 다시 몸을 일으키면 아기가 점점 밑으로 내려가게 되는 식으로 말이죠. 이것은 아기의 키가 작아진 것이 아닙니다. 아기를 바라보는 내 눈높이가 상대적으로 변한 것뿐이죠. 마찬가지로 빛은 그대로이고 엘리베이터의 위치가 상대적으로 변한 겁니다.

　그런데 여기서 아인슈타인이 중요한 실마리를 잡습니다. 엘리베이터가 위쪽으로 솟구칠 때 사람은 아래쪽으로 끌어당기는 느낌을 받죠. 버스가 멈춰 있다가 갑자기 속도를 내며 앞으로 출발하면 뒤로 잡아당기는 듯한 느낌이 들며 기우뚱하는 것과 마찬가지입니다. 이런 걸 '관성'이라고 하죠. 변화를 줬을 때 원래 상태를 지키려고 하는 속성입니다. 이 관성 때문에 엘리베이터에 탄 사람은 아래로 잡아당기는 힘을 받죠.

　그런데 이렇게 엘리베이터에서 발생한 힘은 지구의 중력과 '끌어당긴다'는 점에서 비슷합니다. 바로 이 공통점에서 아인슈타인의 기발한 착상이 나온 겁니다. 중력과 엘리베이터에서 밑으로 잡아당기는 힘은 비슷한 게 아니라 '같다'는 거죠. 만약 우주 공간에 거대한 우주선이 있어서 그 안을 지구처럼 꾸며놓고 계속 위로 가속을 한다면, 거기 탄 사람은 아래로 잡아당기는 힘을 받게 되고, 그 사람이 바깥 상황을 모른다면 중력과 구분할 수 없습니다. '나는 중력 속에서 살고 있구나'라는 느낌을 받는 것이죠.

　자, 그런데 여기서 문제는 솟구치는 엘리베이터의 중력은 어떻게 발생하는지 알겠는데 지구의 중력은 어떻게 생겨나는지 모른다는 겁니다. 지구는 어디로 솟구치는 것도 아니고 그냥 가만히 있어도 중력이 생겨납니다. 단지 무거운 질량을 가지고 있다는 이유만으로 말이죠. 만약 아인슈타인의 생각이 옳아서 중력과 관성 둘 다 같은 힘이라면 '빛의 휘어짐' 현상이 똑같이 일어날 겁니다. 아까 엘리베이터가 솟

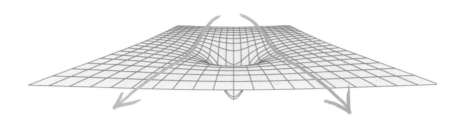

구칠 때 빛이 휘어졌던 것처럼 지구 주변을 지나가는 빛도 휘어질 것이라는 말이죠.

이제 아인슈타인이 풀어야 할 문제는 '만약 지구에서 빛이 휘어진다면 도대체 왜 휘어지는 것이냐'라는 겁니다. 여기서 또 빛나는 아이디어가 나옵니다. 바로 빛이 지나가는 시공간이 휜다는 거죠. 마치 당구공은 똑바로 굴러가려고 해도 당구대가 움푹 파여 있으면 당구공이 휘어지며 굴러갈 수밖에 없는 것처럼 말입니다.

이렇게 해서 그 대단하다는 일반 상대성이론의 핵심적인 아이디어가 나오게 됩니다. 중력은 시공간이 휘어져 있어서 생겨난다는 겁니다. 마치 트램펄린 위에 무거운 볼링공을 올려놓으면 그 부분이 푹 들어가게 되고 다른 공들을 놓으면 전부 볼링공 쪽으로 굴러가는 것처럼, 시공간이 휘어지면 그쪽을 향해 중력이 생기면서 끌려 들어가게 된다는 것이죠.

아주 단순한 논리적 사고과정이었을 뿐인데 결과물이 정말 대단합니다. '솟구치는 엘리베이터에서는 중력이 생겨나고 빛이 휜다. 그 중력이 지구의 중력과 같다면 지구를 지나는 빛도 휘어질 것이다. 빛은 직진하는데 왜 휘어지나? 빛이 지나가는 길 자체가 휘었기 때문이다. 그 길이 바로 시공간이다.' 이렇게 한 청년의 머릿속에서 타오른 작은 논리와 의문의 불꽃이 활활 타오르며 훗날 일반 상대성이론이라는 거대한 발견이 이루어졌던 겁니다.

1919년 5월 29일, 아프리카 근처의 프린시페섬

달이 태양을 가리며 세상은 점점 어두워졌고 곧 캄캄한 어둠이 찾아왔습니다. 아인슈타인의 친구, 아서 스텐리 에딩턴Arthur Stanley Eddington 은 태양을 바라보며 열심히 셔터를 누릅니다. 바로 일반 상대성이론의 증명이 성공하는 순간이었죠.

에딩턴의 사진에는 태양 주변에 있는 별이 찍혀 있었는데 그중엔 찍혀서는 안 되는 별이 있었습니다. 원래는 태양에 가려서 찍힐 수가 없는데 태양 주변의 시공간이 휘면서 빛이 휘어져 들어와 사진기에 포착되었던 것이죠.

아인슈타인은 손으로 붙잡을 수도 만질 수도 없는 시간과 공간을 가지고 명백히 눈에 보이는 힘인 중력을 깔끔하게 설명해냈던 겁니다. 뉴턴이 중력법칙은 만들어냈어도 중력이 왜, 어떻게 생겨나는지는 설명하지 못했는데 아인슈타인은 일반 상대성이론에서 그것을 해낸 것이죠. 물리학자 존 아치볼드 휠러John Archibald Wheeler는 일반 상대성이론을 한 문장으로 요약해서 이렇게 말했습니다.

"시공간은 물질이 어떻게 움직여야 할지 말해주고, 물질은 시공간이 어떻게 구부러져야 할지 말해준다."

중력에 대한 문제가 이렇게 해결되면서 사람들은 우주에 대해 자신감을 더욱 가지게 됩니다. 우주를 움직이는 힘인 중력에 대해 제대로 알게 됐으니 우주는 더 이상 천상의 세계도, 미지의 세계도 아니었죠. 그러면 그 다음은 뭘까요. 바로 우주를 향해 탐험을 시작하는 겁니다. 콜럼버스가 지구가 둥글다는 과학자들의 주장을 믿고 바다 멀리 항해를 떠날 수 있었던 것처럼, 이제 사람들은 우주에 대한 지식으로 무장을 하고 탐험을 준비했죠.

1969년 7월 20일, 달착륙선 조종실

심장은 쿵쾅쿵쾅 뛰면서 맥박은 분당 150회까지 올라갔고 조종사는 당황하고 있습니다. 애초에 조종사는 이 착륙선을 마음에 들어 하지 않았죠. 마치 꼬마들이 이쑤시개와 종이상자로 대충 조립해 놓은 장난감처럼 생겼다고 생각했습니다. 실제 조종이 쉽지 않고 컨트롤이 안되는 것도 사실이었죠. 그는 최선을 다했지만 착륙선은 마치 얼음 위에서 미끄러지는 자동차처럼 마음대로 움직이며 연료를 낭비하고 있었습니다. 조종사는 죽음의 갈림길에 서 있었고 충돌한다면 끝이라고 생각했죠. 그는 충돌을 막기 위해 엔진 분사 단추를 누릅니다. 그리고 잠시 뒤 10초 분량의 연료만 남긴 채 간신히 착륙에 성공하죠. 조종사는 얼굴을 돌려서 동료를 쳐다보며 빙긋이 웃습니다.

그들이 착륙한 곳은 달이었습니다. 각종 옛날 이야기의 주인공으로 등장했고 종교에서는 신으로 받들어지기도 했던 천상의 행성, 달에 인간이 도착한 것이죠. 신화에서 그려지던 우주에 대한 착각과 오해에 최종적인 마침표를 찍는 순간이기도 했습니다. 그런데 재미있게도 달에 갈 수 있었던 중요한 이유는 앞에서 살펴봤던 스푸트니크 때문이기도 했죠. 소련이 인공위성을 쏘아 올리자 충격을 받은 미국이 소련과 우주개발 경쟁을 하다 보니 달에 이르게 된 것이었습니다.

그러나 단지 달에 도착한 것이 경쟁에 이기기 위한 것만은 아니었죠. 달에 대한 과학적 연구도 중요한 목표였습니다. 그래서 밝혀진 것이 바로 앞에서 살펴봤던 달의 탄생 과정이었습니다. 달에서 가져온 흙을 분석해보니 지구의 흙 성분과 같았고, 따라서 달은 지구에서 떨어져나간 행성이라는 결론이 도출되었던 것이죠. 달이 천상의 존재가 아니라 지구와 같은 뿌리를 가지고 있다는 사실까지 알아낸 겁니다.

그러면 과학의 다음 도전 과제는 뭘까요? 아직도 남아 있는 인류의 착각이나 오해가 있을까요?

2012년 8월 6일, 화성

5억6,300만km, 2조8,000억 원. 화성탐사선 큐리오시티Curiosity가 화성까지 날아간 거리와 발사하기까지 들어간 비용입니다. 큐리오시티는 8개월을 비행한 끝에 화성에 착륙했습니다. 그 많은 돈을 들였음에도 착륙 성공 확률이 40%밖에 안 됐기 때문에 착륙 장면을 지켜봤던 과학자들은 가슴을 졸여야만 했습니다. 혹시라도 실패한다면 그 많은 돈과 시간이 날아갔을 테니, 상상만 해도 끔직했겠죠. 그런데 왜 과학자들은 그렇게 마음 졸여가며 화성에 탐사선을 보낸 것일까요?

화성 탐사의 역사는 상당히 깁니다. 1964년 미국의 매리너 4호가 처음으로 화성에 접근하는 데 성공한 이후 소련의 마스 3호가 착륙했다가 바로 불타버리기도 했고, 마스 6호는 착륙에 성공했는데 통신이 두절됐고, 마스 7호는 엉뚱한 곳으로 날아가버렸고, 미국의 마스 클라이미트 오비터는 거리 계산 오류로 인해 화성에 그대로 충돌하는 등 인류는 무수히 많은 노력과 시도를 거듭하며 화성을 탐사하고자 했죠. 화성에 엄청난 보물이라도 있는 걸까요? 우리가 아는 보물은 당연히 없습니다. 보물이 있다 해도 들어간 돈과 시간만큼 비싼 값어치를 하는 것이 있을 리가 없죠.

사실 가장 중요한 이유는 바로 생명체를 찾는 겁니다. 지구 외다른 행성의 생명체 존재 여부는 과학자들에게 굉장히 중요한 문제죠. '그게 뭐 중요한가. 없으면 어떻고, 있으면 어때서?' 이럴 수 있지만 과학자들에겐 그렇지 않습니다.

인간을 포함한 모든 생명체들의 입장에서 지구 45억 년 역사중 가장 중요한 순간은 언제일까요? 바로 '최초의 생명체'가 탄생한 순간입니다. 여러분에게 1년 365일 중 가장 중요한 날이 생일인 것처럼 말이죠. 세균이 다세포 생물이 되고 물고기가 되고 어기적거리며 기어올라와 디메트로돈이 되고 땅속으로 숨어 들어가 키노돈트가 되고 나무 위로 올라가 원숭이가 되고 나무 아래로 내려와 호모 에렉투스가 되고 지금 책을 읽고 있는 당신(인간)이 된 이 모든 일은 '최초의 생명체'가 탄생해서 가능한 일이었습니다.

그런데 문제는 아직도 생명체가 어떻게 만들어졌는지 잘 모른 다는 겁니다. 앞에서 살펴봤던 열수분출공이 유력한 후보지이긴 하지 만, 거기서 어떤 과정을 거쳐 생명체가 만들어졌는지 아직 알지 못하 죠. 생명체를 만들어내는 것이 그렇게 쉬운 일이었으면 실험실에서 과 학자들이 얼마든지 만들어냈겠지만, 지금까지 그 어떤 과학자도 성공 한 적이 없습니다. 심지어 시도조차 못하죠. 아무리 단순한 세균도 상 상 이상으로 복잡하고 모르는 부분도 많기 때문입니다. 스스로 먹고 활동하고 생존하고 번식해서 자신을 똑같이 복제해내는, 눈에도 보이 지 않는 작은 생명체를 만들어내는 것이 보통 일이 아닌 겁니다.

어쨌든 35억 년 전 지구에는 생명체가 생겨났습니다. 그러면 화성에도 생명체가 있었어야 하죠. 화성도 35억 년 전에는 지구와 마

찬가지로 바다가 있었기 때문입니다. 심지어 지금처럼 물도 없고 공기가 희박하다 해도 생명체는 있을 수 있습니다. 앞에서 이야기했듯 거대한 소행성 충돌로 바다가 증발하고 뜨거운 지옥이 된 상태에서도 세균들은 땅속 깊은 곳에서 살아남았거든요. 그에 비하면 화성의 땅속은 상당히 쾌적한 곳일 수 있습니다. 그래서 만약 화성에서 생명체가 발견된다면 화성뿐만 아니라 물이 있는 다른 행성에도 생명체가 있을 것이라는 주장이 가능해지죠. 우주엔 물이 존재하는 행성이 엄청나게 많습니다. 하루에도 3~4개씩 발견될 정도죠. 그러면 이 우주는 생명으로 가득한 우주라는 주장도 가능해지는 겁니다. 그중엔 발달한 문명을 가진 외계인도 간혹 있을 수 있고 말이죠.

그런데 반대로 화성에 생명체는커녕 생명체가 존재했다는 흔적조차 발견되지 않는다면 어떻게 될까요?

2050년 지구

"화성에서는 생명체가 살았던 흔적이 전혀 발견되지 않았습니다. 현재로서는 지금까지 화성에서 생명이 존재한 적이 없다고 보는 것이 합리적입니다."

5년 전 화성에 도착한 과학자들의 연구 결과가 발표된 순간 사람들은 충격에 휩싸였습니다. '화성에서 생명체가 등장하지 않았다면 지구에서는 왜 생명체가 탄생한 것일까. 도대체 지구에서는 무슨 일이

일어났던 걸까. 외계인이 특별히 지구만 방문해서 생명의 씨앗을 뿌리고 간 것일까. 아니면 종교에서 말하는 것처럼 지구는 신의 특별한 애정을 받아 생명이 탄생한 것일까. 이 우주에 생명이 있는 행성은 지구뿐일까.' 수많은 과학자들이 생명 탄생 관련 연구에 뛰어들었고, 생명 탄생의 미스터리를 둘러싼 영화들이 개봉했죠. 외계인 관련 서적은 불티나게 팔려나갔고 신흥 종교들이 우후죽순 생겨났습니다. 사람들은 해답을 원했고 다양한 모습의 노력들이 전 세계 곳곳에서 펼쳐졌죠.

만약 화성에서 생명의 흔적이 발견되지 않는다면 우주의 다른 행성에 생명체가 있으리란 주장을 할 수 있을까요? 쉽지 않죠. 화성에 바다가 존재했던 수억 년 동안 생명체가 생겨나지 못했다면 다른 행성들도 마찬가지일 가능성이 있기 때문입니다.

과학자들은 계속해서 화성에 탐사선을 보내고 있습니다. 바이킹 1·2호, 패스파인더, 스피릿, 오퍼튜니티, 엑소마스, 인사이트, 톈원1호, 퍼시비어런스 등 여러 탐사선이 화성에 성공적으로 착륙해서 탐색을 했지요. 2020년 발사된 퍼시비어런스는 한때 물이 범람했을 것으로 추정되는 예제로 분화구에서 생명 활동으로 만들어졌을 수도 있는 유기분자 화학물질을 발견하기도 했습니다. 하지만 유기분자는 물과 암석의 상호작용, 유성이나 먼지의 퇴적물로 생겼을 가능성도 있기 때문에 아직 분명한 생명체의 흔적이라 볼 수는 없습니다. 과학자들은 좀 더 확실한 생명체의 증거를 찾기 위해 노력 중이죠.

과연 어떻게 될까요? 어떻게 되든 굉장히 흥미로울 것 같습니다. 외계인들이 존재하는 우주도 재미있을 테고 그렇지 않은 우주는 더 흥미롭지 않을까요?

우주엔 우리만 존재하거나, 그렇지 않거나, 두 가지 가능성이 있다. 둘 다 끔찍한 일이다.
_아서 C. 클라크Arthur C. Clarke(SF작가)

●

13장

빅뱅

우주 최고의 미스터리 앞에 선
인류의 과제

최초의 생명이 어떻게 탄생했는지가 중요한 만큼 우주가 어떻게 생겨났는
지도 중요합니다. 그래서 과학자들뿐만 아니라 수많은 사람이 아주 오랜
시간 동안 고민해왔죠. 그런데 왜 하필 우주가 한 점에서 시작됐다는 빅뱅
이론이 정설로 자리 잡았을까요? 그 말도 안 되는 것 같은 이야기를 과학
자들이 받아들이게 되기까지는 고집불통 싸움꾼에서 낭만적인 의사 아저
씨, 경이로운 우주의 신비함에 푹 빠졌던 천재, 신화 속 이카로스를 닮은
수학자, 모자란 것을 찾기 힘든 엄친아, 중졸 학력의 동네건달 형, 개그본
능을 타고난 장난꾸러기까지 다양한 사람들의 노력이 필요했습니다.

1692년, 벤틀리와 뉴턴의 서신 교환

한 청년이 책을 펼쳐놓고 고민에 빠져 있습니다. '이렇게 되면 안 되는데, 이거 이래도 문제, 저래도 문제 아닌가? 뉴턴 선생님은 어떻게 생각하시려나….'

리처드 벤틀리Richard Bentley는 뉴턴의 중력 때문에 고민이었습니다. 문제는 뉴턴의 중력 법칙에 따르면 물체 사이가 아무리 멀어져도 중력이 작아질지언정 '0'이 되진 않는다는 거였죠. 저 멀리 빛나는 별들도, 심지어 우주 끝에 떠다니는 작은 돌멩이 하나도 지구와 중력으로 서로 끌어당기고 있으며 그 힘이 0에 가까울 정도로 작긴 하지만 어쨌든 '0'은 아니었습니다. 결국 모든 우주의 물질이 서로서로 끌어당기고 있다는 얘기가 되는 거죠. 벤틀리는 뉴턴에게 편지를 보냅니다.

"중력이라는 것이 잡아당기는 방향으로만 작용한다면 은하를 이루고 있는 모든 별은 결국 중심으로 모여들면서 와해되어야 합니다. 따라서 우주가 유한하다면 그곳은 고요하고 정적인 무대가 아니라 모든 별이 한곳으로 모여들어 뭉개지면서 처참한 종말을 맞는 아수라장이 될 겁니다."

별들이 아무리 멀리 떨어져 있어도 결국엔 서로 끌어당기기 때문에 한곳으로 모여들어 충돌하게 된다는 것이죠. 벤틀리는 반대의 경

우도 지적했습니다.

"그런데 우주가 무한하다면 임의의 물체를 왼쪽 혹은 오른쪽으로 잡아당기는 힘도 무한할 것이므로 이 경우에도 모든 별은 조각조각 찢어지면서 혼돈에 찬 종말을 맞이하게 될 겁니다."

하나의 별이 있는데 그 별을 중력으로 잡아당기는 또 다른 별은 몇 개일까요? 무한합니다. 우주가 무한하므로 별들의 수 역시 무한히 많기 때문이죠. 그렇게 무한히 많은 별들이 사방에서 잡아당긴다면 별이 어떻게 될까요? 한 명의 허리에 수많은 줄을 묶어놓고 사방에서 수십억, 수십조의 사람들이 잡아당기는 것과 비슷합니다. 물론 그 한 명만 잡아당기는 것은 아니고 모두가 서로서로 다 잡아당기는 것이긴 하지만, 아무튼 모든 별이 서로를 무한한 힘으로 잡아당기면 별이 잡아 뜯겨 산산이 조각난다는 주장입니다. 어찌 보면 누구나 발견할 수 있는 문제일 것 같은데 벤틀리가 누구보다 앞장서서 문제를 제기했고 덕분에 역사에도 이름을 남기게 됐죠.

사실 벤틀리의 삶을 보면 그럴 만도 하겠다는 생각이 듭니다.

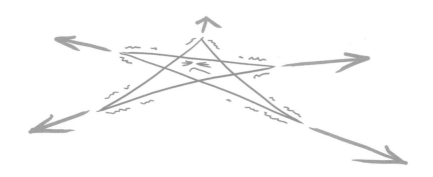

그는 굉장히 똑똑하면서도 비판적인 성격으로 유명했죠. 왕립도서관 관장에 왕립협회 회원, 케임브리지대학 트리니티 칼리지Trinity College의 학장까지 됐으나, 동료 교수들을 경멸하고 업신여겨서 30년 동안이나 끊임없이 싸우기를 반복했고 법정 소송도 벌였습니다. 보통 사람이면 지쳐서 나가떨어질 만도 했으나 벤틀리는 아랑곳하지 않고 그 와중에도 고전 연구를 계속했고 저술활동을 왕성하게 했죠. 벤틀리만큼 에너지가 넘치는 강철멘탈 고집불통 싸움꾼도 찾기 힘들 겁니다. 그러니 제아무리 대단한 뉴턴의 중력법칙도 그의 날카로운 눈을 피해갈 수 없었죠.

벤틀리의 편지를 읽고 심사숙고한 뉴턴은 힘이 균형을 이룰 거라는 아이디어를 떠올립니다.

'우주가 무한히 크고, 무한히 많은 별들이, 무한한 힘으로 온 사방에서 잡아당기고 있다면 어디로도 움직이지 않을 거야.'

어느 방향에서든 똑같이 무한한 힘으로 잡아당길 테니 균형이 맞아서 별이 찢어지거나 하지 않고 우주의 별들이 안정적으로 존재할 수 있다는 생각이었습니다. 하지만 사실 이러한 가정은 누가 봐도 좀 불안해 보였죠. 어떤 한 별이 다른 쪽으로 조금만 움직인다거나 흔들리면 우르르 한쪽으로 힘이 쏠리면서 엉망진창이 될 수밖에 없거든요. 이런 허점은 뉴턴도 알고 있었고 그래서 이런 말을 덧붙입니다.

"제 논리에 틀린 점이 없지만 완벽한 해결책이 아님을 인정하겠습니다. 태양과 항성들이 중력에 의해 한 지점으로 와해되지 않으려면 전지전능한 신의 기적이 계속해서 일어나야 할 것입니다."

그런데 무한한 우주라는 해법은 또 다른 빈틈을 만들어냅니다.

1823년, 올베르스의 '어두운 밤하늘 역설'

깊은 새벽, 한 남자가 망원경으로 밤하늘을 유심히 바라보고 있습니다. 의료상회를 운영하는 하인리히 올베르스_{Heinrich Wilhelm Olbers}, 그는 별을 좋아하는 사람이었습니다. 낮에는 의료상회 사장님이었지만 밤에는 자기집 2층에 손수 만든 작은 천문대에서 밤하늘에 빠져들었죠. 어찌나 열심히 관측을 했는지 혜성을 6개나 발견했고, 그중 하나엔 자신의 이름이 붙여지기도 했습니다. 혜성에 왜 꼬리가 생기는지 그 이유를 알아낸 것도 올베르스였죠.

　　그렇게 밤이면 밤마다 고요한 별들의 세계로 향하던 그에게 어느 날 한 가지 의문이 떠오릅니다. '우주가 무한하다면 별도 무한히 많을 것이고 그렇다면 밤하늘 역시 어두워서는 안 된다. 눈부시게 밝아야 한다.'

　　별 A와 별 B 사이엔 저 멀리에 다른 별 C가 보일 테고 별 C와 또 다른 별 D 사이에 새로운 별 E가 보일 테니 그런 식으로 사이사이마다 별들이 계속 보이게 되면 밤하늘이 대낮처럼, 아니 그냥 백지처럼 하얗게 빛나야 한다는 것이 올베르스의 생각이었습니다. 역시 벤틀리가 제기한 것처럼 간단한 질문인데 쉽게 해답을 찾아낼 수 없었죠. 문제는 아인슈타인에 이르러서도 계속됩니다.

　　일반 상대성이론에서 중력을 만들어내는 시공간은 너무 예민했습니다. 아무리 작은 물질이라도 심지어 먼지 하나, 더 나아가 원자 하나라도 시공간이 휘어지고 그 휘어짐이 우주 끝을 향해 퍼져나가게 된다면 어떨까요? 물론 멀리 가면 갈수록 휘어진 정도는 아주 미세해

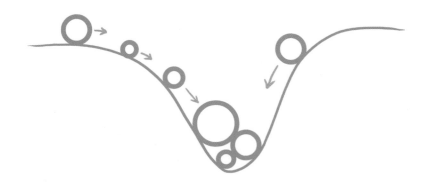

지겠지만 뉴턴의 중력 법칙처럼 역시 0은 안 되는 겁니다. 그러면 벤틀리가 제기했던 문제와 똑같은 상황이 펼쳐집니다. 마치 정말 섬세한 트램펄린에 무거운 볼링공들이 놓아져 있는 것처럼 살짝 건드려도, 아니 건드리지 않아도 서로 막 모여들면서 트램펄린 한가운데 모든 볼링공이 모이게 되고 트램펄린은 찢어질 듯이 축 쳐져 내려가는 거죠. 우주도 마찬가집니다. 이렇게 예민한 시공간에서는 별들이 가만히 있을 수가 없는 거죠.

그러면 아인슈타인은 어떻게 이 문제를 해결하려고 했을까요? 아인슈타인의 해법은 끼워 넣기였죠. 중력과 균형을 이루면서 우주가 무너지지 않게 버텨줄 수 있는 '반중력'을 추가한 것이었습니다. 반중력은 말 그대로 중력과 반대로 작용하는 힘입니다. 중력이 끌어당긴다면 반중력은 밀어내는 힘이죠. 비유로 이 힘을 설명해본다면 중력은 아래로 움푹 들어간 구덩이입니다. 공이 굴러오면 구덩이로 빨려 들어가죠. 그런데 반대로 구덩이에 흙을 쏟아 부어 위로 불룩 솟은 무덤처럼 만들면 어떻게 될까요? 공이 빨려 들어가기는커녕 오히려 멀리 굴

러나가게 됩니다. 만약 두 개의 공 사이에 이런 불룩 솟은 언덕이 생기면 두 공은 서로 멀어지게 되죠. 이렇게 물체 사이가 오히려 멀어지는 것이 반중력이 만들어내는 효과라 할 수 있습니다.

그런데 이것은 좀 무리한 해결책이었습니다. 반중력이 진짜 있는지, 얼마나 있는지는 알 수 없었기 때문이죠. 그냥 아인슈타인이 끼워 넣은 것이었습니다. 그러면 왜 아인슈타인은 그런 무리수를 뒀을까요? 일단 당시 우주는 안정적으로 보였기 때문입니다. 중력에 의해 우주가 쪼그라드는 증거가 단 하나도 발견되지 않았죠. 별들은 언제나 같은 자리에 있는 것으로 보였습니다. 그런데 고생해서 만들어낸 일반상대성이론에서는 우주가 불안정하니 아인슈타인 입장에서는 이론을 고칠 수밖에 없었을 겁니다. 엄연히 현실과 맞지 않는 이론을 내놓을 수는 없으니까 말이죠.

또 다른 이유는 심리적인 겁니다. 과학자들은 우주에 숨겨진 법칙을 발견하는 사람들인데 법칙의 중요한 속성은 '변치 않는다'는 것이죠. 가치 있는 법칙은 언제 어디서나 동일하게 적용되는 겁니다. 만약 법이 있는데 어제 다르고 오늘 다르고 매일매일 변한다면 그게 법일까요? 그런데 변치 않는 법칙이 적용되는 우주가 불안정해서 오그라들고 붕괴된다면 법칙은 있으나 마나가 됩니다. 일반 상대성이론이 고차원의 수학으로 이루어진 심오한 법칙이니만큼 우주도 그에 걸맞게 안정적이어야 했습니다.

일반 상대성이론에 나오는 수식들을 제대로 공부하는 것은 대학생 수준으로도 어렵고 보통 대학원생 수준은 되어야 가능하죠. 벡터, 곡선좌표계, Form, tensor, 공변미분, 텐서미분연산자, 아핀커넥션 등 웬만한 사람은 들어본 적도 없고 평생 들어볼 일도 없는 수학을 기본으로 배워야 하고, 이를 바탕으로 리만 기하를 배운 뒤 비앙키, 리치·리만 텐서, 리만 방정식 등을 배우고 이를 조합·응용하여 드디어 마당 방정식이라 불리는 아인슈타인의 중력방정식을 유도해내고, 그것을 해석해내야 드디어 일반 상대성이론을 제대로 공부한 게 됩니다 (아래 그림은 일반 상대성이론의 수식들 중에서도 극히 일부를 표현한 것입니다).

그래서 보통 사람에 비하면 한 천 배쯤 수학을 잘했을 아인슈타인도 몇년 동안 수도 없이 틀리며 헤맸고 수학자의 도움을 받아 간신

$$g_{\mu\nu}R^{\mu\nu} - \frac{1}{2}g_{\mu\nu}g^{\mu\nu}\, R \cdot k\, g_{\mu\nu}T^{\mu\nu}$$

$$R - \frac{1}{2} \cdot 4R = kT$$

$$T^{\mu\nu} = \sigma \cdot c^2 u^\mu u^\nu$$

$$R^{\mu\nu} = k(T^{\mu\nu} - \frac{1}{2}g^{\mu\nu}T) \rightarrow R^{\cdot\cdot} = k(T^{\cdot\cdot} - \frac{1}{2}g^{\cdot\cdot}T)$$

$$T = g_{\mu\nu}T^{\mu\nu} = g_{\cdot\cdot}T^{\cdot\cdot} = \frac{1}{g^{\cdot\cdot}}T^{\cdot\cdot}$$

$$R^{\cdot\cdot} = k(T^{\cdot\cdot} - \frac{1}{2}g^{\cdot\cdot}\frac{1}{g^{\cdot\cdot}}T^{\cdot\cdot})$$

$$= \frac{k}{2}T^{\cdot\cdot} = \frac{k}{2}\sigma c^2$$

히 발견해낸 것이 일반 상대성이론이었죠. 그런데 이건 말 그대로 '발견'한 것이지 아인슈타인이 만들어낸 것이 아닙니다. 고도의 심오한 수학적 질서로 이루어진 우주가 도무지 좀 잡을 수 없을 정도로 불안정하다는 것을 아인슈타인은 받아들이기 힘들었을 겁니다. 아인슈타인이 상상하는 우주는 질서정연하고 안정된 것이어야 했습니다.

> 인간은 아무리 뛰어난 정신적 훈련을 받았어도 우주를 이해할 수 없다. 비유를 들면 우리의 처지는 여러 언어로 쓰인 책들이 가득한 거대한 도서관에 들어가는 어린아이와 같다. 아이는 누군가가 그 책들을 썼을 거라는 사실은 알지만 어떻게 썼는지는 모른다. 아이는 그 책들의 언어를 이해하지 못한다. 책들의 구성에 어떤 신비한 질서가 들어 있을 거라고 어렴풋이 짐작하지만 그것이 무엇인지는 모른다.
> _아인슈타인

아인슈타인은 오그라들고 붕괴되는 불안정한 우주를 인정할 수 없었습니다. 그러나 그 고집도 오래갈 수는 없었죠. 러시아에서 젊은 천재 수학자가 나타나 아인슈타인을 곤경에 빠뜨리게 됩니다.

1924년, 프리드만의 우주 방정식 발표

알렉산드르 프리드만Alexander Friedmann은 1888년 러시아에서 태어났습니다. 부모님은 예술가였는데 아버지는 무용수, 어머니는 피아니스트였고 부모님을 닮아서인지 팔, 다리와 같은 사지는 물론이고 손가락도 길쭉길쭉해서 거미라는 별명으로 불리기도 했죠.

　　프리드만은 어릴 적부터 천재성을 드러냈는데 불과 17살 때 쓴 수학 논문이 독일의 위대한 수학자 힐베르트David Hilbert를 깜짝 놀라게 한 것으로 알려져 있습니다. 중학생 정도 나이의 꼬마가 썼지만 워낙 탁월한 논문이어서 힐베르트는 정식 절차도 거치지 않고 저명한 학회지에 논문을 싣죠. 학문의 세계에서는 변두리였던 러시아에서 그야말로 소년 천재가 태어난 경사였습니다. 프리드만과 그를 가르쳤던 선생님들, 친구들은 깜짝 놀랐죠. 어린 시절 천재로 평가받게 된 프리드만은 어떤 심정이었을까요. 아마도 앞으로 세상을 뒤집어엎을 대학자가 되겠다는 야망을 품었을 겁니다. 게다가 아버지가 일찍 사망하면서 경제적으로도 어려웠기 때문에 그는 빨리 성공해야 할 이유도 있었죠.

　　성공의 첫 번째 기회는 1914년 발발한 제1차 세계대전이었습

알렉산드르 프리드만

니다. 비행기, 잠수함, 독가스 등 당시로서는 온갖 첨단 신무기들이 쓰였던 전쟁이었기에 과학자들이 해야 할 일들이 많았죠. 프리드만은 비행기 조종사로서 활약했는데 폭탄 투하 시 정확히 명중할 수 있도록 계산을 잘 해냈다고 합니다. 당시에는 비행기를 전쟁에 투입시켜 폭탄을 떨어뜨리게 하는 것이 처음이었기 때문에 물리학적·수학적 지식이 필요했고 프리드만이 중요한 역할을 해낸 것이죠. 덕분에 프리드만은 훈장을 받고 전쟁 영웅이 됩니다.

그러나 좋은 시절도 잠시 전쟁에 환멸을 느낀 러시아 국민들이 혁명을 일으키면서 프리드만의 명예도 물거품이 됩니다. 전쟁 자체가 부정적으로 평가됐기 때문에 전쟁영웅이란 칭호도 당연히 무용지물이었죠. 프리드만은 "고생만 하고 남은 게 아무것도 없다"며 슬퍼했다고 합니다.

하지만 하늘은 프리드만에게 두 번째 기회를 줍니다. 바로 우주를 다루는 상대성이론이었죠. 당시 상대성이론은 일반인들에게도 혁명적이고 어딘가 신비한 느낌을 주는 것으로 유명했습니다. 게다가 상대성이론은 최신 수학들이 사용됐기 때문에 프리드만으로서는 도전해볼 만한 주제였죠.

프리드만은 뛰어난 수학 실력으로 상대성이론의 복잡한 수식을 단순화했습니다. 아인슈타인은 물리학자로서 기존의 안정적으로 보이는 우주를 설명하기 위해 반중력을 집어넣어 수식을 복잡하게 만든 반면 프리드만은 순수하게 수학적으로 접근해서 이를 단순화합니다. 실제 우주가 이렇든지 저렇든지 상관하지 않고 말이죠. 아인슈타인의 상대성이론 수식이 버스라면 프리드만의 상대성이론 수식은 자전거 같은 거라고나 할까요? 자전거는 어떻게 작동하는지 잘 보이지만 버스는 어떻게 굴러가는지 잘 안 보이죠. 그만큼 자전거가 원리 파악이 쉽습니다. 자전거가 어디로 갈지 알려면 페달 밟는 속도, 핸들의 방향, 사람의 무게 같은 요소를 알아보면 되죠. 마찬가지로 프리드만의 상대성이론 수식도 우주에 적용했을 때 우주가 어떻게 굴러갈지 알아내기에 더 쉬웠습니다.

　　프리드만은 상대성이론에서 우주가 어떻게 굴러갈지는 세 가지 변수에 달려 있다는 것을 알아내죠. 첫 번째는 우주의 팽창력, 두 번째는 물질의 양, 세 번째는 물질들 사이의 반중력이었습니다. 이 중에서 팽창력과 반중력은 둘 다 우주가 팽창하게 만드는 결과를 가져오죠. 팽창력은 사방으로 쫙 늘어나는 트램펄린을 상상하면 되고, 반중력은 물질들을 서로 멀어지게 하는 힘으로 생각하면 됩니다. 이들과 반대로 작용하는 게 물질의 양인데 물질들이 많으면 끌어당기는 힘, 즉 중력이 커지면서 우주가 오그라들게 되죠.

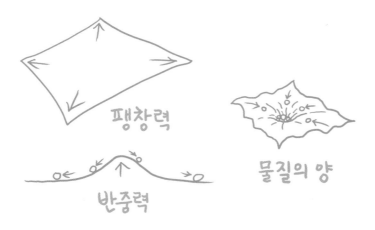

이러한 프리드만의 주장은 학술지에 실립니다. 프리드만은 얼마나 기대를 했을까요. 대학자의 엄청난 이론을 단순화했고 세 가지 변수에 의해 우주의 미래가 결정된다는 사실도 알아냈으니 말이죠. 그런데 웬걸, 아인슈타인은 학술지에 짤막하게 프리드만의 계산이 틀렸다는 의견을 싣습니다. 덕분에 프리드만은 공개적으로 계산이 틀린 수학자가 됐죠. 나중에 밝혀지지만 사실 계산은 틀리지 않았습니다. 그렇다면 왜 아인슈타인은 계산이 틀렸다고 했을까요.

확실히 알 수는 없지만 앞에서도 봤듯이 아인슈타인의 우주는 완벽한 이성적 질서 그 자체이기 때문에 우주가 어떤 변수에 의해 이렇게도 되고 저렇게도 된다는 게 싫었을 가능성이 있고, 그래서 프리드만의 주장을 꼼꼼히 보지도 않고 대충 확인했던 게 아닐까 싶습니다.

프리드만은 가만히 있지 않았습니다. 자신에겐 일생일대의 기회인데 망신 당하는 걸로 끝낼 수는 없었죠. 그는 아인슈타인에게 자신의 증명을 다시 봐 달라는 편지를 보냅니다. 그러나 아인슈타인은 일본으로 여행을 가서 편지를 못 받죠. 그런데 일본에서 귀국한 뒤에도 계속 여기저기 돌아다니면서 프리드만의 편지를 확인하지 않습니다. 프리드만도 나름 러시아의 천재 수학자이니 반박을 하거나 의견을 다시 보낼 법도 한데, 확인도 안 하는 건 어딘가 회피하는 듯한 냄새마저 나죠.

프리드만으로서는 개인적인 망신으로 끝날 문제가 아니었습니다. 혼자만의 연구 결과가 아니었기 때문이죠. 주변에 있는 러시아 과학자, 수학자들에게 재차 확인을 받고 보냈을 테고 그래서 프리드만은 자신이 틀릴 것이라 생각하지 않았습니다. 아인슈타인의 지적이 있은 후에도 주변 동료들에게 계산이 맞다는 확인을 받았죠.

　아인슈타인의 답이 오지 않는 상황에서 결정적 도움을 준 사람이 프리드만의 동료 크로코프였습니다. 아인슈타인이 네덜란드의 친구 집을 방문했을 때 크로코프가 그것을 알고 쳐들어가 아인슈타인과 담판을 짓죠. 결국 아인슈타인은 학회지에 자신의 실수를 인정하는 글을 싣습니다.

　크로코프는 자신이 아인슈타인을 패배시키고 러시아의 명예를 회복시켰다며 매우 기뻐했죠. 굴지의 세계적 대학자의 코를 눌러준 것이나 마찬가지인데 얼마나 짜릿했을까요. 프리드만 역시 정말 하늘을 향해 날아오르는 듯한 기분이었을 겁니다. 다시 한 번 러시아의 영웅이 된 것이죠.

　프리드만은 마치 개선장군처럼 서유럽 여행에 나섭니다. 사람들도 프리드만을 만나고 싶어 했고 프리드만도 학자들과 만나고 싶었을 거예요. 은근히 자기자랑도 하고 얼마나 좋겠습니까. 그중 제일 중요한 만남은 아인슈타인과의 직접적인 만남이었을 테고요. 대학자를 만나 인정을 받으면 훨씬 스포트라이트도 많이 받을 수 있고 프리드만 입장에서도 대학자에게 직접 사과를 받는 흔치 않은 기회니 놓치고 싶지 않았을 겁니다.

　그런데 여기서 또 아인슈타인이 자리를 비웁니다. 휴가를 떠나버린 것이었죠. 이거 뭐 말이 휴가지 제 생각엔 창피해서 도망간 게 아닌가 싶습니다. 프리드만으로서는 아쉽지만 다른 독일 과학자들을 만나며 행복한 시간을 보내고 러시아로 돌아옵니다.

귀국한 프리드만은 평소 좋아하던 열기구를 타고 올라가 7,000m라는 당시 최고 기록을 세웁니다. 그 높이까지 올라가면 세상이 어떻게 보일까요. 산으로 그 정도 높이에 올라가는 것과는 또 다른 기분일 겁니다. 산에 오르면 주변에 다른 산도 많기 때문에 세상을 까마득하게 내려다보기 힘들지만 열기구는 주위에 시야를 가릴 게 아무 것도 없기 때문이죠. 63빌딩 전망대의 높이에서 내려다보면 다 개미 같아 보이는데, 프리드만은 거의 30배 정도 더 높은 곳에서 세상을 봤으니 말로 형용할 수 없는 경험이었을 겁니다. 하늘의 신이 되어 세상을 내려다보는 느낌 아니었을까요? 학문적으로도, 높이로도 세상을 재패했으니 기분 최고였을 겁니다.

그러나 무슨 인기 없는 드라마가 서둘러 종영하듯 허망하게도 그게 끝이었죠. 얼마 후 프리드만은 크림 반도에 놀러갔다가 열병에 걸려 사망하고 맙니다. 수학이라는 날개를 달고 그 누구보다 멀리, 높이 날아올라 상대성이론을 통해 광대한 우주가 어떻게 움직일지 알아냈던 첫 번째 사람, 그래서 '우주론의 코페르니쿠스'라고 불리기도 한 프리드만은 빠르게 솟구쳐 오른 만큼 빠르게 추락해 세상을 떠났습니다. 마치 그리스 신화의 이카로스처럼 말이죠.

그러나 그가 잘 다듬은 상대성이론 때문에 우주의 티끌조차도 안 되는 인간이 광대한 우주의 속성을 알 수 있게 됐고, 아인슈타인의 고집도 조금씩 무너져가기 시작했습니다. 그리고 이제 미국의 한 엄친아 천문학자가 나타나 아인슈타인에게 결정타를 날리게 되죠.

1929년, 우주의 팽창을 관측한 허블

에드윈 포웰 허블은 1889년 미국 미주리주에서 태어났습니다. 허블의 할아버지는 망원경을 손수 만들어 손자 허블과 함께 밤하늘을 관찰하고 부모를 설득해서 어린 허블이 마음껏 밤 늦게까지 망원경을 볼 수 있도록 했죠. 허블이 우주에 빠져든 것은 할아버지 덕분일지도 모르죠.

허블은 훌륭한 유전자를 물려받아서인지 한마디로 '엄친아'였습니다. 한 번은 허블이 화성에 대한 글을 썼는데 너무 글솜씨가 뛰어나 지역 신문에 글이 실리기도 했죠. 선생님은 그런 허블을 보며 "이 시대에 가장 뛰어난 사람이 될 것"이라고 말하기도 했습니다. 사실 저도 교사지만 이런 칭찬은 아무리 선생님이라도 쉽게 하지는 않죠. 똑똑하고 착하고 예쁜 아이들에게 "넌 커서 훌륭한 사람이 될 거야" 이 정도야 말할 수 있지만 그냥 뛰어난 것도 아니고 "가장" 뛰어난 사람이 될 것 같다고 하기는 힘듭니다. 허블은 굉장히 독보적인 아이였을 겁니다.

그런데 왜 어린 허블은 하필 화성에 대한 글을 썼을까요? 당시에는 화성에 화성인이 살고 있다는 주장이 널리 받아들여지고 있었습니다. 망원경 성능이 뛰어나지 않다 보니 화성을 또렷이 볼 수 없어서 이런저런 상상력이 발휘될 여지가 있었죠. 미국의 퍼시벌 로웰Percival Lowell은 화성에는 복잡한 운하와 수로가 있고 이는 화성 극지방의 물을 공급하는 역할을 할 것이라고 강력히 주장하기도 했습니다. 착시로 인해 수로로 오해할 수 있는 흔적을 흐릿하게나마 본 사람들은 그런 주장을 받아들였고, 1965년 매리너 4호가 화성을 정확히 촬영하기까지 거의 100년 동안 '화성운하설'은 생명력을 이어갔죠.

지금 우리는 밤하늘에 반짝이는 화성을 봐도 별 감흥이 없고 하나의 행성으로 여길 뿐이지만, 당시 사람들에겐 외계인과 문명이 존재하는 또 하나의 지구 같은 곳이었습니다. 그런 분위기를 반영한 소설들도 많이 나왔는데 대표적으로 세 발 달린 전투 기계를 탄 화성인들이 영국을 침략하는 H.G. 웰스H. G. Wells의《우주 전쟁The War of the Worlds》, 화성을 배경으로 존 카터가 영웅으로 활약하는 에드가 라이스 버로우Edgar Rice Burroughs의《바숨 시리즈Barsoom series》가 쓰이기도 했습니다. 둘다 영화로 만들어졌는데, 지금이야 그저 판타지로 소비될 뿐이지만 당시엔 진짜 일어날 수 있는 일로 느껴졌을 겁니다. 밤하늘을 쳐다보며 혹시 오늘 밤 화성인이 쳐들어오는 건 아닌가 걱정하는 것이 쓸데없는 일이 아니라 평범한 사람들의 일반적인 사고방식인 시대였죠. 그러니 호기심 많은 아이들은 화성에 관심을 가지지 않을 리 없었습니다. 허블도 그런 아이 중 하나였죠.

똑똑한 허블은 고등학교 졸업식장에서도 특별했습니다. 교장 선생님은 허블에게 졸업장을 주면서 이렇게 말했다고 하죠.

"나는 자네가 10분 이상 공부를 하는 모습을 본 적이 없네."

잠시 말을 멈춘 뒤 그는 이렇게 말을 이어갔죠.

"시카고대학교 장학금을 받게나."

공부를 그렇게 안 하고도 뛰어난 성적을 거뒀기 때문에 허블은 미국 최고의 대학교 10개 중 하나였던 시카고대학교에 장학금을 받고 들어갈 수 있었습니다. 우주에 대한 깊은 관심과 뛰어난 두뇌를 가진 허블은 어릴 적 꿈을 잊지 않고 천문학자가 되고 싶어 했죠. 하지만 아버지의 완강한 반대로 법률 공부를 해야 했습니다. 아버지는 젊은 시절 가난으로 인해 고생했던 기억 때문에 허블이 변호사가 되어 가족에게 든든한 버팀목이 되어주길 바랐죠. 허블은 아버지의 말씀대로 법률 공부를 합니다. 하지만 천문학 관련 과목도 따로 수강해서 들었는데 이런 선택을 했다는 것도 참 멋지죠. 가족을 위하면서도 자신의 꿈역시 놓아버리지 않은 선택이었으니까요.

그런데 시카고대학교에서도 이런 멋진 허블에게 반한 사람이 있었으니 노벨물리학상 수상자이자 시카고대학교 물리학과 학과장이었던 로버트 밀리컨Robert A. Millikan이었습니다. 그는 허블이 장학금을 받도록 최고의 추천서를 써주죠.

"나는 허블이 건강한 육체를 지녔으며 존경할 만한 학구열과 훌륭한 인격을 갖추고 있다는 것을 알게 되었습니다. 로즈 장학금의 설립자가 제시한 기준에 허블보다 더 잘 맞는 사람은 본 적이 없습니다."

이 정도면 어렸을 적 선생님 만큼이나 교수님도 허블을 좋게 본 것 같습니다. 그런데 허블이 받은 로즈 장학금 역시 보통 장학금이 아니었습니다. 미국에서 대통령이나 대법원장이 될 만한 사람에게 수여되었다고 하는 대단한 장학금이었죠. 허블은 로즈 장학금 덕분에 영국 옥스퍼드대학교에서 공부할 수 있게 됩니다.

그러나 그 멀리로 유학을 갔는데도 미국에 있는 가족 때문에 허블은 천문학을 전공하지 못하고 법률을 공부해야 했습니다. 게다가 1913년 아버지가 돌아가시면서 이제 허블은 가족의 생계를 책임져야 하는 상황에 이르게 되죠. 오랜 아버지의 병환 때문에 안 그래도 어려운 상황에서 어머니의 투자 실패까지 겹치며 허블의 가족은 경제적으로 더욱 힘들어집니다. 그러나 허블은 역시 멋지게 고비를 넘깁니다. 가족의 생계를 위해 파트 타임으로 법률보조 일을 했는데 어찌나 일을 잘 처리했는지 한 해 동안 벌어들인 돈이 1만 달러나 됐다고 합니다. 지금 환율로도 1,000만 원이 넘는 큰돈이었죠.

그리고 돈을 벌기 위해 고등학교 선생님으로 취직하기도 했는데 거기서도 상당한 활약을 했죠. 허블은 스페인어, 물리학, 수학을 가르쳤는데 가르치는 것을 잘했고 즐거워했다고 합니다. 예를 들어 끈덕지게 수학을 못하는 학생들을 친절하고 지혜롭게 잘 지도해서 대학수준 실력으로 향상시켰고, 농구 코치도 잘해서 허블이 이끌던 농구팀은 학교 역사상 최고의 팀이라는 칭찬과 함께 무패를 기록하기도 했죠. 감독이라는 자리는 팀원들을 격려하기도 하고 또 엄격하게 훈련도 시켜야 하는데 이런 것들도 능숙하게 해냈던 겁니다. 이런 허블은 특히 남학생들에게 거의 숭배의 대상이었죠.

공부면 공부, 법률가면 법률가, 교사면 교사, 참 대단합니다. 그런데 또 잘하는 게 있었으니 바로 운동이었습니다. 허블은 전국고등학교육상대회에서 6번이나 우승할 정도로 대단한 체력의 보유자였고 높이뛰기는 신기록까지 세웠다고 합니다. 그러니 주위 사람들은 허블을 보면 운동선수로 출세할 거라고 말하곤 했죠. 허블은 시카고대학교에 다닐 때는 복서로서도 유명했습니다. 쏜살같이 달려가 치고 빠지는 허블의 민첩성은 프로선수 못지않았다고 하죠.

그리고 이런 강인한 체력은 허블이 가족의 생계를 안정시킨 뒤 천문학자가 되었을 때도 큰 도움이 됩니다. 허블이 연구했던 당시 세계 최고의 망원경이 있는 월슨산 천문대Mount Wilson Observatory는 해발 1,800m 높이의 산꼭대기에 있었는데, 노새가 끄는 수레를 타고 한나절을 올라가야 도착할 수 있는 곳이었고 날씨도 추울 수밖에 없었죠. 별을 관측하기도 힘들었습니다. 망원경으로 관측할 때는 손으로 조그마한 손잡이를 돌리며 미세하게 조절을 해야 하는데, 너무 춥다 보니 손가락이 얼어붙고 심지어는 눈썹이 렌즈에 달라붙기도 할 정도였죠. 그러나 허블은 강인한 체력으로 한겨울에도 관측대에 앉아서 망원경을 들여다보며 밤을 새울 수 있었습니다. 월슨산 천문대에서 일했던 조수는 허블에 대해 이렇게 묘사합니다.

"파이프를 입에 문 그의 크고 당당한 모습은 하늘을 배경으로 우뚝 서 있었다. 바람에 몸을 감싸고 있는 군용 트렌치코트가 펄럭였고 때때로 파이프에서 나온 불꽃이 돔의 어둠 속으로 사라져갔다. 그는 자신이 무엇을 어떻게 해야 하는지 잘 알고 있었고 자신감이 넘쳤다."

아마도 그 조수도 허블에게 빠져 있었던 것 같죠?

그런데 이런 엄친아 허블이 연구한 것은 밝은 별이나 혜성이 아니라 희끄무레한 얼룩처럼 보이는 '성운'이었습니다. 왜 하필이면 성운이었을까요? 사실 성운은 200여 년 전부터 논쟁의 대상이었습니다. 천문학자 허셜William Herschel은 성운이 젊은 별과 그 주변의 부스러기들이라고 주장했는데 마치 지구가 태양 주변에 있던 부스러기에서 탄생한 것처럼 성운도 또 다른 형태의 예비 태양계라고 생각했던 겁니다. 그런데 여기에 딴지 건 사람이 바로 그 유명한 철학자 칸트Immanuel Kant였죠. 칸트는 성운이 또 다른 은하라고 주장했습니다. 성운은 대개 타원 형태로 관측되는데 우리 은하도 멀리서 본다면 타원으로 보일 것이므로 성운도 또 다른 은하일 것이라는 주장이었죠.

사실 우리가 생각해봐도 분명한 것들, 확실히 아는 것들보다는 뭔가 희미해서 잘 보이지 않고 논쟁의 대상이 되는 것이 더 흥미를 끌고 재미있습니다. 그래서 이 성운을 제대로 관측해보려고 윌리엄 파슨스William Parsons 라든가 조지 헤일George Ellery Hale 같은 사람들이 엄청난 돈을 들여서 거대한 망원경을 만들어냅니다. 덕분에 천문학자들은 성운이 희끄무레한 얼룩이 아니라 별들로 이루어진 거대한 소용돌이 형태라는 것을 알아내죠.

그런데 문제는 성운과의 거리를 잴 수가 없다 보니 성운이 우리 은하 안에 있는 건지 저 바깥에 있는 건지를 알 수가 없었습니다. 허블은 바로 이 문제에 도전했고 대부분의 성운이 우리 은하에서 한참 떨어진 곳에 있는 새로운 은하라는 것을 알아냅니다. 우리 은하가 우주의 전부인 줄 알았는데 또 다른 은하들이 수도 없이 많았던 것이죠.

허블의 관측에 의해서 우주의 크기는 엄청나게 커졌고 사람들은 충격에 빠지게 됩니다. 현재 우리 우주에는 1,000억 개의 별로 이루어진 은하들이 약 2조 개 이상 있는 것으로 알려져 있습니다. 우리 은하는 헤아릴 수 없이 많은 은하 중 하나일 뿐인 거죠.

불과 몇백 년 전 우리는 지구가 우주의 중심인 줄 알았습니다. 인간들은 정말 작은 우물 안의 개구리였던 거죠. 그리고 이제 허블 같은 과학자들의 활약으로 우물 위로 밀어 올려져 완전히 새로운 세상을 보게 된 겁니다. 허블만큼 세상을 보는 인류의 시야를 확 틔워준 사람도 없죠.

그런데 문제가 또 하나 있었습니다. 이 은하들이 지구로부터 빠른 속도로 멀어지고 있다는 발견이 하나 둘씩 나오기 시작한 것이죠. 여기서 중요한 역할을 한 사람이 허블의 단짝 휴메이슨Milton L. Humason이었습니다. 이 휴메이슨이 재미있는 사람인 게 원래는 그냥 날건달이었어요. 학교는 진작에 그만두고 당구, 도박, 여자 꽁무니 쫓아다니기에 바빴던 동네 노는 형이었죠. 그는 등산도 좋아했는데 하필이면 월슨산 올라가는 걸 좋아했습니다. 그래서 노새를 몰아서 천문대에 필요한 물품을 배달하는 일을 하게 됩니다.

그러던 어느 날 야간 관측 보조원이 결근할 일이 생겨서 휴메이슨에게 일을 대신해 달라 부탁하게 됩니다. 그런데 웬걸, 그가 아주 능숙하게 거대한 망원경을 잘 다루는 겁니다. 알고 보니 휴메이슨은 워낙 호기심이 많고 눈썰미라든가 손재주가 좋아서 어깨 너머로 이것저것 물어보며 천문대에서 뭘 하는지를 보고 배웠던 거죠.

게다가 더 놀라운 건 은하 스펙트럼 사진을 기가 막히게 잘 찍었다는 겁니다. 스펙트럼은 우리가 학교에서 실험해봤듯이 프리즘으로 빛을 나누는 것인데요. 태양빛 같은 경우 하나의 빛처럼 보이지만 프리즘으로 비춰보면 빨주노초파남보 다양한 색깔로 빛이 나뉩니다.

은하의 빛도 마찬가지로 나눌 수 있죠. 그런데 이 빛의 색깔을 통해 은하가 멀어지는 속도를 알 수가 있습니다. 멀어지면 멀어질수록 붉은색 빛이 많이 나타나고 가까워지면 가까워질수록 파란색 빛이 많이 나타나거든요. 신기하죠? 물체가 어떻게 움직이느냐에 따라 빛이 달라진다니. 그런데 빛만 그런 게 아닙니다. 소리도 그렇죠. 사이렌을 울리면서 다가오는 구급차를 생각해보죠. 구급차가 다가올 땐 삐뽀삐

뽀 소리가 높고 날카롭게 들리다가 멀어지면 멀어질 수록 낮고 묵직
한 소리로 바뀝니다.

그런데 은하의 스펙트럼을 찍는 것은 쉬운 일이 아니었습니다.
태양 같은 경우야 워낙 밝으니까 그냥 프리즘을 갖다 대면 빛이 나뉘
지만 은하의 빛은 너무 희미하거든요. 맨눈으로는 보이지도 않고 망
원경으로 봐야 희미한 작은 얼룩처럼 보이는 건데, 그 빛으로 스펙트
럼을 만들어낸다는 게 쉽지 않은 겁니다. 그런데 휴메이슨은 누가 가
르쳐주지도 않았는데 스펙트럼 사진을 잘 찍어냈으니 사람들이 정말
깜짝 놀랄 수밖에요. 휴메이슨 덕분에 허블은 또 하나의 대단한 발견,
'멀리 있는 은하들일수록 더 빠른 속도로 멀어지고 있다'는 것을 알아
냅니다.

그런데 단순히 일정하게 멀어지는 것이 아니라 멀리 있는 은하
들일수록 더 빠르게 멀어지는 것은 왜일까요? 다음 쪽의 그림을 보며
이해해보죠. 그림에서 우주 공간은 하나의 끈이고 은하는 끈에 매달린
구슬입니다. 끈을 잡아당겨서 우주 공간을 커지게 만들면 은하들 사이

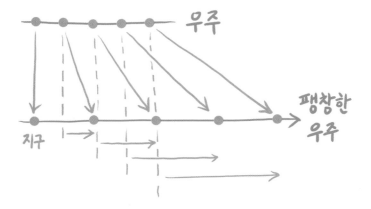

의 거리가 늘어나게 되는데 그림을 보면 지구에서 멀리 있는 은하일
수록 원래 위치에서 더 멀리 움직인 것을 알 수 있습니다. 우주가 팽창
하면 멀리 있는 은하는 더 빨리 지구로부터 멀어지는 것이죠. 허블의
발견은 우주 공간이 점점 팽창하고 있음을 증명해주었습니다.

그런데 이런 상황에서 우주의 시계를 거꾸로 돌려 과거로 돌아
갈 경우 아주 희한한 상황이 펼쳐지게 됩니다. 과거로 가면 갈수록 은
하들은 가까워질 테고 결국엔 한곳에 모이는 상황에까지 갈 수 있게
되는 거죠. 그리고 극단적으로는 우주가 한 점에서 시작됐다는 주장도
할 수 있습니다. 바로 '빅뱅이론'의 출발점이 되는 것이죠.

허블의 발견이 있은 후 2년이 지난 1931년 아인슈타인은 허블
이 있던 윌슨산 천문대를 방문합니다. 그리고 그 자리에서 아인슈타인
은 괴로워하며 우주가 변한다는 사실을 받아들이고 자신의 주장이 틀
렸음을 인정하죠. 영원 불변하는 우주에 대한 아인슈타인의 꿈이 무너
지는 순간이었습니다.

　그렇게 수많은 사람을 반하게 만들고 위대한 발견까지 해낸 허블은 의아한 죽음을 맞이합니다. 현재 허블은 따로 무덤이 없습니다. 장례식도 치르지 않았고 어떻게 유해가 처리되었는지도 알려져 있지 않죠. 아내인 그레이스가 철저히 비밀에 부치면서 허블의 죽음은 묘한 상상을 불러 일으켰습니다. 마치 성운이 정체불명의 미스터리한 천체였기에 사람들이 논쟁에 휩싸였던 것처럼 말이죠. 제 생각엔 똑똑한 허블이 세상에 남긴 마지막 선물이 아닐까 싶습니다.

　그러나 그것으로 빅뱅이론이 옳다는 결론이 난 것은 아니었습니다. 아직 우주가 한 점에서 시작됐다는 증거는 없었죠. 그저 은하들이 멀어지고 있을 뿐이었습니다. 빅뱅이론이 맞다면 우주에 뭔가 폭발의 흔적이 있어야 할 것이고, 사실은 그것이 이론을 증명할 더 결정적인 증거였습니다. 그런 생각을 한 사람이 바로 러시아의 장난기 많은 과학자 가모프였죠.

1948년, 대폭발 이론을 발견한 가모프

1904년 러시아의 오데사에서 태어난 조지 가모프George Gamow는 어렸을 적부터 탐구에 대한 열정이 남달랐습니다. 신부님이 교회에서 빵을 주면서 예수님의 피와 살이라고 하자 그걸 확인하겠다고 자기 살점까지 떼어내서 비교 실험을 할 정도였죠. 가모프란 아이는 밝고 호기심 많은 개구쟁이였습니다.

조지 가모프

그러나 가모프가 살던 나라 러시아는 굉장히 혼란스럽고 어려운 상황이었죠. 1900년대 초반 당시 러시아는 일본과의 전쟁에 패했는데도 제1차 세계대전에까지 참전하면서 국가의 재정이 바닥난 상태였고, 국민들은 전쟁에 나가 죽거나 수시로 굶는 등 힘겨운 삶을 살아야 했습니다. 러시아 곳곳에서 국민들은 시위를 벌였고 군인들조차 시민들의 편에 서면서 나라가 뒤집히는 공산주의 혁명이 발생했죠. 특히 가모프가 살던 흑해 연안의 항구 도시 오데사는 혁명에 있어 중요한 사건이 벌어졌던 곳이기도 했습니다.

당시 군함에서 근무하는 병사들은 식량도 부족했고 체벌도 많이 받는 등 불만이 많았는데 어느 날은 구더기가 들끓는 고기가 음식으로 나오자 병사들의 분노가 폭발하면서 반란이 일어납니다. 군함이 입항한 항구가 바로 오데사였고 여기서 반란군을 진압하려는 정부군과의 전투가 벌어졌죠. 그리고 이런 반란과 혁명 끝에 러시아는 망하

고 새로운 나라인 '소련'이 세워지게 됩니다. 앞에서 이야기했던 미국과 사이가 나빴던 나라, 소련이죠. 어린 가모프는 혁명의 불길이 타오르기 시작하던 역사의 한복판에서 살고 있었던 겁니다.

가모프는 대학 때 다시 한번 혁명과 인연을 맺게 됩니다. 오데사의 대학에 진학했던 가모프는 당시 물리학 중심지였던 상트페테르부르크로 유학을 가고 싶어 했습니다. 그러나 문제는 유학에 필요한 돈이었죠. 경제적으로 넉넉하지 못했던 가모프의 아버지는 결국 집안에 있는 은 식기를 모두 팔아서 아들을 유학 보냈으나, 생활비와 공부에 필요한 비용을 넉넉히 보내줄 형편이 되지 못했습니다. 그래서 일자리를 찾던 가모프는 공산주의 혁명군의 포병학교에 취직하게 됩니다. 가모프는 포병들에게 기초물리학과 기상학을 가르쳤죠. 그런데 이 일자리 역시 오래 가지는 못했습니다. 아찔한 사건이 벌어지면서 가모프는 쫓겨날 수 밖에 없었죠.

어느 날 부대의 측량 담당 지휘관이 결근하면서 가모프가 대신 그 자리를 맡게 됩니다. 하는 일은 훈련 시 대포를 쏠 때 표적과의 거리와 방향을 측정하는 것이었습니다. 그런데 훈련용으로 만들어 놓은 표적이 우리가 아는 흔한 동그라미 형태의 표적이 아니라 판자에 그려진 교회였죠.

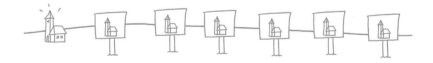

가모프는 숲과 호수 저 너머에 있는 표적들을 지그시 응시하며 부하 군인들과 측량을 끝낸 뒤 표적 목록을 사령관에게 전달했습니다. 그런데 그때 사격장 감독관이 뭔가 이상하다는 표정을 지으며 이렇게 가모프에게 물었죠. "교회가 7개 있다고 써 있는데 맞나?" 가모프는 친절하게 하나씩 표적을 손가락으로 가리키며 확인해줬습니다. 마지막 7번 교회표적까지 손으로 가리키며 확인해주자 갑자기 감독관은 벼락같이 마이크에 대고 소리를 질렀죠. "7번 표적 사격 중지! 7번 표적 사격 중지!" 7번째 표적은 표적이 아니라 실제 교회였던 겁니다. 까닥 잘못했으면 그날 교회에 있었던 수백 명의 신도가 몰살당할 뻔했죠.

어려운 사정에도 불구하고 유학까지 갔지만 가모프는 제대로 원하는 공부를 하지 못합니다. 뛰어난 학자였던 프리드만에게서 배우고 싶었지만 프리드만이 갑자기 병에 걸려 죽었기 때문이죠. 하지만 가모프를 높이 평가한 교수들의 도움으로 당시 물리학의 중심지였던 독일로 유학을 갈 수 있었고, 그곳에서 유명한 물리학자였던 보어 Niels Bohr에게 도움을 받으며 그가 원하는 과학 공부를 할 수 있었습니다. 그리고 가모프는 원자핵을 주제로 논문을 쓰며 학계에 이름을 알리게 됩니다. 덕분에 소련으로 귀국할 때는 거창한 환영까지 받죠. 신문 1면에 가모프를 찬양하는 시까지 실릴 정도였습니다.

"지금까지 소련을 따라다닌 이름은 시골뜨기의 나라였다. 바로 그 소련의 동포들 중 가모프가 있다. 이 노동계급의 시골뜨기, 가모프가 돌진해서 원자를 붙잡아 축구선수처럼 멋지게 걷어찼다. 그는 하나의 원자를 낚아채 곧바로 그 핵으로 돌진해 들어갔다. 그는 정말 무섭도록 뛰어나고 탁월하고 재주 있는 남자다. 우지끈! 우지끈! 우지끈!"

그러나 영웅 대접은 오래가지 않았습니다. 불길한 조짐은 소련 정부의 이상한 걱정에서부터 시작되었죠. 당시 소련 정부는 과학이 소련에 해를 끼칠 수 있다는 생각을 하고 있었습니다. 예를 들어 이런 겁니다. 유전학에 따르면 사람에 따라 물려받은 유전자가 다르기 마련이고 능력도 다를 수밖에 없죠. 그런데 소련 정부는 그런 얘기를 아주 싫어했습니다. 누구의 핏줄, 누구의 유전자를 물려받느냐에 따라 누구는 뛰어난 사람이 되고 누구는 그렇지 못한 사람이 된다는 것이 싫었던 거죠.

소련은 공산주의 국가였고 공산주의는 누구나 똑같이 평등하게 사는 것을 가장 중요하게 생각했습니다. 그래서 유전자에 상관없이 공산주의 교육을 잘 받으면 평등하게 똑같은 능력을 발휘할 수 있다는 것이 소련 정부의 입장이었죠. 심지어는 그런 생각을 농업에 적용시켜서 물과 거름만 잘 주고 병충해만 막으면 모든 작물은 평등하게 잘 자랄 테니 종자개량을 할 필요가 없다는 데까지 이르렀죠. 12,000년 전 원시인들도 했던 종자개량을 현대인들이 거부하는 우스운 상황이 펼쳐진 겁니다. 유전학자들은 해직되거나 감옥에 갇혔고 그중 리더격 유전학자였던 바빌로프Nikolay Vavilov는 감옥에서 굶어 죽는 일까지 벌어졌죠. 바로 이런 탄압에 앞장섰던 '게센Gessen'이라는 사람이 있었는데 가모프는 겁도 없이 그를 조롱하는 그림엽서를 보냅니다.

엽서에는 가모프가 손수 그린 그림이 그려져 있었는데 게센 같은 사람들이 하는 주장이 쓰레기들 위에 쓰여 있고 그 위에 게센을 의미하는 고양이가 올라가 있었습니다. 한마디로 '당신은 쓰레기 같은 생각에 파묻혀 사는 사람'이라는 의미였죠.

매사에 진지하고 억압적인 소련은 가모프의 장난기를 받아들

이지 않았습니다. 가모프는 소련을 떠나기로 결심하죠. 소련이 출국을 방해하자 가모프는 스스로 탈출계획을 세우고 실행에 옮깁니다. 아내와 함께 카누 같은 작은 보트를 타고 흑해라는 거대한 바다를 건너가기로 한 것이죠. 흑해의 소련 땅인 크림 반도에서 출발해 무조건 남쪽으로 가면 터키에 닿을 수 있으므로 낮에는 나침반, 밤에는 북극성에 의지해서 노를 저어가면 된다는 생각이었습니다. 물리학자답게 계산을 통해서 절반 정도 항해하면 크림 반도의 산들이 뒤쪽 수평선으로 사라지고 앞쪽 수평선에는 터키의 산들이 나타날 거라는 예상도 했죠. 너무 겁 없는 생각이어서 마냥 웃을 수만도 없는 탈출계획이었습니다.

다행히 첫날 항해는 순조로웠죠. 해 질 무렵 돌고래 떼가 나타나서 주위를 에워싸고 붉게 빛나는 바다 물결 위로 뛰노는 멋진 풍경을 보여주기도 했습니다. 해가 지고 반대편으로 떠오른 보름달 아래서 상쾌한 바람을 맞으며 낭만을 즐기기도 했죠.

그러나 다음 날 저녁 파도가 거세지면서 상황은 급변합니다. 거대한 파도가 밀려와 카누를 들어냈다 내치기를 반복했고 그럴 때마다 솟구쳐 올라오는 바닷물이 가모프의 얼굴을 강타했죠. 마치 놀이공원 바이킹을 바다에서 타는 기분이었을 겁니다. 배에 계속 물이 들어차는 바람에 아내는 물을 퍼내느라 정신 없었고 가모프는 배가 뒤집히지 않게 균형 잡느라 정신 없었죠. 한참 고생한 뒤 파도가 잠잠해지자 말 그대로 부부는 혼이 나갔고 환각에까지 사로잡힙니다. 헛것이 보이고 심지어 부인은 큰 배의 선장이 자기들을 외국에 데려다 줄 거라며 횡설수설까지 했다고 하죠. 가모프는 다시 소련 쪽을 향해 노를 저을 수밖에 없었습니다.

훗날 우여곡절 끝에 가모프는 탈출에 성공했지만 소련은 가모프를 배신자로 낙인 찍고 사형까지 언도합니다. 소련을 빛낸 영웅에서 소련을 배신한 파렴치한 인간으로 전락하게 된 것이죠. 그러나 억압적인 체제에서 탈출한 덕분에 가모프는 마음껏 장난기를 펼치며 과학 연구를 할 수 있었습니다.

가모프의 가장 큰 활약은 빅뱅이론을 위해 싸운 일이었습니다. 물론 허블의 발견도 있었지만 여전히 많은 과학자들이 빅뱅 같은 폭발은 있을 리 없다고 생각했고 빅뱅이론을 무시했죠. 그들은 우주가 팽창하는 것 자체는 인정했지만 공간이 늘어나면 그에 맞게 빈 공간에서 새롭게 물질들이 생겨나면서 별과 은하가 만들어지는 것이라고 주장했습니다. 그러면 빅뱅 없이도 우주를 설명할 수 있었고, 우주는 크기만 커질 뿐 안정적이고 큰 변화가 없었죠.

사실 '빅뱅이론'이라는 이름도 호일Fred Hoyle이라는 과학자가

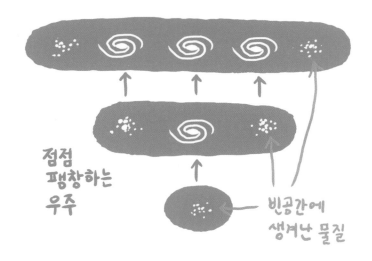

점점
팽창하는
우주

빈공간에
생겨난 물질

"빅뱅(큰 폭발) 때문에 우주가 생겨난 게 말이 되느냐"며 조롱하면서 쓴
'빅뱅'이란 단어가 정식명칭이 된 것이었습니다. 그전까지는 빅뱅이
론이 아니라 '동적 진화모형'이라는 좀 더 과학적이고 품위 있는 이름
이었죠. 사실 놀리는 데는 가모프도 뒤질 사람이 아니라서 빅뱅이론을
조롱한 호일을 신의 창조에 빗대어 비웃는 '신창세기'라는 글을 쓰기
도 했습니다.

　　"신은 '호일이 있으라'라고 말했다. 그러자 호일이 있더라. 그
래서 신은 호일을 바라보고 그에게 그가 좋아하는 방식대로 무거운
원소를 만들라고 말했다. 호일은 신의 도움을 받아 만든 방법으로 무
거운 원소를 만들었다. 그러나 그 방법이 너무 복잡해서 지금은 호일
도 신도 그 누구도 도대체 어떻게 그 원소들이 생성되었는지 정확히
설명할 수 없게 되었다. 아멘."

빅뱅이론 자체도 너무 파격적이었는데 다른 과학자를 대하는 태도도 너무 장난스러워서인지 가모프는 뛰어난 실력을 갖췄음에도 당시 최고의 과학학회였던 솔베이 회의Solvay Conference에 초청받지 못하게 됩니다. 한마디로 따돌림 당했던 것이죠. 그러나 가모프는 이에 굴하지 않고 유머러스하게 그 따돌림을 받아들입니다.

"이렇게 해서 러시아어로는 킷셀 스 몰로콤, 덴마크어로는 뢰드 그뢰데 메드 프뢰데라고 불리는 유명한 저녁요리는 내게 기대만 잔뜩 부풀린 채 그림의 떡으로 끝나고 말았다. 그날 꿈속에서 나는 숟가락이 없어서 킷셀을 먹을 수 없었다. 그래서 다음날 밤에는 베개 밑에 커다란 숟가락을 넣어두고 잠을 청했다. 그러나 그 꿈은 다시 꿀 수 없었다."

킷셀은 솔베이 회의에서 제공되는 저녁식사 요리인데 꿈속에서 그걸 못 먹은 게 한이 된다면서 개그 소재로 자서전에 쓴 겁니다. 가모프의 장난기는 참 못 말리죠.

어쨌든 이렇게 설움을 받았던 가모프는 직접적인 빅뱅의 흔적을 찾고자 했습니다. '빅뱅이 있었다면 폭발했을 때의 빛도 어딘가에 남아 있을 것이다.' 하지만 폭발 이후 너무 오랜 시간이 지났고 그동안 우주는 엄청난 크기로 팽창했기 때문에 빛은 아주 희미해져 있을 수밖에 없었습니다. 그러나 희망이 없는 것은 아니었습니다.

'빛은 희미하겠지만 대신 우주 어디나 그 희미한 빛으로 가득 차 있을 것이다.'

우주가 아주 작을 때 우주 공간을 빈틈없이 가득 채웠던 빛이기 때문에 우주가 아무리 팽창했다 해도 빛은 틀림없이 우주 공간을 채우고 있어야 했죠. 단지 눈부시게 빛나던 빛이 눈에도 보이지 않게 희미해졌을 뿐이었습니다. 그러나 그 빛을 찾아내는 것은 쉽지 않았고 가모프의 주장은 무관심 속에 잊혀갔죠.

그러나 눈에도 보이지 않는 빛을 보는 방법이 있었습니다. 바로 안테나죠. 안테나는 전파를 수신하는 장치인데 우리가 자주 쓰는 스마트폰에도 보이지 않게 안테나가 설치되어 있습니다. 스마트폰으로 전화도 하고 인터넷도 할 수 있는 것은 전파가 왔다 갔다 하며 신호를 전달해주기 때문이죠. 그런 전파가 바로 빛입니다. 눈에 보이지 않아서 그렇지 빛의 한 종류인 것이죠. 우리는 사실 빛으로 전화도 하고 인터넷도 하고 있었던 겁니다.

1964년, 미국 뉴저지의 벨연구소

안테나를 가지고 연구를 하고 있던 펜지어스Arno Allan Penzias와 윌슨Robert Woodrow Wilson은 골치가 아팠습니다. 안테나에 계속 이상한 전파가 잡혔기 때문이죠. 그들은 그런 쓸데없는 전파의 방해를 제거하려 했지만 도무지 쉽지 않았습니다. 도대체 누가 이상한 전파를 쏘는 건지 안테나를 어떤 방향으로 돌려도 피할 수가 없었죠. 마치 이 우주가 전파로 가득 찬 것처럼 말입니다. 눈치채셨나요? 바로 이 전파가 가모프가 찾고 싶어 했던 그 '희미한 빛'이었습니다. 펜지어스와 윌슨은 미국 프린스턴대 물리학과 교수 로버트 디키Robert H. Dicke에게 자신들의 고민을 털어놨고, 가모프의 주장을 알고 있던 디키는 그들을 괴롭히는 전파가 바로 '빅뱅의 그 빛(우주배경복사)'임을 알려주게 되죠. 1978년 펜지어스와 윌슨은 빅뱅의 증거를 찾은 공로로 노벨상을 타게 됩니다.

　　이렇게 해서 설움 받던 빅뱅이론은 드디어 인정받게 되죠. 우주가 한 점에서 폭발하며 생겨났다는 말도 안 되는 소리가 그런 우여곡절 끝에 상식이 되었던 겁니다. 가모프는 개그와 장난기로도 웃음과 재미를 줬지만 그보다 더 큰 '빅 재미'는 빅뱅이론이 아니었나 싶습니다. 이 광대한 우주가 한 점에서 시작됐다는, 기이하면서도 놀라운 과학 이야기가 또 있을까요? 그러나 이게 끝이 아닙니다. 미래에는 더 놀랍고 말도 안 되는 발견이 우리를 기다리고 있을지도 모르거든요.

2030년, 유럽우주국

인류는 역사상 가장 큰 망원경을 가지게 됩니다. 삼각형 모양의 이 망원경은 한 변의 길이가 무려 500만km나 되죠. 지구의 지름이 13,000km 정도니까 그의 한 400배 정도 되고, 지구에서 달까지의 거리가 384,000km 정도니까 그의 한 13배 정도 됩니다. 정말 거대하다는 말로도 표현하기 힘들 정도로 어마어마한 크기의 망원경이죠. 말이 안 되는 얘기 같죠? 사실 우리가 생각하는 큰 렌즈가 달린 원통 모양의 망원경은 아닙니다. 삼각형의 꼭지점 위치에 작은 인공위성이 세 개가 있고, 그 인공위성이 서로 신호를 주고받으면서 우주를 관측하는 'LISA 관측시스템'을 말하죠. 좀 실망하셨을 수도 있겠지만 크기보다 더 중요한 것은 '무엇을 관측하느냐'입니다. 도대체 얼마나 대단한 것

을 관측하려고 위성들은 그렇게도 먼 곳에서 서로 신호를 주고받아야
만 하는 걸까요?

바로 '중력파'입니다. 아인슈타인이 시공간의 휘어짐에 의해
생겨난다고 했던 그 중력이 다시 등장했죠? 그러면 중력은 알겠는데
중력파는 뭘까요? 여기서 파는 한자로 波(물결 파), 즉 출렁임을 의미합
니다. 중력을 만들어내는 시공간의 출렁임이 '중력파'인 것이죠. 그런
데 시공간이 어떻게 출렁인다는 것일까요?

아인슈타인의 시공간을 다시 한번 떠올려보죠. 질량을 가진 물
체는 시공간을 휘어지게 만들 수 있다고 했습니다. 그리고 그 시공간
의 휘어짐 때문에 중력이 생겨난다고 했었죠. 그러면 질량을 가진 물
체가 갑자기 움직인다거나 하면 시공간이 어떻게 될까요? 트램펄린에
볼링공을 떨어뜨렸을 때 그 흔들림이 사방으로 퍼져나가는 모습을 생

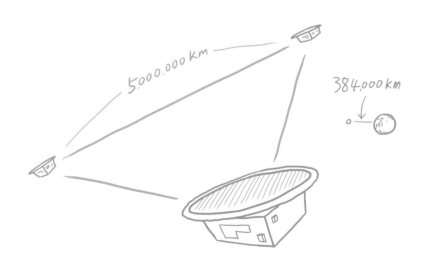

각해보면 이해하기가 쉬울 겁니다. 바로 그 시공간의 흔들림을 측정하는 것이 LISA 관측시스템의 임무인 것이죠.

그런데 그 흔들림이란 게 너무나도 작습니다. 만약 30억 광년 떨어진 우주에서 태양보다 몇십 배는 더 무거운 블랙홀 두 개가 충돌하며 합쳐진다면, 그때 생긴 중력파는 지구에서 관측할 때 크기가 얼마나 될까요? 아무리 커봐야 '10^{21}분의 1m'입니다. 만약 중력파를 머리카락 두께만큼 키운다면 진짜 머리카락은 약 9조5,000억km 두께로 두꺼워져야 할 정도죠. 9조5,000억km면 총알처럼 빠르게 날아가도 약 3만 년이 걸리는 엄청난 거리입니다. 중력파는 미세함의 끝판왕인 거죠. 그러니 마치 큰 망원경일수록 더 작은 별을 볼 수 있는 것처럼, 중력파를 관측하는 위성시스템도 엄청나게 커져야 하는 겁니다.

아무리 그래도 어떻게 저렇게 작은 걸 관측할 수 있을까 싶지만 실제 관측에 성공했습니다. 미국의 중력파 관측소 LIGO는 한 변의 길이가 4km밖에 안 되지만 2015년 9월 14일, 위에서 예로 들었던 '10^{21}분의 1m'짜리 중력파를 관측하는 데 성공했죠. 인류의 과학기술 수준이 이 정도인 겁니다. 정말 입이 딱 벌어지죠. 감탄을 하지 않을 수가 없습니다. 50만 년 전엔 돌을 깎아 창이나 만들고 있던 인류가 이렇게 발전하다니, 자부심도 느껴지고 이런 도약이 정말 가능한 건가 의심스러운 마음마저 드네요.

그런데 왜 우주로까지 나가서 더 미세한 중력파를 관측하려고 하는 걸까요? 여러 이유가 있겠지만 가장 중요한 것이 바로 빅뱅 당시에 생겨났던 중력파입니다. 마법의 계단 기억하시나요? 원자보다도 훨씬 작았던 우주가 갑자기 9계단을 뛰어올라 급격히 커졌던 그 사건.

그 작던 우주가 순식간에 커졌으니 시공간이 안 출렁일 수가 없고, 과학자들은 당시에 생겨난 중력파를 찾아내려고 하는 겁니다. 물론 시간도 많이 흘렀고 우주가 너무나 커져서 그 미세한 출렁임을 찾아내는 일이 쉽지는 않겠지만, 우주배경복사처럼 그 출렁임은 우주를 가득 채우고 있을 테고 인류의 뛰어난 과학기술이 있으니 언젠가 발견해낼 겁니다. 또 다른 빅뱅이론의 근거가 탄생하는 거죠.

그러나 더 재미있는 상황이 벌어질 수도 있습니다.

2040년, 유럽우주국

"LISA 관측시스템으로 지난 5년간 관측했으나 빅뱅 당시 팽창으로 인한 중력파는 발견되지 않았습니다. 앞으로도 발견될 가능성은 매우 적으니, 급격한 팽창을 기반으로 하는 빅뱅이론을 다시 검토해보고 새로운 우주론에 대한 연구를 시작해야 할 때라고 생각합니다."

유럽우주국은 거대하고 정확한 중력파 관측시스템인 LISA로도 급격한 팽창의 흔적을 찾아내지 못했다는 발표를 합니다. 빅뱅이론에 대한 신뢰는 흔들리기 시작했고 새로운 우주론이 봇물 터지듯 과학자들에 의해 제시됐죠. 수많은 과학자들의 노력으로 정상우주론을 물리치고 정설로 인정받았던 빅뱅이론이 새로운 우주론들의 강력한 도전 때문에 자리를 내줘야 할지도 모르는 상황에 몰리게 된 겁니다.

빅뱅이 일어났다면 중력파도 있어야 하는 것인데 중력파가 없다는 것으로 결론이 나거나 예상과는 다른 형태의 중력파가 발견된다면 빅뱅이론이 틀린 이론이 될 수도 있습니다. 그리고 과학자들 중에는 오히려 그렇게 되기를 바라는 사람도 있죠.

프린스턴대학교의 폴 스타인하르트Paul Steinhardt는 빅뱅이란 애초에 없었고 빅뱅처럼 보이는 현상만 있었다고 주장합니다. 그의 주장에 따르면 우주는 '브레인brane'이라는 일종의 막 같은 것인데 그런 브레인 우주가 여러 개 떠다닌다고 합니다. 팽팽히 잡아당겨진 비닐막 같은 것이 물속에서 여러 장 떠다닌다고 상상해보면 비슷할 것 같아요.

물론 우리의 우주는 3차원이므로 비닐 같은 막이 아니긴 하지만 설명을 쉽게 하기 위한 비유를 든 겁니다. 그런데 그 브레인 우주들이 떠다니다가 충돌하면 어떻게 될까요? 폴 스타인하르트의 주장에 따르면 빅뱅 같은 현상이 일어난다고 합니다. 그리고 이 브레인 우주는 그 특성상 잡아 당겨지면서 늘어나기 때문에 계속 팽창을 할 수밖에 없고, 그렇게 되면 팽창하는 우주를 본 인간들은 마치 우주가 한 점에서 폭발한 것처럼 착각을 할 수 있다는 것이죠. 빅뱅이론이 우주를 설명하듯 이 이론으로도 우주를 똑같이 설명할 수 있는 겁니다. 2040년 무렵에는 빅뱅이론이 뒤집힐 수도 있는 거죠.

전 이런 게 과학의 매력인 것 같습니다. 과학의 세계는 지루할 틈이 없거든요. 몇십 년 전만 해도 말도 안 된다고 생각했던 빅뱅이론이 이제 시간이 좀 지나서 상식으로 받아들여질 만하니까 또 그게 아니라고 뒤집어버릴 수 있으니 말이죠. 그렇게 되면 이 책은 시작부터 틀린 게 됩니다. 여러분은 어떠신가요? 전 책을 다시 쓰는 한이 있더라도 뒤집히는 게 더 재미있을 것 같습니다.

그런데 과연 2040년에 속 편하게 기대감에 가득 차 빅뱅이론이 뒤집힐지 아닐지를 구경할 수 있을까요?

2023년, 째깍거리는 시한폭탄

호주 퀸즐랜드, 하와이 마우이섬, 캐나다 퀘백, 유럽과 미국 등지에서는 몇 달이 지나도 꺼지지 않는 거대한 산불이 일어났습니다. 특히 지난 5월과 6월 사이 발생한 캐나다 산불은 우리나라 면적의 1.4배에 해당하는 숲을 태우며 역사상 최악의 산불 중 하나로 기록됐죠. 기후변화는 이런 산불의 중요한 원인입니다. 기후변화로 인해 지구의 온도가 올라가면 숲은 쉽게 메마르게 되거든요. 바싹 마른 풀과 나무는 아주 훌륭한 불쏘시개가 되죠. 그렇게 산불이 번지면 악순환이 시작됩니다. 숲이 불타오를 때 나오는 연기 그 자체도 이미 온실가스이기 때문에 지구의 온도는 더 올라가게 되고, 그로 인해 숲은 더 메마르게 되죠. 다음 산불은 더 큰 규모로 일어날 수 있습니다.

가뭄은 숲뿐만 아니라 농경지도 황폐하게 만듭니다. 2023년, 아르헨티나에서는 62년 만에 최악의 폭염이 찾아와 체감온도는 최고 44도에 이르렀고, 폭염으로 인한 과도한 에어컨 사용 때문에 정전이 되면서 화가 난 시민들의 시위가 곳곳에서 벌어지기도 했습니다. 또한 폭염과 동시에 가뭄이 찾아와 농경지가 메마르면서 수없이 많은 작물들이 말라죽었고, 곡물 수출이 반 이상 줄어들었죠. 아르헨티나만큼은 아니었지만 우리나라의 전라도 지역도 50년 만에 최악의 가뭄이 찾아와 섬 지방은 먹을 물이 없어 배로 물을 실어다 공급해줘야 했고, 댐과 호수의 물이 말라붙어 농사짓는 데 큰 어려움을 겪었습니다.

그래도 가뭄은 사람을 직접적으로 죽이진 못합니다. 하지만 폭풍은 다르죠. 지구가 뜨거워지면 폭풍도 훨씬 강력해집니다. 폭풍은 수많은 사람들을 한꺼번에 죽게 만들 수 있는 파괴력을 가지고 있죠. 2023년 9월에 지중해에서 발생한 폭풍 다니엘Storm Daniel은 역사상 가장 강력한 지중해 폭풍이었습니다. 다니엘은 불가리아, 그리스, 튀르키예에 큰 홍수 피해를 입힌 뒤 리비아에 상륙해서 하루 414mm에 달하는 비를 퍼부었죠. 평소 비가 많이 내리지 않는 건조한 지역이기에 이 같은 수치는 리비아의 관측 사상 최고의 강수량이었습니다. 갑자기 막대하게 퍼붓는 비에 리비아는 대비가 되어 있지 않았고, 댐 두 곳이 붕괴되면서 막대한 양의 물이 하류에 있던 도시 데르나를 휩쓸어버렸습니다. 수많은 집들이 통째로 쓸려나가면서 확인된 사망자만

1만 명이 넘었고, 실종자가 최대 10만 명에 이르렀죠. 바다로 떠내려 간 시신들이 해변으로 수십 구씩 밀려들어왔고, 살아남은 사람들은 필사적으로 잃어버린 가족을 찾아 헤매야만 했습니다.

이런 기후변화 위기를 인류가 잘 헤쳐 나갈 수 있을까요? 우리는 지금 갈림길에 서 있습니다. 우리의 선택에 따라 인류의 미래는 완전히 달라질 수 있죠.

어두운 미래: 2060년, 계속되는 가뭄이 불러온 전쟁

인류 최초로 문명이 발생한 유프라테스강, 티크리스강, 나일강 유역이 이제는 전투기가 끊임없이 넘나들고 치열한 포격전이 벌어지는 전쟁터로 바뀌었습니다. 나일강에서는 수단·에티오피아·이집트가, 유프라테스강·티그리스강에서는 터키·시리아·이라크가 전쟁에 휩싸였습니다. 그 누구도 전쟁을 막지 못했습니다.

10년 넘게 지속된 가뭄으로 각국은 당장에 먹을 식수도 부족했고, 강 상류에 있는 국가들은 물을 확보하기 위해 댐의 수문을 닫아야만 했죠. 하류에 있는 국가들은 가만히 앉아 있을 수 없었고, 외교 노력이 실패하자 미사일 발사를 시작으로 전쟁이 시작되었습니다. 생존을 위해 어느 나라도 물러설 수 없었고 전쟁은 격화되어만 갔습니다.

다른 나라들도 총칼만 안 들었지 생존을 위해 전쟁 중인 것은 마찬가지였습니다. 세계 인구는 90억 명에 도달해서 정점을 찍은 상황인데 가뭄과 폭풍, 토양 파괴로 농산물 생산량이 줄어들면서 물가가 폭등했기 때문이죠. 먹을 것을 달라며 연일 시위가 벌어졌고 격렬한 폭동이 일어나면서 아예 정부가 무너진 나라들까지 생겨났습니다. 무정부 상태가 된 나라들에서 발생한 대규모 난민이 선진국으로 몰려들면서 선진국은 국경에 장벽을 세워야만 했죠.

이런 상황에서 UN이 할 수 있는 일은 아무것도 없었고 각 나라들은 UN 운영을 위한 비용을 내는 것조차 부담스러워했습니다. 결국 유명무실해진 UN은 문을 닫게 되었죠. 이제 지구촌에 살아가는 인류는 자신의 생존만을 생각해야 하는 상황입니다. 토론과 협의를 통해서 문제를 해결하고 나보다 더 어려운 누군가를 돕는 일은 사치처럼 느껴졌죠.

밝은 미래: 2060년, 별 걱정 없는 인류

세계 인구가 90억 명까지 늘었지만 인류는 별 걱정을 하지 않습니다. 온화한 기후, 첨단 농업기술의 발전으로 농산물 생산량은 인류에게 충분합니다. 이렇게 아무 일 없이 90억 명의 인류가 잘 먹고 잘 살 수 있게 된 데는 2028년부터 시작된 에너지 혁명이 큰 역할을 했죠. 배터리 기술의 발전으로 전기자동차의 가격이 가솔린 자동차보다 싸진 것이 첫 번째였습니다. 가솔린 자동차 생산이 금지되고 값싼 전기 자동차 시대가 열리면서 온실가스 배출량이 감소하기 시작했죠.

천연수소는 에너지 혁명을 더욱 가속화시켰습니다. 지구 내부의 깊은 곳에서는 물이 수소와 산소로 자연 분해되면서 수소가 형성되고 있는데, 이렇게 형성된 수소를 인간이 뽑아내서 이용할 수 있게 된 거죠. 이 수소를 수소발전기에 넣어서 전기를 만들어내면 단 1%의 온실가스 배출도 없이 깨끗한 전기를 만들어낼 수 있기에 온실가스 배출이 크게 감소할 수 있었지요.

2045년 예상보다 5년 정도 빨리 성공한 핵융합 발전은 에너지 혁명의 클라이맥스였습니다. 온실가스 배출은 전혀 없이 핵융합 발전으로 싼 가격의 전기가 대량 공급되면서 기존의 화력발전소는 완전히 문을 닫았고, 사람들은 거의 무료에 가깝게 에너지를 사용할 수 있게 됐죠. 인공지능이 핵융합 원자로의 플라즈마 제어를 완벽하게 해내면서 가능한 일이었습니다.

이렇게 진행된 에너지 혁명 덕분에 자연스럽게 온실가스 배출은 급격히 줄어들었고 인류는 기후변화 문제에서 벗어날 수 있었죠. 가뭄과 폭풍 같은 기상재해가 서서히 감소하면서 기후는 온화하게 바뀌어 갔습니다. 이렇게 좋은 날씨와 첨단 농업 기술이 결합하니 농업 생산량은 그야말로 극대화됐죠. 90억 명의 인류를 충분히 다 먹여 살리고 남을 만큼 많은 양의 농산물이 쏟아져 나왔습니다. 인류는 이제 미래에 대해 걱정할 일이 별로 없었죠.

2297년 7월의 어느 날, 북극 그린란드의 아침

늦은 아침, 밝은 햇살에 한 사람이 깨어납니다. 침대에서 일어난 그는 창문을 활짝 열어젖힙니다. 따스한 바람이 불어와 얼굴을 스쳐 지나가고, 그는 눈을 비비며 창밖으로 펼쳐진 농장을 바라보죠. 농장에선 로봇들이 이른 아침부터 분주하게 복숭아를 수확하고 있습니다. 그는 농장으로 나가 로봇에게 손을 흔듭니다. 로봇은 눈치 빠르게 가장 잘 익은 복숭아를 따서 그에게 가져다줍니다. 그는 복숭아를 옷에 슥슥 대충 문질러 한입 베어 뭅니다. 유전자교정으로 농약을 쓸 필요가 없는 무농약 복숭아라 가능한 일이죠. 복숭아의 달콤한 과육이 입안을 가득 채우니 그의 얼굴엔 절로 미소가 피어납니다.

잠시 뒤 복숭아를 먹고 있는 그에게 로봇 비서가 다가옵니다. 로봇 비서는 상냥한 목소리로 도시 전망대 레스토랑에서 친구들과 만나 아침을 먹고 테니스를 치기로 되어 있다는 약속을 알려줍니다. 그는 약속을 깜빡했다고 하며 로봇에게 고맙다고 인사를 합니다. 로봇 비서는 살며시 미소 지으며 고개를 숙였다가 다시 고개를 들어 하늘을 봅니다. 미리 예약해둔 드론택시가 마침 집을 향해 날아오고 있었죠. 그는 서둘러 옷을 갈아입고 드론택시에 올라 도시를 향해 날아오릅니다. 그가 농장을 내려다보자 로봇들은 주인에게 손을 흔들며 배웅 인사를 합니다.

사람들은 여유롭고 평화롭게 따뜻한 그린란드의 날씨를 즐기며 살고 있습니다. 온난화가 진행되면서 그린란드마저 따뜻해졌지만, 온실가스 배출을 성공적으로 억제했기 때문에 기후는 천천히 변했고 사람들은 그에 맞게 적응해 살 수 있었죠. 사람이 귀한 세상이라 전쟁은 생각할 수도 없고, 국가의 의미도 사라져서 모든 나라가 통합된 지 오래입니다.

베를린 인구개발연구소 소장 라이너 클링홀츠Reiner Klingholz는 지금의 위기만 잘 넘기면 가까운 미래에 인류는 기후변화, 환경파괴 걱정 없이 여유롭게 살 수 있을 거라고 주장합니다. 그 이유는 감소하기 시작한 인구증가속도 때문이죠. 인구증가속도는 2014년부터 이미 감소하기 시작했고 먼 미래에는 인구가 줄어들 것이라는 예상이 가능합니다. UN은 인구변화에 대한 시나리오를 내놨는데 평균 출산율이 1.85명일 경우 세계 인구는 2300년이면 23억 명으로, 2550년엔 11억 7,000만 명 수준까지 떨어지게 될 것이라고 합니다. 앞에서도 이야기했듯이 원래 인간은 아이를 많이 낳지 않았습니다. 아이를 많이 낳게 된 건 불과 1만 년 전 농업이 시작되면서부터였죠. 워낙 일손이 많이 필요하다 보니 어쩔 수 없이 아이를 많이 낳았던 겁니다. 그런데 이제 농사를 지으면서 사는 사람은 많지 않고, 그나마도 기계로 농사를 짓기 때문에 일손도 많이 필요 없어졌죠. 이렇게 인구가 감소하면 장기적으로 기후변화와 같은 환경 문제는 자연스럽게 해결될 수밖에 없습니다. 오히려 너무 인구가 급격히 감소해서 다양하고 풍요로웠던 인류의 문화가 사라질까 봐 걱정하게 될 수도 있습니다. 이미 우리나라는 너무 빨리 인구가 줄어들어 큰 문제죠.

그렇게 인구가 감소하는 상황에서 과학기술이 꾸준히 발달하면 인간의 생산력은 더욱 늘어나게 될 수밖에 없습니다. 지금도 이미 공장자동화 기술과 첨단농업 기술은 하루가 다르게 발전하고 있습니다. 아예 관리자도 없는 무인공장이 실현되어 운영되고 있고, 그런 자동화기술이 도입된 스마트 팩토리에서는 비용이 15% 줄고 생산성이 약 30%씩 증가했다는 통계도 있죠. 농업 부문에서도 농경지 확대와 기계화, 종자개량 등 기술 발전 요인이 더해져 농업생산량은 1990년

대비 2020년 약 50% 이상 늘어났습니다. 덕분에 영양실조로 인한 사망자수는 크게 줄어들었죠. 1990년 약 65만 명에서 2019년 21만 명으로 약 3분의 2 가량 줄어들었고, 인구 비율로 따지면 무려 6분의 1로 감소했습니다.

이런 생산력 향상이 계속되면 미래에는 물가가 극단적으로 낮아질 겁니다. 각종 물자는 처치곤란일 정도로 넘쳐나고 사람들은 너무나 싼 물가 속에서 물질적 부족함은 거의 느끼지 않고 살게 되는 거죠. 고대 그리스 귀족들처럼 윤리, 도덕과 정신적 즐거움, 육체적 단련이 가장 큰 관심사가 될 수도 있을 겁니다. 또는 뛰어난 그리스 철학자들처럼 새로운 철학을 꽃피울 수도 있고요. 이렇게 되면 인류 역사상 처음으로 모든 인간이 물질적 속박에서 벗어나 정신적 자유를 마음껏 누리는 세상이 탄생할 수 있습니다. 물론 정말 그렇게 꿈같은 세상이 될지는 우리가 어떻게 하느냐에 달려 있습니다. 부디 우리 모두의 지혜를 모아 지금의 문제를 잘 해결해 나가길 간절히 바라봅니다.

미래를 창조하기에 꿈만큼 좋은 것은 없다.
오늘의 유토피아가 내일의 현실이 될 수 있다.
_빅토르 위고 Victor Hugo

빅뱅에서 미래까지, 천문학에서 생명공학까지 한 권으로 끝내기

세상의 모든 과학

2판 1쇄 발행 2024년 3월 20일
2판 2쇄 발행 2024년 5월 17일

지은이 이준호
펴낸이 고병욱

펴낸곳 청림출판(주)
등록 제2023-000081호

본사 04799 서울시 성동구 아차산로17길 49 1009, 1010호 청림출판(주)
제2사옥 10881 경기도 파주시 회동길 173 청림아트스페이스
전화 02-546-4341 **팩스** 02-546-8053

홈페이지 www.chungrim.com **이메일** cr2@chungrim.com
인스타그램 @chungrimbooks **블로그** blog.naver.com/chungrimpub
페이스북 www.facebook.com/chungrimpub

ⓒ 이준호, 2024

ISBN 979-11-5540-229-0 03400